U0627984

卫星在轨故障诊断技术与应用

On-Orbit Satellite Fault Diagnosis Technology and Application

肇刚　李玉庆　徐敏强　杨天社　著

国防工业出版社

·北京·

内容简介

卫星在轨故障诊断技术是航天领域的重要研究方向。本书构建了比较系统的卫星在轨故障诊断理论方法体系，主要包括基于定量模型的方法、基于定性模型的方法、基于规则的方法、基于案例的方法、数据驱动方法以及卫星在轨故障融合诊断方法，给出了卫星在轨故障诊断的典型实例和应用，介绍了国内外几种典型的卫星在轨故障诊断系统的特点和功能。

本书取材广泛、内容新颖，理论与实践兼顾，可为工程单位、工业部门、科研院所和高等院校从事航天器在轨故障诊断技术研究和应用的管理人员、工程技术人员和教学科研人员提供参考。

图书在版编目(CIP)数据

卫星在轨故障诊断技术与应用/肇刚等著.—北京:国防工业出版社,2019.5
ISBN 978-7-118-11835-3

Ⅰ.①卫⋯ Ⅱ.①肇⋯ Ⅲ.①人造卫星–故障诊断
Ⅳ.①V474

中国版本图书馆 CIP 数据核字(2019)第 060067 号

※

*国防工业出版社*出版发行
(北京市海淀区紫竹院南路 23 号 邮政编码 100048)
北京龙世杰印刷有限公司
新华书店经售

*

开本 710×1000 1/16 印张 20½ 字数 365 千字
2019 年 5 月第 1 版第 1 次印刷 印数 1—1500 册 定价 268.00 元

(本书如有印装错误,我社负责调换)

国防书店:(010)88540777   发行邮购:(010)88540776
发行传真:(010)88540755   发行业务:(010)88540717

卫星结构复杂、工作环境特殊,在轨故障难以避免;相比地面装备,卫星可观测性和可维护性差,在轨故障诊断困难。在我国新平台、新型号及使用新技术的卫星不断增多,卫星设计寿命不断延长的背景下,深入研究卫星在轨故障诊断技术,对于保证卫星在轨长寿命和高可靠至关重要。

卫星在轨故障诊断技术一直是航天领域的重点研究方向,经过几十年的发展已取得了长足进步。本书作者系统地总结、提炼了在卫星在轨故障诊断方面的研究成果,从指导实际应用的角度提供了卫星在轨故障诊断的大量案例。

本书取材广泛、内容新颖、理论与实践兼顾,具有很强的理论意义和实用价值。目前,我国正在全面推进航天强国建设,本书对我国卫星在轨故障诊断理论方法的研究和应用,会发挥很好的促进作用。

李济生

2018 年 12 月

近年来,我国航天事业蓬勃发展,取得了巨大成就。卫星作为用途广泛、发展迅速的航天器,在航天技术的发展和应用中占有举足轻重的地位。卫星结构复杂、可观性和可维护性差、工作环境特殊。国内外航天实践表明,无论在设计、研制阶段采取了多么严格的措施,卫星在轨运行时发生故障都难以避免。这些故障会威胁在轨卫星的安全,影响卫星长寿命高可靠运行,导致卫星效能降低或失效。

目前,我国在轨卫星种类和数量急剧增加,新平台、新型号及使用新技术的卫星不断增多,卫星设计寿命不断延长,保证卫星在轨安全可靠及长寿命运行的难度不断增大。近 10 年来,无论是工程单位、工业部门、科研院所还是高等院校,都很重视卫星在轨故障诊断技术的研究和应用,很多高校还设立了相关的专业课程。目前,针对卫星在轨故障诊断技术和应用的图书缺乏,难以满足本领域不断增长的迫切需求。

本书系统总结提炼作者及其科研团队发表的论文、研究报告以及多年积累的卫星在轨故障诊断维修案例,并参考国内外研究成果,较为全面系统地论述了卫星在轨故障诊断的技术方法,并通过具有针对性、实用性和操作性的实例或示例进行了说明。全书共分为 9 章:第 1 章介绍卫星在轨故障诊断的国内外研究现状和发展趋势;第 2 章介绍卫星在轨故障数据类型和预处理方法;第 3 章至第 8 章介绍卫星在轨故障诊断的基本方法,包括基于定量模型的方法、基于定性模型的方法、基于规则的方法、基于案例的方法、数据驱动方法以及卫星在轨故障融合诊断方法等,并介绍了相关方法的应用实例和示例;第 9 章介绍国内外几种典型的卫星在轨故障诊断系统的特点和功能。

本书编写过程中得到了西安卫星测控中心及哈尔滨工业大学的各级领导的大力支持。西安卫星测控中心樊恒海研究员、王信峰研究员、高宇高级工程师、吴冠高级工程师、李肖瑛高级工程师、高波高级工程师、陆军高级工程师、傅娜、刘帆、赵静，国防科技大学金光教授，哈尔滨工业大学王日新副教授对本书的撰写工作提供了大量帮助。研究生董韵佳、雷明佳、冯小恩、董诗音、江飞龙、方博、李政等参与了本书的校对和整理工作。在此对所有提供支持和帮助的领导、专家、学生表示衷心的感谢。

本书编写得到国家安全重大基础研究项目资助，在此表示感谢。

本书是国内首次系统介绍卫星在轨故障诊断技术的专著，由于编写时间有限、资料保密、参考资料较少等因素影响，加之作者水平有限，书中难免有错误或不当之处，恳请各位专家和读者不吝指正。

著　者

2018 年 12 月

CONTENTS 目 录

XI

第1章 绪 论

1.1 目的和意义

1.1.1 卫星在轨故障诊断的目的

人造卫星一般由测控、电源、控制、星务等众多分系统构成,其结构和控制十分复杂。另外,由于长期在太空极端温度、强电磁辐射环境中运行,难免发生各种故障,威胁卫星在轨运行安全,甚至影响卫星的使用寿命。通过对卫星在轨故障进行诊断,可及时发现、定位故障,支持故障影响分析和故障维修策略制定,达到及时、有效地排除故障,减少故障危害,保障卫星在轨安全、可靠、长寿命运行,使卫星在国民经济和国防建设相关领域更好地发挥作用。

1.1.2 卫星在轨故障诊断的意义

航天领域是一个高投资、高风险、高效益的领域,因故障导致卫星使用效率降低或失效对国民经济和国防建设影响很大。因此,研究卫星在轨故障诊断的意义重大。

(1) 国内外航天实践表明,无论在设计、研制阶段采取了多么严格的措施,卫星在轨发生故障都难以避免。因此,需要研究卫星在轨故障诊断技术,对卫星在轨故障进行有效诊断。

卫星是一个由成千上万个模块和元器件组成的力、热、机、电、磁混合的大型复杂系统,系统研制阶段难免出现设计、工艺、加工、制造、原材料质量等方面的缺陷;卫星发射后上述缺陷已无法改变;陀螺、动量轮、太阳帆板驱动机构等多类部件处于长年不间歇运行状态,蓄电池、各种开关等部件的状态因卫星进出地影或工作模式变化而频繁切换;星上的元器件会随着在轨时间推移而逐渐老化、退化。国内外航天实践表明,由于上述因素的影响,卫星在轨发生故障难以避免。能否对卫星在轨故障进行有效诊断,成为反映卫星管控水平和保障卫星在轨安全可靠运行的重要技术标志。

（2）卫星在轨故障大多是预想不到的。由于星上自主故障诊断和处置能力有限，需要地面针对卫星在轨故障进行专门研究。

一是受空间环境、星上状态动态变化等因素影响，卫星在轨故障往往与设计人员的预期不同。例如，卫星长期在轨运行期间，内外部因素使星上状态发生大范围、大幅度变化，特别是长寿命卫星和发生故障的卫星，何时何处何原因诱发何种故障往往是设计时难以提前预知的。

二是卫星在轨故障具有"过程"特征，故障表现形态、演变规律及故障影响的复杂性，使得许多问题难以采用事先设计或静态模拟的既定方法解决。卫星在轨故障过程具有高动态、强耦合、小样本、不确定等特性，需要结合相关领域专家知识和历史故障案例，甚至需要借鉴其他途径获得的信息和知识，进行知识层融合分析与定性定量多方法融合推理等。

三是卫星在轨故障诊断和处置的条件受限，难以直接套用地面设备或系统诊断处理方法。首先是在卫星运行过程中，即使发生故障，也不能全系统断电或"停机检修"，发生故障的部件难以更换；其次，因卫星可诊断性设计不足，存在传感器测点不可达又无法增加新测点的情况，故障的可诊断性与地面装置或系统存在显著差异。

四是受重量和星载计算机软、硬件资源的限制，卫星对其自身发生的异常和故障的自主分析、诊断、处理能力有限，通常必须依赖地面测控支持的星地联合工作模式。

（3）卫星在轨故障分析、诊断研究薄弱，需要持续研究。

对卫星在轨故障的高可靠诊断研究还较为薄弱，导致故障误诊率、漏诊率高，特别是对于信息不完备性、故障过程中继发和并发故障、非预期故障以及系统级故障，有效的故障诊断方法不多，导致对卫星故障不能及时地发现和维修，故障影响卫星的安全（故障不能及时发现）、使用（故障不能及时排除）和寿命（燃料损失严重、故障危害波及）。

（4）研究卫星在轨故障诊断技术，具有紧迫性。

一是我国在轨卫星种类和数量急剧增加，保障卫星在轨安全运行的需求不断增强，急需研究卫星在轨安全管理技术。不断发展的航天技术、日渐复杂的航天器平台结构、日益多样的航天应用需求、迅速增多的在轨卫星数量、异常繁重的卫星管控任务，要求必须针对我国大部分卫星平台，系统地开展卫星在轨故障诊断技术研究，提高卫星故障的处置能力。

二是未来卫星平台新、型号新、技术新，使保障卫星在轨安全可靠和长寿命运行的难度逐步增大，急需研究故障诊断技术。我国新平台、新型号卫星不断增多,使用新技术、新部件也变得更加复杂,导致在轨发生故障的概率增大、保障卫星在轨安全可靠和长寿命运行的技术难度也进一步加大。例如,采用集成度更高的综合电子技术,会使卫星在轨故障强耦合、难分离;带有大幅度频繁姿态机动的卫星"敏捷"技术应用,增大故障概率等。

三是卫星设计寿命不断延长,使卫星达到设计寿命难度加大,急需突破故障诊断技术。随着我国卫星设计技术的进步,对在轨高可靠、长寿命运行要求越来越高,对卫星在轨故障诊断技术的要求也越来越高。

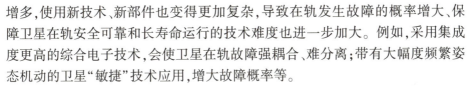

1.2 卫星在轨故障基本情况与特点

1.2.1 故障总体情况

1. 国外航天器故障情况

国外航天器在轨发生的故障不胜枚举,下面给出一些示例。

2000 年 11 月 10 日,由于星载计算机软件发生故障,导致美国国家航空航天局(NASA)的两个价值高昂的火星探测器失效。

2003 年 10 月,美国 Landsat 7 卫星主传感器失灵。

2003 年 12 月,"亚洲"二号卫星姿态异常,星上 C 波段和 Ku 波段转发信号中断。

2004 年 2 月 25 日,"机遇"号火星探测车电源系统供应系统发生故障,对火星探测车寿命构成严重威胁。

2005 年 1 月 10 日,太阳耀斑产生的高能粒子,使美国 NASA 的科技卫星 ACE 与 NOAA 的气象卫星 GEOS 中部分观测设备无法正常使用,日本的 KDDI 通信卫星和 JSAT 的通信卫星也因此发生故障。

2005 年 11 月 28 日,美国 Landsat 5 卫星备份太阳能电池驱动器出现故障,导致太阳能帆板无法给卫星电池提供足够的能源供给。

2006 年 5 月,NASA 公布了一份有关耗资为 1.1 亿美元的 DART 空间探测器与 MUBLCOM 空间探测器由两探测器制导系统程序故障导致的碰撞事故。

2. 国内卫星故障情况

一是卫星发生在轨故障现象较普遍,但大部分故障得到排除。在统计的 68 颗卫星中,有 55 颗卫星发生过状态异常或故障,卫星发生故障的比例为 80.9%。发生故障总数为 324 个,故障总次数约为 600 次,平均每颗卫星发生在轨故障约 4.8 个、8.8 次。在 324 个在轨故障处理中,从维持卫星系统功能角度看,约有 203 个故障成功排除(占 62.7%),约有 99 个故障未彻底排除。这反映了我国卫星在轨故障的排除率较高,其主要原因是卫星在轨故障大部分为可修复的一般故障,卫星系统的很多关键分系统均采取了冗余备份措施,软件类故障可以通过地面进行维护处理。

二是卫星控制、电源分系统故障高发。控制分系统故障率最高,依次分别是测控分系统和电源分系统,三者合计占平台故障总数的 83.4%。导致这一现象的主要原因:系统结构相对复杂,技术要求高;系统有长时间或频繁开关机的工作要求,对器件的失效、损坏有一种助推作用,且控制分系统的活动部件相对较多,从而故障发生概率较大;系统易受空间环境干扰,控制、测控分系统电子化程度相对较高,易受空间环境的电磁干扰,控制分系统的敏感器较多,易受空间环境的光学干扰。

1.2.2 故障类型

故障类型包括输入类、控制类、输出类。

表征故障的要素包括故障类型、故障名称、等级、平台、系列、卫星、分系统、部件、常驻标记、波及影响、特征参数及变化、发生时间、发现时间、处置结束时间、星上模式、地面操控、对应的空间环境等。

按照故障对卫星应用效能产生的影响程度不同,将故障危害度定为"致命、严重、一般"三级。致命故障:故障不能排除,造成卫星完全失效,无法工作。严重故障:故障造成卫星部分功能失效,或性能下降,或可靠性降低,或卫星工作寿命未达到设计指标,或同一故障反复多次出现。一般故障:除致命和严重故障外的所有故障。

依据故障发生的机理,可将故障分为以下三类:

(1)能源:供给系统正常运行的能量,正常情况下,应稳定在一定阈值内或以一定规律发生变化,若能源的供给不足或不稳定,则将引起系统或设备工作不正常。该类故障称为能源类故障。

(2)控制:正常情况下,在特定的工作模式下,系统或设备运行的逻辑应是确定的。即输入信息的变化引起输出信息变化的逻辑与工作模式相关,工作模式确定时,控制逻辑应是确定的,若控制逻辑出现偏差或异常,则会引发非预期的输出,例如控制失效或错乱,机械装置控制异常等。该类故障称为控制类故障。

(3)传输:设备内、设备间、系统间存在信息和能源的传输,当传输出现异常时,会引发故障。例如供电设备输出正常,用电设备无输入;又如控制逻辑不能收到输入信息等。这些因能量或信息的传输异常而引发的故障称为传输类故障。

1.2.3 卫星在轨故障诊断特点

与地面设备不同,卫星在轨诊断维修具有看不见、摸不着、高时效、高可靠等特点。

卫星在轨故障表现特点:突发/渐变故障、确定性/不确定性故障、未知/已知故障。

技术方法特点:卫星在轨运行的环境远比地面工业系统复杂,只能借助遥测、遥控、遥操作等手段进行检测维修,并且不能"停机待修"难以套用工业或化工过程等其他领域的故障诊断成熟技术。

卫星在轨故障诊断特点:不同数据来源;信息不完备;不同故障模型建立;诊断知识获取与挖掘不同方法;多种诊断推理;结果的不确定性和概率。

1.3 国外研究现状

卫星在轨故障诊断技术研究对于保障卫星在轨安全可靠运行至关重要,与之相关的技术与方法越来越受到国内外航天领域的重视。

以美国为代表的航天大国在重视卫星设计和研制质量的同时,大力开展了卫星在轨故障诊断与预测研究,取得了丰富的研究结果,部分成果已成功应用于卫星在轨管理中,使卫星在轨安全可靠和长寿命运行能力大为增强。

美国国家航空航天局在其早期航天任务中强调,在航天器上使用高可靠性部件避免航天器在轨发生故障,由部件供货商负责航天器全寿命周期保障服务的思想;同时强调完善星上功能软件和提高星上软件质量来保障航天器的高可靠性。由于航天器在轨运行过程中不断发生故障,特别是重大故障频发,NASA逐步重视航天器在轨故障演变规律分析和诊断、预测技术研究,出现了许多新原理、新方法。并且,研究成果已不同程度地应用于航天器在轨运行管理中,有力地支持了航天器的安全可靠运行,提高了航天器的空间生存能力。

NASA等机构一直非常重视航天器故障诊断技术。20世纪80年代前后,美国在其双子星座、阿波罗、天空实验室以及哈勃太空望远镜等航天工程中,曾采用状态监测和基于算法的故障诊断。NASA 约翰逊航天中心 CLIPS 专家系统推出以来,在全世界范围内得到了广泛的应用和发展。随着航天领域中可靠性和维修工程越来越受到重视,迫切需要在地面利用故障诊断和维修专家系统来保障在轨卫星的安全,已有系统包括航天器故障诊断专家系统(ATFDES)和地面实时故障诊断专家系统等。

在航天飞机项目中,研究人员利用人工智能开发工具 KEE 和 G2 开发了一个实时的故障诊断系统,航天飞机主发动机涡轮泵故障诊断专家系统(SEES),对航天飞机的主发动机状态进行了检测和诊断,它除利用传感器信息外,还利用了历史和工程的知识库。另外,还有学者利用神经网络技术模拟航天器主发动机的非线性和复杂性,设计了航天飞机主发动机基于模型的故障检测和诊断系统。

在国际空间站项目中,NASA 为提高地面人员的航天器故障管理能力,使用了先进的故障管理技术。已开发了相应的原型系统包括诊断推理系统和恢复专家系统。诊断推理系统能够诊断故障源和评价该故障对其他部件的影响。而恢复专家系统能够制定旨在排除故障的方案。其中诊断推理系统采用了人工智能技术(模式比较、符号推理和基于模型的推理)。

在"深空一号"探测项目中,NASA 首先采用了基于模型的故障诊断和系统重置结构分析工具 Livingstone。Livingstone 是由 NASA 的 JPL 开发的一套能够实现故障诊断与系统重构的软件平台,这个版本的 Livingstone 称为 L1。L1 主要由两部分组成,即状态识别(MI)和系统重构(MR)如图 1-1 所示。其中,状态识别主要完成故障诊断,模式重构主要完成故障处理。L1 有三个显著的技术特点:①为了支持基于模型的诊断,不管被检测对象执行何种任务,每个部件始终只用一个模型表示,这样不管遇到何种情况,L1 均可以用一套算法处理;②结合使用离散定性描述和并行转移模型,L1 能够在形式上表示既有离散部分又有连续部分的软硬结合的系统;③结合使用冲突指向搜索算法和快速命题推理,L1 消除了人工智能中演绎和反推之间的矛盾,实现快速的搜索和推理。

在 L1 的基础上,NASA 又提出了第二代 Livingstone(L2)。对每种故障,L1 只能给出一个可能的诊断解,而 L2 却可以给出多个故障诊断解,并依据它们发生的概率大小进行排序。L2 还具有时间持续性,也就是依据新的观测的发生,L2 会不断地修改其诊断解。L1 只能当系统停止后,才能进行故障检测;而 L2 在系统变化时也可以进行故障检测。L2 应用于美国 EO-1 卫星,在地面试验中 L2 成功地诊断出 EO-1 卫星 17 种故障场景中的 16 种,只有 1 种没有检测出来,说明该诊断系统还是比较成功的。

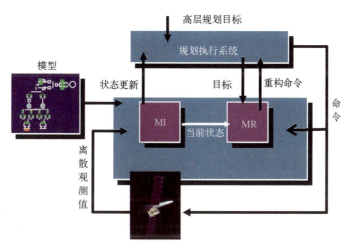

图 1-1 Livingstone 的组成

　　NASA 埃姆斯研究中心开发了一套新的诊断系统,称混合诊断引擎。它是一个基于模型的故障诊断系统,可提供实时系统模型跟踪、故障检测和故障隔离,其引擎是一个基于规则的推理引擎,可以构建系统模型来满足特殊系统,这方面它比较类似于 Livingstone2。

　　取得较多研究成果的故障预测与健康管理(PHM)技术及其相关理论,代表了航天器故障诊断、预测、评估技术发展的一个趋势。在 PHM 系统中,预测是指预先诊断部件或系统完成其功能的状态,包括确定部件的剩余寿命或正常工作的时间长度;PHM 利用尽可能少的数据信息,借助各种智能推理算法(如物理模型、神经网络、数据融合、模糊逻辑、专家系统等)来评估系统自身的健康状况,在系统故障发生前对其故障进行预测。与之相关的技术发展项目还包括 NASA 的航天器综合健康管理(IVHM)和美国空军提出的综合系统健康管理(ISHM)等。

　　近年来,NASA 在 ISHM 的基础上正在进行自主平台的研发,以实现系统的智能自治。NASA 约翰·斯坦尼斯航天中心研发的 NASA Platform for Autonomous Systems(NPAS)将 ISHM 的功能,如异常检测、诊断、预测和综合系统感知,与自治功能(例如规划、调度和任务执行)结合起来。"思维自治"系统需要全面的信息和知识来分析各种各样的策略,以应用于多种物理模型。

1.4 本书的内容和特色

　　本书内容为卫星在轨故障诊断相关技术,主要包括:故障数据类型与预处理,基于定量模型的卫星在轨故障诊断技术,基于定性模型的卫星在轨故障诊断技术,基于规则的卫星在轨故障诊断推理,基于案例的卫星在轨故障诊断推理,数据驱动的卫星在轨故障诊断技术,卫星在轨故障融合诊断技术,国内外关于卫星在轨故障诊断的典型系统介绍。内容结构关系如图 1-2 所示。

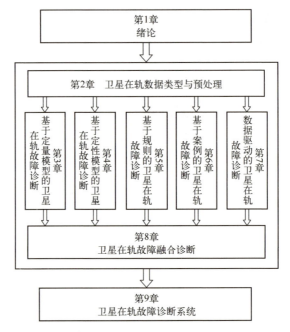

图 1-2　卫星在轨故障诊断相关技术

本书特色鲜明:一是紧紧围绕卫星在轨故障诊断这一主题,介绍相关技术及应用情况;二是针对卫星在轨故障诊断过程,给出完整的内容;三是结合长期研究成果,给出较为新颖的技术;四是从实际和实用出发,介绍在诊断卫星在轨真实故障中实用性较强的技术。

参 考 文 献

[1]　Hu S. Statistical diagnosis method for outliers from spacecraft tracking data[J]. Journal of Astronautics, 1999,20(2):68-74.

[2]　Yin S,Xiao B,Ding S X,et al. A review on recent development of spacecraft attitude fault tolerant control system[J]. IEEE Transactions on Industrial Electronics,2016,63(5): 3311-3320.

[3]　Song Q,Xu M,Wang R. Spacecraft fault diagnosis based on hierarchical digraphs[J]. Acta Aeronautica Et Astronautica Sinica,2009,30(6): 1058-1062.

［4］　Hayden S，Sweet A，Shulman S. Lessons Learned in the Livingstone 2 on Earth Observing One Flight Experiment［C］. American Institute of Aeronautics and Astronautics. Arling ton，USA，2005：26-29.

［5］　宋其江. 基于有向图模型的故障诊断方法研究及其在航天中的应用［D］. 哈尔滨：哈尔滨工业大学，2010.

［6］　邵继业. 基于模型的故障诊断方法研究及在航天中的应用［D］. 哈尔滨：哈尔滨工业大学，2009.

［7］　金洋. 基于传递系统模型的在轨卫星故障诊断方法研究［D］. 哈尔滨：哈尔滨工业大学，2013.

［8］　程瑶. 卫星姿态控制系统的混合故障诊断方法研究［D］. 哈尔滨：哈尔滨工业大学，2016.

［9］　Garcia D，Moncayo H，Rocha A E P，et al. Spacecraft health monitoring using a biomimetic fault diagnosis scheme［C］. AIAA Information Systems-AIAA Infotech @ Aerospace，2017.

［10］　Kawahara Y，Fujimaki R，Yairi T，et al. Diagnosis method for spacecraft using dynamic bayesian networks ［C］. The 8th International Symposium on Artifical Intelligence，Robotics and Automation in Space，Tokyo. Japan，2005.

［11］　Morgan P S. Cassini Mission-to-Saturn Spacecraft overview & CDS preparations for end-of-mission Proximal Orbits［C］// Aerospace Conference. IEEE，2015：1-18.

［12］　Mohammad B R，Hussein W M. A novel approach of health monitoring and anomaly detection applied to spacecraft telemetry based on PLSDA multivariate latent technique［C］// International Workshop on Research and Education in Mechatronics. IEEE，2014：1-6.

［13］　Iverson D L，Spirkovska L，Schwabacher，M. General purpose data-driven online system health monitoring with applications to space operations［R］. ISA POWID 2010 Symposium，June 7-10，2010，Summerlin，NV.

［14］　Schwabacher M，Martin R，Waterman R，et al. Ares I-X Ground Diagnostic Prototype［C］// Aiaa Infotech@ aerospace，2010.

［15］　Kolcio K，Breger L，Zetocha P. Model-based fault management for spacecraft autonomy［C］// Aerospace Conference. IEEE，2014：1-14.

［16］　Hayden S，Sweet A，Christa S. Livingstone model-based diagnosis of earth observing one［J］. Proceedings of Aiaa Intelligent Systems，2006.

［17］　Hayden S C，Sweet A J，Christa S E. Livingstone model-based diagnosis of earth observing one infusion experiment［J］. Proceedings of Aiaa Intelligent Systems，2004.

［18］　Pirmoradi F N，Sassani F，Silva C W D. Fault detection and diagnosis in a spacecraft attitude determination system［J］. Acta Astronautica，2009，65（5）：710-729.

［19］　Chanthery E，Travé-Massuyès L，Indra S. Fault isolation on request based on decentralized residual generation［J］. IEEE Transactions on Systems Man & Cybernetics Systems，2017，46（5）：598-610.

［20］　Li Q，Zhou X S，Lin P，et al. Anomaly detection and fault diagnosis technology of spacecraft based on telemetry-mining［C］// International Symposium on Systems and Control in Aeronautics and Astronautics. IEEE，2010：233-236.

［21］　Fernando F，Mark G W. Integrated System Health Management（ISHM）and Autonomy［C］. AIAA SCITech 2018，8-12 Jan. 2018；Kissimmee，FL；United States.

［22］　Fernando Figueroa. New developments in ISHM for NASA ground，launch，and flight systems ［R］. AIAA SciTech 2017 Forum and Exposition；9-13 Jan. 2017；Grapevine，TX；United States.

第 2 章　卫星在轨数据类型与预处理

2.1　引　言

　　航天器在轨实测数据类型多样,数据量大,具有不同的采样周期和采样时间,存在噪声干扰或误码等,需要进行有效的预处理,才能确保后续数据分析和建模的有效性。例如,针对在轨时间较长、数据量大的问题,可对实测数据作进一步的(向下)采样,以便提高后续数据处理的效率;并不总是能够获得所有时刻的数据,不同参数可能具有不同的采样时间,某些数据还缺失,需要进行数据填补;在数据采集和传输过程中,由于噪声干扰、数据丢失和传感器瞬时失灵等,可能造成部分数据失真,需要进行异常检测和平滑(滤波)。此外,航天器在轨实测数据一般表现为时间序列的形式,识别其动态特征有助于提高建模精度。

2.2　在轨数据类型

　　与航天器相关的数据通常包括遥测数据、外测数据及上行遥控数据。遥测是指航天器上各种被测信息经过传感器变换、采集编排和副载波调制等处理,再通过无线信道送达地面接收站,供地面对航天器状态进行判断。外测数据包括无线电设备的测量数据及光学设备的成像信息,可反映航天器的位置、图像信息。上行数据主要包括卫星平台的调整、修正数据及载荷控制、调整数据等。

Ⓒ 2.2.1　遥测数据

　　由于对卫星的监控通过远程方式实现,因此遥测数据是对卫星工作状态监视的主要手段。遥测数据一般反映了卫星四类信息:①健康数据,包括各器部件的电压、电流、温度等参数,同时,与此类数据相关的如开关机状态、主备份工作状态灯；②卫星参数，包括姿态角、角速度、星上时间等参数；③与故障诊断密切相关的参数；④大数据块，一般包括星载计算机内存下卸数据、星敏星图数据等。卫星发生异常后，遥测数据是其故障状态的最直观反映，对于状态量参数异常，一般表现为跳变，对于健康数据及卫星参数，其异常形态多样，一般可以从数据的时域变化趋势、数据变化的频域特征、数据所表现的信息域特征及其关联特征等方面表现出来。同时，故障发生与卫星的工作状态、地面操作及空间环境密切相关。遥测数据采集方式主要有模拟量和数字量两种，因传感器的测量和模/数转换产生的误差，故而遥测数据仅在一个允许的范围内代表卫星状态的真值。

© 2.2.2　外测数据

测量设备采用无线电波发现目标，并测定其在空间位置及变化率。测量设备可以测量目标的距离、速度、方位角以及俯仰角。一般采用测量的距离以及速度对卫星进行定轨。地面将从下行测距帧中获取的帧计数、位计数、扩频伪码计数、码相位、载波计数、载波相位等测量（星上采样）信息与地面采样获取的帧计数、位计数、扩频伪码计数、码相位、载波计数、载波相位等测量信息进行比较计算，可得到信号在地面与航天器间传输的双程时间 ΔT，由此可计算出航天器与地面站的距离。

此外，依据雷达方程：

$$R_{max} = (P_t \times G_t \times G_r \times \sigma \lambda^2) / ((4\pi)^2 \times K \times T_s \times C_o \times D_o \times L)^{\frac{1}{4}} \tag{2-1}$$

式中：P_t 为发射信号功率；G_t 发射功率增益；G_r 为接收功率增益；σ 为探测目标截面积；T_s 为系统噪声温度；D_o 为可见度系数；C_o 为带宽校正系数；L 为系统损耗。

可以计算得出目标相对于测控设备的 RCS 为

$$\sigma = \frac{P_r \times (4\pi)^3 R^4}{P_t \times G^2 \times \lambda^2} \tag{2-2}$$

式中：P_r 为雷达天线接收功率；P_t 为发射功率；G 为系统增益；λ 为发射波长。

依据 RCS 变化情况，可以获得目标相对测站的姿态信息，进而获取目标是否旋转、旋转是否稳定、旋转周期（转速）及变化等信息。

© 2.2.3　上行遥控数据

航天器上行遥控数据，按照包装形式可以分为上行遥控指令和注入数据。遥控指令可以以单指令形式发送，也可以以指令序列形式发送，来完成制定操作。注入数据一般可以分为程控指令、程序块及调整数据。程控指令是指将指令及执行时间装定成数据块,采用时间符合的方式执行;程序块是指以数据的形式注入新的程序块,用以替代星上原有程序;调整数据为航天器平台及载荷注入新的注入参数,用以更改原有的参数。调整数据一般包含轨道数据、时间调整数据、载荷参数调整数据等。对平台类上行数据,其直接影响航天器平台状态,错误数据将会导致平台异常。载荷类上行数据主要对载荷进行控制、调整,直接影响到航天器能否正常发挥能力。一般情况下,卫星对于载荷工作时间设有保护措施,不会由于开关机时间异常导致卫星故障。

2.3 数据补齐与采样

2.3.1 数据补齐

根据数据源特点,即获得的某些实测数据是非均采样甚至缺失部分数据,需要对缺失的数据进行补充。这通过函数拟合方法实现,具体包括以下两种方法。

1. 阶梯函数法

阶梯函数法适用于采用变化方式记录的数据。在某些情况下,为了节省存储文件规模,将数据文件采用"时间+参数值"的方式存储,其中两条记录之间的参数值持续不变,数值等于前一条记录的数值,如:

2010-03-09 11:29:28.750   -8.4201
2010-03-09 11:29:41.500   -8.0112
2010-03-09 11:29:45.000   -8.4201

表示 2010-03-09　11:29:28.750~2010-03-09　11:29:41.500　参数值为 -8.4201
　2010-03-09　11:29:41.500~2010-03-09　11:29:45.000　参数值为 -8.0112

此时的数据曲线表示成阶梯曲线形式,相邻两点之间使用直角阶梯线连接,表示前一点到后一点之间的数值等于前一点。对于这种类型的数据,采用阶梯函数拟合数据记录,可以获得各个采样时刻实测数据的准确值。

2. 样条函数法

对于存在缺失数据的情形,利用多项式函数或样条曲线拟合原始数据,并利用拟合值代替缺失时刻的观测值。这种方式的缺点是拟合数据过于光滑,即

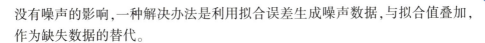

没有噪声的影响,一种解决办法是利用拟合误差生成噪声数据,与拟合值叠加,作为缺失数据的替代。

2.3.2 时间同步

卫星的部件之间是高度耦合的,所以辨识一个部件的模型就需要其他不同部件的遥测数据。实际上,不同的数据其采样时间是完全不同的,并且其每一个数据的采样间隔也随着时间的变化而变化,因此想要将不同采样率,不同时间点的数据使用到一起,得到统一时刻下的数据为后续辨识与修正方法提供支持是极其必要的。

由于卫星系统是一个长期稳定的系统,许多的遥测数据具有稳定不变性,因此采用零阶保持器对数据进行重采样具有一定的合理性。为了将数据不同的采样间隔统一,并进行时间对正处理,这里提出基于定步长的零阶保持器数据同步化方法。

设同步方法的采样间隔为 τ,采样对象为 $X=\{X_1,\cdots,X_n\}$,X_1 至 X_n 为 n 种不同的遥测数据类型。对于 $\forall X_i \in \{X_1,\cdots,X_n\}$,$x_{i,t}$ 为 X_i 在时刻 t 的遥测值,x_{i,t^-} 为遥测数据 X_i 在 t 时刻之前距离 t 时刻最近的采样数据数值。则对于采样时刻 $t=0,\tau,2\tau,\cdots,k\tau$,同步化后的数据 $X^-|_\tau$ 可以表示为

$$\begin{cases} X_1^-|_\tau = \{x_{1,0^-},x_{1,2\tau^-},\cdots,x_{1,k\tau^-}\} \\ X_2^-|_\tau = \{x_{2,0^-},x_{2,2\tau^-},\cdots,x_{2,k\tau^-}\} \\ \quad\quad\quad\quad\vdots \\ X_n^-|_\tau = \{x_{n,0^-},x_{n,2\tau^-},\cdots,x_{n,k\tau^-}\} \end{cases} \quad\quad (2-3)$$

该方法实际上是将同步化后的各个时刻的数据取值为该数据离对应时刻之前的最近的遥测数据数值,此方法能够保证主句同步的条件下尽可能地保持数据的有效性。

2.3.3 数据采样

实测数据量采样频率高、数据量大,如果利用所有数据建模,则其时间和空间开销都是难以承受的;另外,卫星遥测数据在短期内的变化并不明显,尤其是反映器件性能的参数或受控参数。此外,与状态预测不同,寿命预测关心部件性能变化的长期趋势,相对而言并不关心部件性能变化的精细特征(精确估计部件性能参数短期内的取值并不是必需的)。为此,在保证模型精度的前提下,对实测数据进一步采样,降低数据量,同时保留性能特征变化的总体规律和趋势。

目前典型的数据采样方式有周期脉冲和积分采样。前者利用周期为 T 的脉冲函数与原始数据相乘,并取脉冲发生时刻的数据值;后者在给定周期内对原始数据进行积分和求平均,并以该均值作为采样数据。

2.4 野点剔除

在采集信号和传输数据的过程中,由于噪声干扰、数据丢失和传感器瞬时失灵等原因,造成个别数据值过高或者过低,这些点即为偶然因素导致,通常称为野点(奇异点)。具体包括以下两种类型:

(1)孤立野点:一般在时间序列中是一个很大的尖峰,而野点邻近的数据都远小于(或大于)野点值;

(2)孤立的连续野点:该类型野点一般在时间序列中也是一个很大的尖峰,且连续出现的几个野点的左邻和右邻的数据都远小于(或大于)野点值。

为了能够获得能够真实反映产品性能的数据,并在此基础上建立正确的模型,必须剔除这些野点,比较常用的方法有 53H 法、前推差分算法。

2.4.1 53H 法

53H 法的基本思想是产生一个曲线的平滑估计,然后通过测量值与这一估计值的比较来识别野点。其步骤如下。

设 $x(i)$ 为测量数据序列。采用如下方式从 $x(i)$ 构造一个新序列 $x_1(i)$:首先,取 $x(1),\cdots,x(5)$ 的中值作为 $x_1(3)$;其次,舍去 $x(1)$ 加入 $x(6)$,取中值得到 $x_1(4)$;依此类推,直到获得最后一个数据。显然,$x_1(i)$ 比原始序列 $x(i)$ 少四项。然后用类似的方法,在序列 $x_1(i)$ 的相邻三个数中选取中间值而构成序列 $x_2(i)$。最后由序列 $x_2(i)$ 按如下方式构成 $x_3(i)$:

$$x_3(i) = 0.25x_2(i-1) + 0.5x_2(i) + 0.25x_2(i+1) \qquad (2-4)$$

这是一个汉宁(Hanning)平滑滤波器。如果有 $|x(i) - x_3(i)| > k$ 成立,则 $x(i)$ 为野点,并用 $x_3(i)$ 代替 $x(i)$,其中 k 为一预定值。

53H 法对孤立野点的处理效果较为明显。

2.4.2 前推差分算法

航天器在轨实测数据是时变数据,以平均值作期望可能导致比较大的误差。经验表明,采用下列前推差分算式进行预测和判断野值是合适的:

$$\begin{cases} \hat{y}_1 = (32y_1 + 15y_2 + 3y_3 - 4y_4 - 6y_5 - 3y_6 + 5y_7)/42 \\ \hat{y}_2 = (5y_1 + 4y_2 + 3y_3 + 2y_4 + y_5 - y_7)/14 \\ \hat{y}_3 = (y_1 + 3y_2 + 4y_3 + 4y_4 + 3y_5 + y_6 - 2y_7)/14 \\ \hat{y}_4 = (-2y_1 + 3y_2 + 6y_3 + 7y_4 + 6y_5 + 3y_6 - 2y_7)/21 \\ \hat{y}_5 = (-2y_1 + y_2 + 3y_3 + 4y_4 + 4y_5 + 3y_6 + y_7)/14 \\ \hat{y}_6 = (-y_1 + y_2 + 2y_4 + 3y_5 + 4y_6 + 7y_7)/14 \end{cases} \tag{2-5}$$

$$\hat{y}_i = (5y_{i-6} - 3y_{i-5} - 6y_{i-4} - 4y_{i-3} + 3y_{i-2} + 15y_{i-1} + 32y_i)/42 \quad (i = 7, 8, 9, \cdots) \tag{2-6}$$

前推方法可以避免野值逆传。先检验前 6 个点是正常点,用公式按时间逐点顺序计算 $\hat{y}_i$ 和 $\hat{y}_i - y_i$。经验表明,满足下列公式者为野值:

$$|\hat{y}_k - y_k| > 2.2 \sqrt{\frac{1}{6} \sum_{i=k-6}^{k} (\hat{y}_i - y_i)^2} \triangleq E \tag{2-7}$$

通常试验数据中的连续跳点的值都比较接近,可用下式剔除连续跳点。当 k 点为野值时,则满足下式者也是野值:

$$|\hat{y}_{k+i} - y_k| < E' \quad (i = 1, 2, \cdots, m) \tag{2-8}$$

其中 E' 为依据经验或数据规律确定的阈值。式中:m 为跳点数据的个数。在飞行器试验中,连续跳点很少超过 4 个,故取 $m = 3$,以避免将阶跃信号当作野点剔除。当满足式(2-8)的点数超过 3 时,认为 $y_k, y_k + 1, \cdots$ 皆为正常值。野点剔除后的数据可采用拉格朗日插值公式加以补正。

图 2-1 为某星的温度参数一年的遥测数据。图 2-1(a) 是按照读取时间序列方式读取原始数据的结果,横轴为时间坐标,纵轴为数值坐标。从图中可以

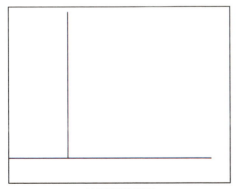

(a) 原始遥测数据

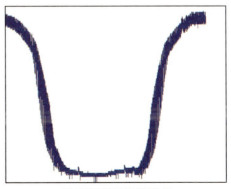

(b) 剔除野值后的遥测数据

图 2-1 温度遥测数据

看出,由于异常值(此处为由于传感器不稳定所产生的极大跳跃值)的存在,导致难以从图中发现数据的形态信息和趋势信息。图 2-1(b)是使用前推差分算式剔除野后的遥测数据,从图中可以比较清晰地观察到数据的变化过程以及趋势。

2.5　数　据　平　滑

2.5.1　中值滤波算法

中值滤波算法的基本思想是设定一个宽度固定的滑动窗口,该窗口沿着时间序列滑动,同时对窗口内数据排序,并将中位数作为输出值,由各输出值组成了另一个数据序列,即为滤波后的数据序列。设 N 为滑动窗口的宽度,若 $N=2k+1$(k 为自然数)且输入、输出分别为 $x(n)$ 和 $y(n)$,则

$$y(i+k) = \mathrm{median}\{x(i),x(i+1),\cdots,x(i+N-1)\}, i=1,2,3,\cdots \quad (2-9)$$

式中:median(·)为中值函数,其功能是求一列数据的中值。该函数首先要对窗口中的数据排序,然后将中值输出。

2.5.2　滑动平均算法

滑动平均算法的基本思想是设定一个宽度固定的滑动窗口,该窗口沿着时间序列滑动,同时取窗口内数据的算术平均值作为输出值,而由各输出值组成了另一个数据序列,即为滤波后的数据序列。设 N 为滑动窗口的宽度,若 $N=2k+1$(k 取自然数)且输入、输出分别为 $x(n)$ 和 $y(n)$,则

$$y(n) = \frac{1}{2k+1} \cdot \sum_{i=-k}^{k} x(n+i) \quad (2-10)$$

上述滑动平均算法和中值滤波算法存在的问题是原始数据序列的大部分数据均被改变。为此提出一种基于滑动平均的改进算法如下:设 $\{x(i)\}$ 为原始数据序列。设定一个较大宽度固定的滑动窗口,该窗口沿着时间序列滑动,同时对窗口内数据求均值,令为 $x_1(i)$。若 $|x(i)-x_1(i)| \geq k_1 x_1(i)$,其中 k_1 为一个给定的误差比例,则该点为野点,可用 $x_1(i)$ 替换(否则,保留原数据),得到新的序列记为 $\{x_2(i)\}$。利用滑动平均算法对 $\{x_2(i)\}$ 进行处理得到新的数据序列 $\{x_3(i)\}$;若 $|x(i)-x_3(i)| \geq k_2 x_3(i)$,其中 k_2 为一个给定的误差比例则该点为野点,用 $x_3(i)$ 代替,得到新的序列 $\{x_4(i)\}$ 即为所求。改进的滑动平均算法流程如图 2-2 所示。

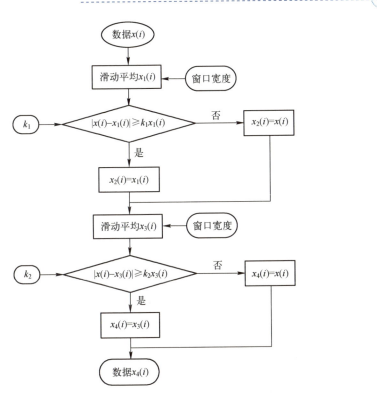

图 2-2　改进的滑动平均算法流程

图 2-3 为 NASA 对某型号锂离子蓄电池进行地面试验时获得的内阻时间序列数据,图 2-4 为执行中值滤波后获得的数据,图 2-5 为执行滑动平均后的数据。

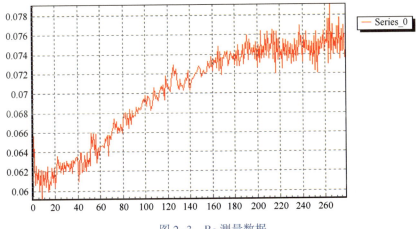

图 2-3　Re 测量数据

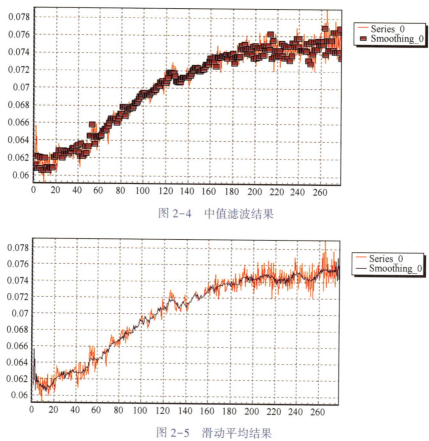

图 2-4 中值滤波结果

图 2-5 滑动平均结果

2.6 数据特征检验

2.6.1 分布检验

卫星遥测参数的测量值一般围绕特定的曲线上下波动,这里的波动可能是由于环境干扰、测量误差等导致。一般来说,假设测量误差服从正态分布,因此在不考虑环境干扰的情况下,遥测参数测量值与理论模型的偏差应该是服从正态分布的。正态性检验的方法一般有偏度峰度检验法和χ^2拟合优度检验法,这里简单介绍偏度峰度检验法。

对正态性最基本的检验是检验序列的三阶矩(偏态系数)与四阶矩(峰态系

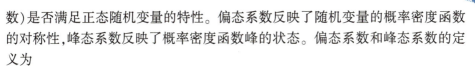

数)是否满足正态随机变量的特性。偏态系数反映了随机变量的概率密度函数的对称性,峰态系数反映了概率密度函数峰的状态。偏态系数和峰态系数的定义为

$$C_s = \mu_3/\mu_2^{3/2}, C_k = \mu_4/\mu_2^2 \tag{2-11}$$

式中:μ_2、μ_3、μ_4 分别为序列的 2 阶、3 阶、4 阶中心矩。

对正态序列 $x_t \sim N(m, \sigma^2)$,偏度、峰度计算如下:

$$C_s = E\left(\frac{x-\mu}{\sigma}\right)^3 = 0, C_k = E\left(\frac{x-\mu}{\sigma}\right)^4 = 3 \tag{2-12}$$

所以对序列 $\{x_t\}$,$t = 1, \cdots, N$,当 N 充分大时,如果偏度和峰度的估计值近似等于 0 和 3,即可认为序列具有正态性。

2.6.2 时间序列特征识别

虽然遥测参数的变化复杂,但是仍有其共同的规律性。通过对各种时间序列的分析发现,时间序列影响因素的作用特征可以概括为三种变动方式,即趋势变动、循环变动(周期变动)及不规则变动。也就是说,任何一个时间序列总是表现为上述几种变动不同组合的总结果。

(1)趋势性是观测对象在一个相当长的时期内,由于受某些基本因素持续同性质(或同向)的影响所呈现出来一种基本走势。尽管在这个时期内,观测对象仍有波动,变动幅度可能有时不等,但基本趋势不变。如太阳电池输出功率、蓄电池容量、剩余推进剂数量等都体现出长期的退化趋势。

(2)周期性是指观测对象以特定时间长度为周期的涨落起伏或基本相同的一种波浪式的变动。如卫星帆板温度、输出功率等参数,由于空间环境季节性影响导致的遥测参数变化规律等一般具有周期性。

(3)不规则性变动分为突发性和随机性两种。突发性是由于难以预测的因素引起的,其规律目前难以认识和推测。具有随机性变动的时间序列,则可以利用历史或测试数据验证的概率分布加以推测。

对于时间序列特征识别,通常采取下面三种方法:

1. 平稳性检验

识别数据时间序列特征的简单方法是作图法,即以时间为横坐标,以变量值为纵坐标,将时间序列数值绘在坐标图上,一般就可以大致观察到时间序列的特征。

理论上时间序列特征识别,需要利用自相关系数或自相关过程的概念。为此首先定义自相关系数如下:

设时间序列为 $x_1, x_2, \cdots, x_n$,则 k 阶自相关函数 r_k 可按下式计算:

$$r_k = \frac{\sum_{t=1}^{n-k}(x_t - \bar{x})(x_{t+k} - \bar{x})}{\sum_{t=1}^{n}(x_t - \bar{x})^2} \quad (k = 0,1,2,\cdots,n-1) \tag{2-13}$$

式中

$$\bar{x} = \frac{1}{n}\sum_{t=1}^{n}x_t \tag{2-14}$$

时间序列的平稳性检验就是检验 $x_1,x_2,\cdots,x_n$ 是否为平稳随机过程的一个有限样本。平稳随机过程应具有两个基本特点：一是它的数学期望和方差取常值，即其样本应在某一固定水平线附近摆动；二是它的相关函数只是时间间隔的函数，与时间起点无关。因此，时间序列的平稳性识别就是要检验这两个特性是否成立。

显然，观测时间序列的图形是一种直观识别其平稳性的办法。此外，对于一个物理随机过程，如果它的系统参数、影响因素及实际条件保持不变或变化不大，就可视为是平稳的。用统计的办法，如果所有 r_k 与零均无显著差异，或统计量 $Q \leqslant X_\alpha^2$ 的关系满足，也可认为该序列具有平稳性。

2. 趋势性检验

趋势反映产品寿命特征（健康状态）的总体方向和长期发展趋势。对寿命预测来说，由于主要关心产品的长期行为（经常可以忽略瞬时变化），因此识别具有明显趋势性的数据特征具有特别重要的作用。存在多种趋势分析方法，如经典的最小二乘回归分析方法、移动平均、数据分解方法等。

采用回归分析法可以找出一个与趋势线相匹配的方程，如果通过检验表明该方程是显著的，则表明存在趋势，并且利用该方程即可计算趋势值。

运用适当阶的移动平均可消除周期、季节、不规则因素，只留下趋势因素。此方法的缺点是时间序列开始和末尾的数据丢失，可能导致原始数据没有的周期或其他运动。移动平均还极易受极端值的影响。为了克服这些缺点，可用加权移动平均代替移动平均，此时中间值的权重大些，而极端值的权重小些。

半平均法把数据分成两部分（各部分的元素个数最好相等），对各部分数据做平均，则在动态数据上得到两个点，从这两个点即可得到趋势线，从而直接计算趋势。尽管此方法用起来简单，如果不加区别应用，结果很可能不尽人意。而且，仅当趋势线是线性或近似线性时才可应用。它也可以推广到把数据分为几部分，每一部分的趋势线呈线性的情形。

对于非平稳的时间序列，其均值和方差可能存在某种趋势。这里介绍一种识别单调趋势的有效方法。设有时间序列 $x_1,x_2,\cdots,x_n$，每当出现一个 $x_j > x_i$（$j>$

On-Orbit Satellite Fault Diagnosis Technology and Application

$i, i = 1, 2, \cdots, n$)时,将其定义为 x_i 的一个逆序,x_i 的逆序数定义为 x_i 相应逆序的总个数 A_i。于是,时间序列的逆序总数为

$$A = \sum_{i=1}^{n} A_i \qquad (2-15)$$

在时间序列不存在单调趋势的条件下,统计量:

$$u = \left(A + \frac{1}{2} - E(A) \right) / \sqrt{\operatorname{var}(A)} \qquad (2-16)$$

渐近服从正态分布 $N(0,1)$。其中,A 的平均值为

$$E(A) = n(n-1)/4 \qquad (2-17)$$

A 的方差为

$$\operatorname{var}(A) = n(2n^2 + 3n - 5)/72 \qquad (2-18)$$

于是由 n 可以计算出 $E(A)$ 及 $\operatorname{var}(A)$,而且由实际序列可得到 A 的值,从而由式(2-16)可计算出 u 的值。设显著性水平为 0.05,如果 $-1.96 \leqslant u \leqslant 1.96$,可认为“序列无趋势”;否则,拒绝上述假设。显然如果 A 很大,表明时间序列均值(或方差)有上升的趋势;而 A 很小,则表明时间序列均值(或方差)有下降趋势。

尽管上述方法对单调序列有效,但对一些复杂趋势序列可能存在困难。此时一种办法是把数据分成若干段,然后分段利用上述方法加以识别。

3. 随机性检验

时间序列的随机性识别即识别时间序列的相邻观测值是否具有依赖性,还是完全由相互独立的随机数组成。当时间序列样本数 n 足够大时,如果所有的自相关系数 $r_1, r_2, r_3, \cdots$ 都近似等于零,则表明该时间序列完全由随机数组成,即具有完全的随机性特征。由数理统计知识可以推出:若计算较多(20 个以上)的自相关系数 $r_k, k = 1, 2, \cdots, 20$。当

$$\frac{-1.96}{\sqrt{n}} \leqslant r_k \leqslant \frac{1.96}{\sqrt{n}} \qquad (2-19)$$

成立时,则有 95% 的置信度可以认为所有的自相关系数 r_k 与零没有显着差异,因而认为该时间序列具有随机性特征。

在有些情况下,可能由于偶然因素,有个别 $r > 0$ 超出式(2-19)的范围。G. E. Box 和 D. A. Picrce 提出可用 χ^2 检验来判别 r_k 与零有无显着差异,其方法如下:

计算 m 个自相关系数 $r_1, r_2, \cdots, r_m (m \geqslant 6, n > 4m)$,构造统计量

$$Q = n \sum_{k=1}^{m} r_k^2 \qquad (2-20)$$

于是,由 $r_k(k=1,\cdots,m)$ 可直接计算 Q;再查 χ^2 表,取自由度为 $m-1$。给定显著性水平 $0<\alpha<1$,当 $Q \leqslant \chi^2_\alpha(m-1)$ 时,可认为这 m 个自相关系数 r_k 与零没有显着差异,此时间序列具有随机性;否则,为非随机性。其中 $\chi^2_\alpha(m-1)$ 是自由度为 $m-1$ 的开方分布的 α 分位数。

图 2-6 为利用某参数的遥测数据模拟生成的数据,图 2-7 为进行趋势识别后的趋势项结果,图 2-8 为运用傅里叶变换得到的周期性识别结果,可知数据存在长度约为 113 的周期。

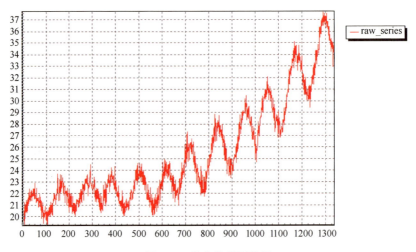

图 2-6　某参数模拟数据

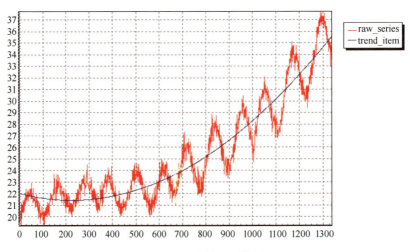

图 2-7　趋势识别结果

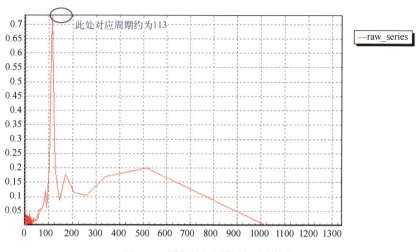

图 2-8 周期性识别结果(频谱图)

2.6.3 基于 EMD 的趋势分析

经验模态分解(Empirical Mode Decomposition,EMD)是由 NASA 的 Huang 在 1998 年提出的一种数据处理方法,能够简单准确地提取出数据中的趋势项。EMD 本质上是一种具有自适应能力的数据处理方法。该方法认为任何数据都可由一系列称为本征模函数(Intrinsic Mode Function,IMF)的若干子序列合成,其中频率最低的 IMF 子序列表示原始数据的趋势或均值,其余各阶 IMF 反映了数据的动态特性。一个序列被称为本征模函数 IMF,若它满足以下条件:

(1) 在一段数据中极值点数目等于数据过零点数目或者最多相差为 1;

(2) 在任何一点由极大值点和极小值点定义的包络线的平均值为零。

设经正规化处理后的 $X(t)$ 为一非平稳数据序列,则 EMD 分解步骤如下:

(1) 找出所有 $X(t)$ 局部极大值点和局部极小值点,分别用三次样条函数拟合成原始数据的上包络线和下包络线,然后将上包络线和下包络线求平均,获得原序列的平均包络线 $m_1(t)$,$X(t)$ 和 $m_1(t)$ 的差值设为 $h_1(t) = X(t) - m_1(t)$。

(2) 检验 $h_1(t)$,如果 $h_1(t)$ 不满足 IMF 的两个条件,则令 $X(t) = h_1(t)$ 并重复步骤(1),经过 k 次迭代后得到满足 IMF 条件的 $h_k(t)$,则定义 $X(t)$ 的第一阶 IMF 分量为 $\mathrm{imf}_1(t) = h_k(t)$。

（3）计算原始序列的残量 $r_1(t) = X(t) - \mathrm{imf}_1(t)$，令新序列 $X(t) = r_1(t)$，重复步骤（1）和（2），得到原始序列的第二阶分量 $\mathrm{imf}_2(t)$；再令 $r_2(t) = r_1(t) - \mathrm{imf}_2(t)$，$X(t) = r_2(t)$，并继续分解，直至第 n 阶分量 $\mathrm{imf}_n(t)$ 或残量 $r_n(t)$ 小于预先给定值或残量 $r_n(t)$ 单调。

通过上述分解过程，原始序列 $X(t)$ 可表示为 n 阶 IMF 以及残量的和，即

$$X(t) = \sum_{i=1}^{n} \mathrm{imf}_i(t) + r_n(t) \qquad (2-21)$$

利用 EMD 方法可以将一个时间序列分解为多个不同频率的 IMF 和一个反映序列缓慢变化的趋势项，这比直接对数据进行多项式拟合更加有效、合理、快捷。本征模式分析虽然是一种有效的数据趋势分析方法，但仍存在以下几个问题：

（1）端点问题。如图 2-9 所示，该时间序列共有 12 个点，最大值点为 A、C、E 和 G 点，最小值点为 B、D 和 F 点。用三次样条插值分别作上下包络线，图中虚线部分即为上、下包络线。

EMD 算法的核心是对数据序列的极大值和极小值点进行三次样条插值以得到上、下包络，而数据序列的两端点不能确定是否为极值。如图 2-9 所示，该曲线两端都无法给出准确的极大值和极小值，那么，在进行三次样条拟合时，必然使得数据的上、下包络在数据的两端附近严重扭曲，而且这种扭曲可能会通过不断的迭代放大并传播到每阶 IMF 中去。

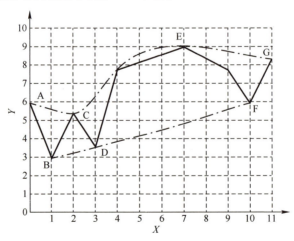

图 2-9　包络线示意图

（2）迭代问题。EMD 算法是一个迭代过程，要获得满足 IMF 的两个条件的 $h_i(t)$ 往往需要迭代很多步，或者说迭代次数的数量级非常的巨大，在实际的

中通常给定一个迭代次数上限,这样所获得 IMF 有时并非一个平稳的 IMF 分量。

对上述问题,一般的解决方法如下:

(1)端点问题。针对端点问题,利用基于统计推断的算法。其基本思想:当端点非极大(或小)值点时,上(或下)包络线在端点处无法确定它的终点值,如果能够根据序列中靠近端点的数据的规律得出该序列在端点处的近似取值,则可以防止对极值点进行样条插值所得到的包络线出现较大的摆动。以左边端点为例,取出原始序列最左端的第一个极值点前的所有点(包括极值点本身)。然后求出这些点的均值和标准差,则极值点序列在该端点处的近似取值分别为 $m±\sigma$,同理求出极值点序列在右端点处的近似取值。

(2)迭代问题。在 EMD 算法中判断 IMF 往往需要迭代很多步,对满足 IMF 的两个条件改进可减少迭代步数,改进如下:

① 设数据的极值点数目为 extrema,数据过零点数目为 zeros,则有 $|\,zeros-extrema\,| \leqslant 1$;

② 设数据上、下包络线的均值序列为 $m(t)$,mean 为均值函数,ε_1 和 ε_2 为给定的一个常数,则有

$$\mathrm{mean}\left\{\sum_{t=1}^{N}\left(m(t) \in [-\varepsilon_1,\varepsilon_1]\right)\right\} \leqslant \varepsilon_2 \qquad (2\text{-}22)$$

综上所述,设 $X(t)$ 为一非平稳数据序列,改进的 EMD 算法如下:

① 找出 $X(t)$ 所有局部极大值点,然后用三次样条函数对极大值点序列进行拟合以获得 $X(t)$ 的上包络线。同理可获得下包络线。将上、下包络线求平均即得原序列的平均包络线 $m_1(t)$,$X(t)$ 和 $m_1(t)$ 的差值设为 $h_1(t) = X(t) - m_1(t)$。

② 令 $X(t) = h_1(t)$,然后重复步骤①,检验 $h_1(t)$,如果 $h_1(t)$ 满足 IMF 的两个条件,则 $h_1(t)$ 为 $X(t)$ 的第一阶 IMF 分量;否则,继续迭代,经过 k 次迭代后得到满足 IMF 条件 $h_k(t)$,定义 $X(t)$ 的第一阶 IMF 分量为 $\mathrm{imf}_1(t) = h_k(t)$。

③ 设原始序列的残量 $r_1(t) = X(t) - \mathrm{imf}_1(t)$,令新序列 $X(t) = r_1(t)$,重复步骤①和②,得到原始序列的第二阶分量 $\mathrm{imf}_2(t)$,再令 $r_2(t) = r_1(t) - \mathrm{imf}_2(t)$,$X(t) = r_2(t)$,这样继续分解,直至第 n 阶分量 $\mathrm{imf}_n(t)$ 或残量 $r_n(t)$ 小于预先给定值或残量 $r_n(t)$ 单调。

改进的 EMD 算法流程图如图 2-10 所示。

对图 2-3 进行 EMD 分解,结果如图 2-11 和图 2-12 所示,可以看出,Re 变化具有明显的趋势性,但是不存在明显的周期变化。

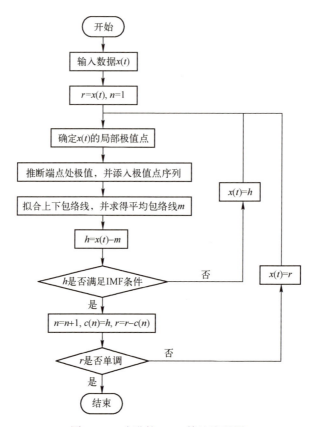

图 2-10　改进的 EMD 算法流程图

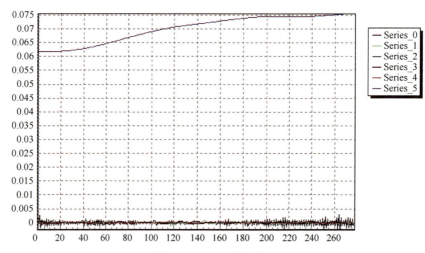

图 2-11　EMD 分解结果

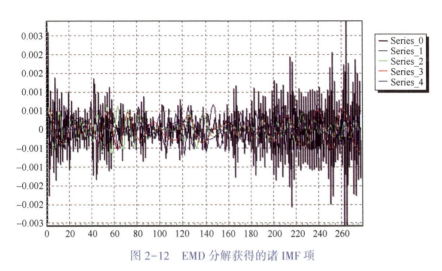

图 2-12 EMD 分解获得的诸 IMF 项

2.7 数据降维

2.7.1 主成分分析

主成分分析也称主分量分析,是利用降维的思想,在损失很少信息的前提下,把多个指标转化为几个综合指标的数据分析方法。其中,每个主成分都是原始变量的线性组合,且各个主成分之间互不相关。

1. 基本思想

设变量 X_1 和 X_2 的 n 对观测值,即变量 X_1、X_2 组成的坐标空间中有 n 个点,如图 2-13 所示。可以看出,这些数据无论是沿 X_1 轴方向还是沿 X_2 轴方向均有较大的离散性,其离散程度可以分别用观测变量 X_1 的方差和 X_2 的方差定量地表示,显然,若只考虑 X_1 和 X_2 中的任何一个,原始数据中的信息均会有较大的损失。考虑 X_1 和 X_2 的线性组合,使得原始数据

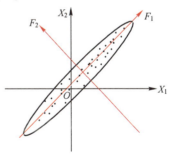

图 2-13 二维主成分分析

可以由新的变量 F_1 和 F_2 来刻画。在几何上表示,就是将坐标轴按逆时针方向旋转 θ 角度,得到新坐标轴 F_1 和 F_2,坐标旋转公式如下:

$$\begin{cases} F_1 = X_1\cos\theta + X_2\sin\theta \\ F_2 = -X_1\sin\theta + X_2\cos\theta \end{cases} \tag{2-23}$$

写成矩阵形式,即

$$\begin{pmatrix} F_1 \\ F_2 \end{pmatrix} = \begin{pmatrix} \cos\theta & \sin\theta \\ -\sin\theta & \cos\theta \end{pmatrix} \begin{pmatrix} X_1 \\ X_2 \end{pmatrix} = \boldsymbol{U} \cdot \boldsymbol{X} \tag{2-24}$$

$\boldsymbol{U}$ 为旋转变换矩阵,它是正交矩阵,即有

$$\boldsymbol{U} \cdot \boldsymbol{U}^{\mathrm{T}} = \boldsymbol{I}, \boldsymbol{U} = \boldsymbol{U}^{-1} \tag{2-25}$$

经过这样的旋转之后,n 个点在 F_1 轴上的离散程度最大(具有最大的方差)。在信号处理中认为信号具有较大的方差,噪声有较小的方差,信噪比就是信号与噪声的方差比,越大越好。因为变量 F_1 的离散程度最大,所以代表了原始数据绝大部分信息。这样,有时在研究实际问题时,即使不考虑变量 F_2 也无损大局。因此,经过上述旋转变换就可以把原始数据的信息集中到轴上,对数据中包含的信息起到了浓缩的作用。主成分分析的目的就是找出转换矩阵,而进行主成分分析的作用与几何意义也就很清楚了。

下面进一步用服从二元正态分布的随机变量分析主成分的几何意义。设变量 X_1、X_2 遵从二元正态分布 $N(\boldsymbol{\mu},\boldsymbol{\Sigma})$,其中

$$\boldsymbol{\mu} = \begin{pmatrix} \mu_1 \\ \mu_2 \end{pmatrix}, \boldsymbol{\Sigma} = \begin{bmatrix} \sigma_1^2 & \rho\sigma_1\sigma_2 \\ \rho\sigma_1\sigma_2 & \sigma_2^2 \end{bmatrix} \tag{2-26}$$

考虑 $(\boldsymbol{X}-\boldsymbol{\mu})^{\mathrm{T}}\boldsymbol{\Sigma}^{-1}(\boldsymbol{X}-\boldsymbol{\mu}) = d^2$,$d$ 为常数。不妨设 $\boldsymbol{\mu} = 0$,则这是一个椭圆的方程,长短轴分别为 $2d\sqrt{1\pm\rho}$。设 $\lambda_1 \geqslant \lambda_2 \geqslant 0$ 为 $\boldsymbol{\Sigma}$ 的特征值,$\boldsymbol{\gamma}_1$、$\boldsymbol{\gamma}_2$ 为对应的标准正交特征向量。令

$$\boldsymbol{\Lambda} = \begin{pmatrix} \lambda_1 & 0 \\ 0 & \lambda_2 \end{pmatrix}, \boldsymbol{P} = (\boldsymbol{\gamma}_1, \boldsymbol{\gamma}_2) \tag{2-27}$$

则 $\boldsymbol{P}$ 为正交阵,并且可得

$$d^2 = \frac{1}{\lambda_1}(\boldsymbol{\gamma}_1'x)^2 + \frac{1}{\lambda_2}(\boldsymbol{\gamma}_2'x)^2 \tag{2-28}$$

这是一个椭圆方程,且在 F_1、F_2 构成的坐标系中,其主轴的方向恰恰正是 F_1、F_2 坐标轴的方向。因为 $F_1 = \boldsymbol{\gamma}_1'X, F_2 = \boldsymbol{\gamma}_2'X$,$\boldsymbol{\gamma}_1$、$\boldsymbol{\gamma}_2$ 就是椭圆在原始坐标系中的主轴方向,也是坐标轴转换的系数向量。所以,F_1、F_2 就是原始变量 X_1、X_2 的两个主成分,它们的方差分别为 λ_1、λ_2,在 F_1 方向上集中了原始变量 λ_1 的变差,在 F_2 方向上集中了原始变量 λ_2 的变差。如果 $\lambda_1 \gg \lambda_2$,就可以只研究原始数据在 F_1 方向上的变化而不致于损失过多信息。由图 2-13 还可以看出,F_1、F_2 除了对信息浓缩之外,还是不相关的(因 F_1 与 F_2 正交),这避免了信息重叠

所带来的虚假性。

2. 分析方法

设有 p 个指标 $X_1,X_2,\cdots,X_p$，主成分分析就是要将这 p 个指标转变为其线性组合，由这些线性组合表示的新指标 $F_1,F_2,\cdots,F_k(k\leqslant p)$，能充分反映原指标集合的信息，且相互独立。

设 $\boldsymbol{X}=(X_1,X_2,\cdots,X_p)'$ 的协方差阵为

$$\boldsymbol{\Sigma}_X=\begin{bmatrix}\sigma_1^2 & \sigma_{12} & \cdots & \sigma_{1p}\\ \sigma_{21} & \sigma_2^2 & \cdots & \sigma_{2p}\\ \vdots & \vdots & & \vdots\\ \sigma_{p1} & \sigma_{p2} & \cdots & \sigma_p^2\end{bmatrix} \tag{2-29}$$

由于 $\boldsymbol{\Sigma}_X$ 为非负对称阵，因此必有正交阵 $\boldsymbol{U}$，使得

$$\boldsymbol{U}'\boldsymbol{\Sigma}_X\boldsymbol{U}=\begin{bmatrix}\lambda_1 & & 0\\ & \ddots & \\ 0 & & \lambda_p\end{bmatrix} \tag{2-30}$$

式中：$\lambda_1,\lambda_2,\cdots,\lambda_p$ 为 $\boldsymbol{\Sigma}_X$ 的特征根，不妨设 $\lambda_1,\lambda_2,\cdots,\lambda_p$，而 $\boldsymbol{U}$ 是由特征根相对应的特征向量所组成的正交阵，即

$$\boldsymbol{U}=[\boldsymbol{u}_1,\cdots,\boldsymbol{u}_p]=\begin{bmatrix}u_{11} & u_{12} & \cdots & u_{1p}\\ u_{21} & u_{22} & \cdots & u_{2p}\\ \vdots & \vdots & & \vdots\\ u_{p1} & u_{p2} & \cdots & u_{pp}\end{bmatrix} \tag{2-31}$$

$$\boldsymbol{U}_i=(u_{1i},u_{2i},\cdots,u_{pi})'(i=1,2,\cdots,p) \tag{2-32}$$

需要考查的是，由 $\boldsymbol{U}$ 的第一列元素所构成的原变量的线性组合是否有最大的方差。

设有 p 维正交向量 $\boldsymbol{a}_1=(a_{11},a_{21},\cdots,a_{p1})'$，定义

$$F_1=a_{11}X_1+\cdots+a_{p1}X_p=\boldsymbol{a}_1'\boldsymbol{X} \tag{2-33}$$

$$\mathrm{var}(F_1)=\boldsymbol{a}_1'\boldsymbol{\Sigma}_X\boldsymbol{a}_1=\boldsymbol{a}_1'\boldsymbol{U}\begin{bmatrix}\lambda_1 & & & \\ & \lambda_2 & & \\ & & \ddots & \\ & & & \lambda_p\end{bmatrix}\boldsymbol{U}^{\mathrm{T}}\boldsymbol{a}_1$$

$$=\boldsymbol{a}_1'[\boldsymbol{u}_1,\boldsymbol{u}_2,\cdots,\boldsymbol{u}_p]\begin{bmatrix}\lambda_1 & & & \\ & \lambda_2 & & \\ & & \ddots & \\ & & & \lambda_p\end{bmatrix}\begin{bmatrix}\boldsymbol{u}_1'\\ \boldsymbol{u}_2'\\ \vdots\\ \boldsymbol{u}_p'\end{bmatrix}\boldsymbol{a}_1 \tag{2-34}$$

整理后,可得

$$\mathrm{var}(F_1) = \sum_{i=1}^{p} \lambda_i \boldsymbol{a}_1' \boldsymbol{u}_i \boldsymbol{u}_i' \boldsymbol{a}_1 = \sum_{i=1}^{p} \lambda_i \, (\boldsymbol{a}_1' \boldsymbol{u}_i)^2$$

$$\leqslant \lambda_1 \sum_{i=1}^{p} \, (\boldsymbol{a}_1' \boldsymbol{u}_i)^2 = \sum_{i=1}^{p} \lambda_1 \boldsymbol{a}_1' \boldsymbol{u}_i \boldsymbol{u}_i' \boldsymbol{a}_1 = \lambda_1 \boldsymbol{a}_1' \boldsymbol{U} \boldsymbol{U}^{\mathrm{T}} \boldsymbol{a}_1 = \lambda_1 \tag{2-35}$$

当且仅当 $a_1 = u_1$,即

$$F_1 = u_{11} X_1 + \cdots + u_{p1} X_p \tag{2-36}$$

时,F_1 有最大的方差 λ_1,这是因为

$$\mathrm{var}(F_1) = \boldsymbol{u}_1 \boldsymbol{\Sigma}_X \boldsymbol{u}_1' = \lambda_1 \tag{2-37}$$

F_1 称为第一主成分,如果它包含的信息还不够满足分析所需,则需要找第二主成分。在约束条件 $\mathrm{cov}(F_1, F_2) = 0$ 下,寻找第二主成分:

$$F_2 = u_{12} X_1 + \cdots + u_{p2} X_p \tag{2-38}$$

因为

$$\mathrm{cov}(F_1, F_2) = \mathrm{cov}(\boldsymbol{u}_1' \boldsymbol{X}, \boldsymbol{u}_2' \boldsymbol{X}) = \boldsymbol{u}_2' \boldsymbol{\Sigma}_X \boldsymbol{u}_1 = \lambda_1 \boldsymbol{u}_2' \boldsymbol{u}_1 = 0 \tag{2-39}$$

所以

$$\boldsymbol{u}_2' \boldsymbol{u}_1 = 0 \tag{2-40}$$

对 p 维向量 $\boldsymbol{u}_2$,有

$$\mathrm{var}(F_2) = \boldsymbol{u}_2' \boldsymbol{\Sigma}_X \boldsymbol{u}_2 = \sum_{i=1}^{p} \lambda_i \boldsymbol{u}_2' \boldsymbol{u}_i \boldsymbol{u}_i' \boldsymbol{u}_2 = \sum_{i=1}^{p} \lambda_i \, (\boldsymbol{u}_2' \boldsymbol{u}_i)^2$$

$$\leqslant \lambda_2 \sum_{i=1}^{p} \, (\boldsymbol{u}_2' \boldsymbol{u}_i)^2 = \lambda_2 \sum_{i=1}^{p} \boldsymbol{u}_2' \boldsymbol{u}_i \boldsymbol{u}_i' \boldsymbol{u}_2 = \lambda_2 \boldsymbol{u}_2' \boldsymbol{U} \boldsymbol{U}^{\mathrm{T}} \boldsymbol{u}_2 = \lambda_2 \boldsymbol{u}_2' \boldsymbol{u}_2 = \lambda_2$$

$$\tag{2-41}$$

因此,线性变换 F_2 使方差次大。如此类推,得到线性变换:

$$\begin{cases} F_1 = u_{11} X_1 + u_{21} X_2 + \cdots + u_{p1} X_p \\ F_2 = u_{12} X_1 + u_{22} X_2 + \cdots + u_{p2} X_p \\ \vdots \\ F_p = u_{1p} X_1 + u_{2p} X_2 + \cdots + u_{pp} X_p \end{cases} \tag{2-42}$$

写为矩阵形式,即各主成分为

$$\boldsymbol{F} = \boldsymbol{U}^{\mathrm{T}} \boldsymbol{X} = [F_1, F_2, \cdots, F_p]' \tag{2-43}$$

$$\boldsymbol{X} = [X_1, X_2, \cdots, X_p]' \tag{2-44}$$

$$U = [\boldsymbol{u}_1, \cdots, \boldsymbol{u}_p] = \begin{bmatrix} u_{11} & u_{12} & \cdots & u_{1p} \\ u_{21} & u_{22} & \cdots & u_{2p} \\ \vdots & \vdots & & \vdots \\ u_{p1} & u_{p2} & \cdots & u_{pp} \end{bmatrix} \tag{2-45}$$

根据矩阵的秩的性质,可知协方差矩阵 $\boldsymbol{\Sigma}_X$ 的对角线上的元素之和等于特征根之和,于是所有主成分的方差之和为所有特征根之和:

$$\sum_{i=1}^{p} \mathrm{var}(F_i) = \lambda_1 + \lambda_2 + \cdots + \lambda_p = \sigma_1^2 + \sigma_2^2 + \cdots + \sigma_p^2 = p \tag{2-46}$$

说明主成分分析把 p 个变量的总方差分解成为 p 个不相关的随机变量的方差之和。于是,可定义第 i 个主成分的方差在全部方差中所占比例为

$$\lambda_i \bigg/ \sum_{j=1}^{p} \lambda_j \tag{2-47}$$

并称之为第 i 个主成分的贡献率,它反映了第 i 个主成分对原信息综合能力的大小。前 k 个主成分共有的综合能力,用前 k 个主成分的方差和与全部方差之比来描述,称为累积贡献率,即

$$\sum_{i=1}^{k} \lambda_i \bigg/ \sum_{j=1}^{p} \lambda_j \tag{2-48}$$

由于主成分分析目的是希望用尽可能少的主成分 $F_1, F_2, \cdots, F_k(k \leqslant p)$ 代替原来的 p 个指标,因此实际中选择的主成分个数应该尽量少。一般主成分选取个数以能够反映原来变量 80% 以上的信息量为依据,即以累积贡献率大于或等于 80% 选取主成分的数量。

由主成分表达式可知

$$x_i = u_{i1}F_1 + u_{i2}F_2 + \cdots + u_{ip}F_p \tag{2-49}$$

于是原变量 x_i 与第 j 个主成分的相关函数为

$$u(\tau) = \begin{cases} 0 & (\tau \geqslant 0) \\ 1 & (\tau < 0) \end{cases} \tag{2-50}$$

相关系数为

$$\rho(x_i, F_j) = \frac{u_{ij}\lambda_j}{\sigma_i \sqrt{\lambda_j}} = \frac{u_{ij}\sqrt{\lambda_j}}{\sigma_i} \tag{2-51}$$

也就是说,x_i 和 F_j 的相关的密切程度取决于对应线性组合系数的大小。

进一步,由于

$$\begin{aligned} \sigma_i^2 = \mathrm{var}(x_i) &= \mathrm{var}(u_{i1}F_1 + u_{i2}F_2 + \cdots + u_{ip}F_p) \\ &= u_{i1}^2\lambda_1 + u_{i2}^2\lambda_2 + \cdots + u_{ip}^2\lambda_p \end{aligned} \tag{2-52}$$

于是第 j 个主成分 F_j 提取的第 i 原始变量 x_i 信息的比例 $u_{ij}^2\lambda_j / \sigma_i^2$。另外,

提取的 m 个主成分中,第 i 原变量信息的被提取率为

$$\Lambda_i = \sum_{j=1}^{m} u_{ij}^2 \lambda_j / \sigma_i^2 = \sum_{j=1}^{m} \rho_{ij}^2 \qquad (2-53)$$

2.7.2 投影寻踪

对于非线性相关数据,主成分分析的结果不是最优的,此时可采用投影寻踪(Projection Pursuit,PP)方法把高维数据投影到低维子空间上,寻找出能反映高维数据结构或特征的投影。投影寻踪方法的关键在于找到观察数据结构的角度,即数学意义上的线、平面或整数维空间。实现投影寻踪的一般方案:首先,选定一个分布模型作为标准模型(一般是正态分布),认为它是最不感兴趣的结构;其次,利用线性投影,将数据投影到低维空间上;最后,选定投影指标,找出数据与标准模型差别最大的投影方向(这表明在投影中含有标准模型没能反映出来的结构)。

PP 是以线性投影为基础的非参数方法,不过它找的是线性投影中的非线性结构,因此它可以用来解决一定程度的非线性问题。但是当数据具有高度的非线性结构时,投影寻踪方法的效果也难以保证。

1. 基本原理

线性投影是通过线性变换对高维数据进行降维的一种手段。任意一个秩为 k 的 $k \times p$ 矩阵 $\boldsymbol{A}$ 表示欧几里得空间 R_p 至 R_k 的线性投影,称为投影矩阵或投影方向,其中 $k \ll p$。p 维随机向量 $\boldsymbol{X}$ 的线性投影 $\boldsymbol{Z}$ 由投影矩阵 $\boldsymbol{A}$ 与随机向量 $\boldsymbol{X}$ 的乘积表示,写成数学表达式为

$$\boldsymbol{Z} = \boldsymbol{A}\boldsymbol{X}, \boldsymbol{X} \in R^p, \boldsymbol{Z} \in R^k \qquad (2-54)$$

一般要求 $\boldsymbol{A}$ 的 k 个行向量是相互正交的单位向量,于是 $\boldsymbol{A}$ 是 k 个线性无关向量构成的满秩矩阵。

设 $\boldsymbol{X}$ 服从分布 F,$\boldsymbol{Z}$ 服从分布 F_a;当 $k=1$ 时,$\boldsymbol{A}$ 变为列矩阵 $\boldsymbol{a}^{\mathrm{T}}$,且 F_a 表示 $\boldsymbol{a}^{\mathrm{T}}\boldsymbol{X}$ 的分布。在方向 a 上的一维投影 F_a 的特征函数 φ 等价于 F 的特征函数 φ 沿着同一方向 a 的投影,用下式反映线性投影的特征表达为

$$\varphi_a(F) = \varphi(F_a) \qquad (2-55)$$

式中:$\varphi_a(F)$ 为 F 的特征函数沿方向 a 的投影;$\varphi(F_a)$ 为 F 的一维投影 F_a 的特征函数。式(2-56)是投影寻踪方法实现高维特征量的低维表示的主要根据。

随机向量 $\boldsymbol{X}$ 在投影方向 $\boldsymbol{A}$ 上的投影指标表示为 $Q(F_A)$,实际上 Q 是 k 维空间上的一个泛函,即将空间函数转变成某一确定的数值,也可以表示为 $Q(\boldsymbol{AX})$。当 $k=1$ 时,表示成 $Q(\boldsymbol{a}^{\mathrm{T}}\boldsymbol{X})$。投影指标可以是均值,即 $Q(\boldsymbol{a}^{\mathrm{T}}\boldsymbol{X}) = E(\boldsymbol{a}^{\mathrm{T}}\boldsymbol{X})$,也可

以是方差(或标准差),即 $Q(\boldsymbol{a}^{\mathrm{T}}\boldsymbol{X}) = \mathrm{var}(\boldsymbol{a}^{\mathrm{T}}\boldsymbol{X})$,等等。在使用优化算法优化投影指标时,投影指标即是目标函数,其形式可以根据具体要求来确定。

2. 投影指标

不同的投影方向反映着不同的数据结构特征,最佳投影方向应该是最大可能暴露高维数据的某类特征结构的方向。从信息论的角度而言,最佳投影方向是对数据中的信息利用最充分、信息损失最小的方向,优化投影方向归根到底是找出某种意义下好的投影指标。

设 $\boldsymbol{X} = \{x_1, x_2, \cdots, x_n\}$ 是 n 个 p 维向量,其分布函数记为 F_X。设 $\boldsymbol{a} \in R_p$ 为一投影方向,满足 $\boldsymbol{a}^{\mathrm{T}}\boldsymbol{a} = 1$。记 $\boldsymbol{X}$ 在 $\boldsymbol{a}$ 方向上的投影为 $\boldsymbol{Z}$,则 $\boldsymbol{Z} = \boldsymbol{a}^{\mathrm{T}}\boldsymbol{X}$,它的分布函数记为 F_Z,投影指标是定义在 $\boldsymbol{Z}$ 上的实值函数。对于投影方向 $\boldsymbol{a}$,投影数据 $\boldsymbol{a}^{\mathrm{T}}\boldsymbol{X}$ 的投影指标记为 $Q(\boldsymbol{Z})$ 或 $Q(\boldsymbol{a}^{\mathrm{T}}\boldsymbol{X})$。不管采用哪种投影寻踪指标,其实质都是度量一个分布与其同方差的正态分布间的距离。

1) 方差指标

设 $(x_1, x_2, \cdots, x_n)$ 是总体 X 的独立同分布的样本,投影方向为 $\boldsymbol{a}$ 时的投影为 $(z_1, z_2, \cdots, z_n)$,即

$$z_i = \boldsymbol{a}^{\mathrm{T}}x_i (i = 1, 2, \cdots, n) \tag{2-56}$$

则方差指标的样本形式为

$$Q(\boldsymbol{a}^{\mathrm{T}}\boldsymbol{X}) = \frac{1}{n}\sum_{i=1}^{n}(z_i - \bar{z})^2, \quad \bar{z} = \frac{1}{n}\sum_{i=1}^{n}z_i \tag{2-57}$$

如果求 $\max Q(\boldsymbol{a}^{\mathrm{T}}\boldsymbol{X})$,得到的 $\hat{a}$ 就是样本散布最大的方向。主成分分析是投影寻踪的特例,如果将样本方差作为投影指标,来得到一组正交投影方向,这时的投影寻踪方法就是主成分分析法。

2) 信息散度指标

一般认为服从正态分布的数据含有的有用信息最少,因而感兴趣的是与正态分布差别大的数据结构。多元正态分布的任何一维线性投影仍然服从正态分布,因此如果一个数据在某个方向上的投影与正态分布差别较大,那它就一定含有非正态的结构,这是含有信息量的投影。高维数据在不同方向上的一维投影与正态分布的差别是不一样的,它显示了在这一方向上所含的有用信息的多少,因此可以将投影数据的分布与正态分布的差别作为投影指标。信息散度就是具有这种特点的一种指标。设 f 为一维密度函数,g 为一维标准正态密度函数,f 对 g 的相对熵为

$$d(f \| g) = \int_{-\infty}^{+\infty} g(x) \cdot \log \frac{f(x)}{g(x)} \mathrm{d}x \tag{2-58}$$

由于上式不具有对称性,因此,信息散度指标定义为

$$Q(f) = |d(f \| g)| + |d(g \| f)| \tag{2-59}$$

当 $f=g$ 时，$d(f \| g) = 0$；若 f 偏离 g 越远，$d(f \| g)$ 的值就越大，因此 $d(f \| g)$ 刻画了 f 到 g 的偏离程度。由于估计 f 是很麻烦的，因此更简便有效的方法是用离散化的概率分布 p 和 q 分别代替连续的密度函数 f 和 g，这时指标变为

$$Q(p,q) = D(p \| q) + D(q \| p) \tag{2-60}$$

式中

$$D(p \| q) = \sum q \cdot \log\left(\frac{p}{q}\right)$$

如果投影指标的值越大，那么意味着它越偏离正态分布，是值得感兴趣的方向。

3）Friedman-Tukey 投影指标

由 Friedman 和 Tukey 提出的投影指标，用于寻找高维数据的一维或二维感兴趣的投影。该投影指标为

$$Q_{FT}(a) = S_z(a)D_z(a) \tag{2-61}$$

式中：S_z 为投影值 z_i 的标准差；D_z 为投影 z_i 的局部密度。且有

$$S_z = \sqrt{\frac{1}{n-1}\sum_{i=1}^{n}(z_i - E(Z))^2} \tag{2-62}$$

$$D_z = \sum_{i=1}^{n}\sum_{j=1}^{n}(R - r_{i,j}) \cdot u(R - r_{i,j}) \tag{2-63}$$

其中：$E(Z)$ 为投影 Z 的均值；R 为局部密度的窗口半径；$r_{i,j}$ 为投影变量 z_i 和 z_j 的距离，$r_{i,j} = |z_i - z_j|$；函数 $u(\cdot)$ 为

$$u(\tau) = \begin{cases} 0 & (\tau \geq 0) \\ 1 & (\tau < 0) \end{cases} \tag{2-64}$$

R 的选取既要使包含在窗口的投影点的平均个数不太少，避免滑动平均偏差太大，又不能使 D_z 随 n 的增大而增加太高。

2.7.3 示例分析

为验证投影寻踪方法处理非线性问题的优越性，采用仿真方法生成周期性递增数据，投影寻踪和主成分分析的结果如图 2-14 所示。随着时间的推移，主成分分析方法的数据将会越来越偏移远离原始数据，PP 方法的投影趋势要好于主成分分析方法。如果将两种方法得到的数据运用于数据预测，PP 方法的结果要更接近于原始数据所代表的趋势。并且，从图 2-14（a）看出，PP 方法更趋向于体现两组数据的趋势，能够找到多维数据中包含有特殊结构的数据投影。PP 方法在处理非线性问题时相比主成分分析法具有明显的

优越性。

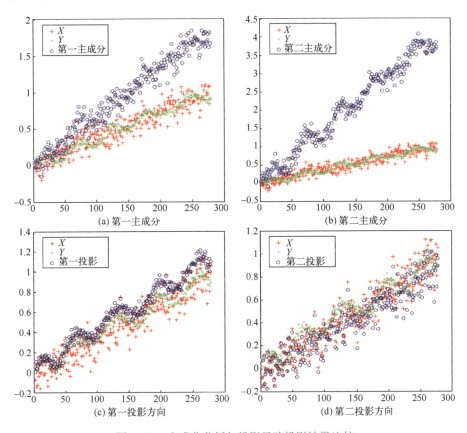

图 2-14 主成分分析与投影寻踪投影结果比较

从上面的分析可以归纳出 PP 方法的三个特点:PP 方法比主成分分析有着更广泛的适用性,可以处理线性问题,也可以处理非线性问题;PP 方法相比主成分分析,更好地适应了原始数据,克服了主成分分析方法投影数据逐步远离原始数据的缺点,在数据预测中有着更好的适用性;PP 方法能够展现出多维数据中具有趋势性、规律性的数据结构。

参 考 文 献

[1] 杨莉,张理. 在线监测数据剔点处理算法的研究[J]. 高压电器,2000,36(5):3-6.

[2] 郭庆,秦立军,陈茜,等. 基于软件方法的容性设备在线监测[J]. 中国电业(技术版),2011(5):27-31.

[3] 段允,王让定,孙广清. 一种提升时差法超声波流量计精度的方法[J]. 微电子学与计算机,2009,

26(8):45-48.

[4] 赵高长,张磊,武风波. 改进的中值滤波算法在图像去噪中的应用[J]. 应用光学,2011,32(4):678-682.

[5] 张丽,陈志强,高文焕,等. 均值加速的快速中值滤波算法[J]. 清华大学学报(自然科学版),2004,44(9):1157-1159.

[6] 刘鹏宇,哈睿,贾克斌. 改进的自适应中值滤波算法及其应用[J]. 北京工业大学学报,2017,43(4):581-586.

[7] 钱微冬,高晓蓉. 车轴超声检测数据的滑动中值滤波算法[J]. 无损检测,2017,39(9):7-10.

[8] 裴益轩,郭民. 滑动平均法的基本原理及应用[J]. 火炮发射与控制学报,2001(1):21-23.

[9] 张宇,王永攀,侯晓东,等. 相控阵天线阵面通道故障数量预测方法[J]. 解放军理工大学学报(自然科学版),2017,18(3):212-217.

[10] 柏叶婷. 统计方法在轴承故障检测中的应用[D]. 苏州:苏州大学,2009.

[11] Boudraa A O, Cexus J C. EMD-based signal filtering[J]. IEEE Transactions on Instrumentation & Measurement,2007,56(6):2196-2202.

[12] Kopsinis Y, Mclaughlin S. Development of EMD-based denoising methods inspired by wavelet thresholding[J]. IEEE Transactions on Signal Processing,2009,57(4):1351-1362.

[13] 刘东瀛,邓艾东,刘振元,等. 基于EMD与相关系数原理的故障声发射信号降噪研究[J]. 振动与冲击,2017,36(19):71-77.

[14] 洪斌,邓波,彭甫阳,等. 基于PCA降维的云资源状态监控数据压缩技术[J]. 计算机科学,2016,43(8):19-25.

[15] Oja E. The nonlinear PCA learning rule in independent component analysis[J]. Neurocomputing,1997,17(1):25-45.

[16] Williams C K I. On a connection between kernel PCA and metric multidimensional scaling[J]. Machine Learning,2002,46(1-3):11-19.

[17] Jee J R. Projection pursuit[M]. Wiley Interdisciplinary Reviews:Computational Statistics. 2009:208-215.

[18] 程晓涵,汪爱明,苏一新,等. 投影寻踪方法在设备预知维护中的应用研究[J]. 振动工程学报,2016,29(4):631-637.

[19] 程晓涵,汪爱明,陈玉林,等. 基于投影寻踪的旋转设备潜在故障识别方法[J]. 振动、测试与诊断,2015(3):423-428.

第3章　基于定量模型的卫星在轨故障诊断

3.1　概　　述

基于模型的故障诊断方法在过去的几十年里沿着两条不同的路径独立发展起来，被从两个独立的研究领域分别进行研究。其一来自于自动控制领域，称为基于定量模型的(故障诊断)方法；其二来自于人工智能领域，称为基于定性模型的方法，或称为定性推理方法。

基于定量模型的故障诊断方法也称为基于解析模型的故障诊断方法，该类方法的研究始于20世纪70年代，它一般针对控制过程明确的动态系统，采用微分和代数方程来表达系统，进而完成故障的检测和诊断。该类方法依靠系统输入与输出间的明确的数学关系来建立系统的模型，利用所建立模型的输出与系统的实际输出来产生残差并进行一致性检测，判断故障的发生。它是目前研究较为深入，理论贡献较多的一类方法。根据残差产生策略的不同，定量模型方法通常可以分为基于观测器、基于参数估计和等价空间三种。其中，基于观测器的方法采用所设计的观测器或滤波器建立系统的定量模型，并依据系统的测量值估计系统的输出，随后将输出估计误差作为残差进行一致性检测。基于参数估计方法采用系统辨识技术建立系统模型，它认为故障会通过系统参数的改变反映出来，通过参数估计算法在线估计系统的过程参数，并将估计结果与初始无故障状态的系统参数进行比较来检测故障。等价空间方法是一种检测给定时间窗内系统输入与输出一致性的无阈值方法，是一类特殊的观测器，可以归类到观测器方法中。

本章针对卫星控制系统中测量机构和执行机构的特点，分别利用平衡方程法、状态检验法、奇偶向量法给出几种基于定量模型的测量机构和执行机构故障诊断方法。针对传统定量模型故障诊断方法存在的一些难点问题，在3.4节介绍了一种基于多解析模型的故障诊断方法，该方法融合了传统定量模型方法与系统结构信息，将传统的基于解析模型方法的研究对象由单系统扩展到多系统，可应用于包含多子系统的复杂系统的故障诊断问题，不仅能实现对系统中执行器和敏感器故障的有效定位,还能减少同时参与计算的解析模型数量。

3.2 测量机构的定量故障诊断方法

3.2.1 平衡方程法

从卫星敏感器常用组合星敏感器联合陀螺定姿来看,陀螺组件机电结构较为复杂,受机械磨损影响较大,就其重要性而言,在星箭分离之后的整个全寿命运行过程中,更是发挥着不可替代的作用,所以,以工程上较为适用的 3+1S 陀螺为对象,介绍基于平衡方程法的陀螺系统故障诊断方法。

1. 平衡方程法的检测原理

3+1S 陀螺组件包括 4 个陀螺单体,4 个陀螺安装方式如图 3-1 所示。3 个陀螺分别沿着星体的 3 个坐标轴安装,第 4 个陀螺作为冗余备份,沿斜轴 S 安装,斜轴 S 的方向与 X 轴、Y 轴、Z 轴的夹角分别为 β_1、β_2、β_3。

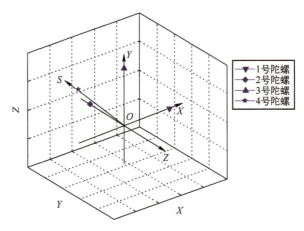

图 3-1 3+1 S 陀螺安装方式

理想状态下的卫星角速度向量为 $\boldsymbol{\omega} = \omega_x \boldsymbol{i} + \omega_y \boldsymbol{j} + \omega_z \boldsymbol{k}$,其中 ω_x、ω_y、ω_z 分别为卫星三轴角速度。由图 3-1 陀螺安装形式,可以得到各轴角速度在 S 轴方向的投影为

$$\omega_s = \omega_x \cos\beta_1 + \omega_y \cos\beta_2 + \omega_z \cos\beta_3 \tag{3-1a}$$

定义式(3-1a)为陀螺系统的平衡方程。由图 3-1 陀螺配置方案,设定 $180° - \beta_1 = \beta_2 = \beta_3 = 54.7°$,代入式(3-1a)可得

$$1.732\omega_s = -\omega_x + \omega_y + \omega_z \tag{3-1b}$$

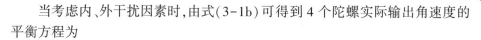

当考虑内、外干扰因素时,由式(3-1b)可得到 4 个陀螺实际输出角速度的平衡方程为

$$D = -\omega_x + \omega_y + \omega_z - 1.732\omega_s \quad (3-2)$$

式中:D 为系统热噪声、陀螺漂移以及其他干扰;ω_x、ω_y、ω_z、ω_s 为陀螺量测输出值。

理论上,在系统正常情况下,D 值应为一恒定均值的随机变量,通过观测 D 值变化情况可以检测系统性能的好坏。但由于受系统热噪声、干扰信号幅值的影响,采用此模型检测小幅缓变故障反应较缓慢,检测时间较长,检测效果如图 3-2 所示。由图可知,需要对式(3-2)进行改进,以适应快速检测缓变故障的需求。

结合陀螺测速误差模型:

$$D_i(t) = b_i(t) + d_i(t) + n_i(t) \quad (i = x, y, z) \quad (3-3)$$

式中:$b(t)$ 为陀螺的常值漂移,当陀螺启动完成后,其漂移量为一固定值;$d(t)$ 为陀螺的缓变漂移,受外界环境影响较大,服从一阶马尔可夫过程,长时间累计,漂移量不断增大,将成为影响测量精度的主要因素;$n(t)$ 为器件热噪声。

将式(3-3)代入式(3-2),可得

$$- \omega_x + \omega_y + \omega_z - 1.732\omega_s = \sum b_i + \sum d_i + \sum n_i \quad (i = x, y, z) \quad (3-4)$$

经补偿后,可将常值漂移 $\sum b_i$ 忽略,用 D_n 代替 $\sum n_i$,ω_d 代替 $\sum d_i$,得到改进后的平衡方程为

$$D_n + \omega_d = \omega_x - \omega_y - \omega_z + 1.732\omega_s$$
$$\Rightarrow D_n = \omega_x - \omega_y - \omega_z + 1.732\omega_s - \omega_d \quad (3-5)$$

式中:D_n 为系统热噪声;ω_d 为陀螺缓变漂移量,可采用巴特沃斯(Butterworth)低通滤波器,将信号 $\omega_x - \omega_y - \omega_z + 1.732\omega_s$ 中的高频噪声分量滤除得到。

2. 判定准则及仿真验证

若采用式(3-2)作为检测模型,测量系统 4 个陀螺同时工作,测量噪声均值为 0、方差为 0.001(°)/s 的白噪声,采样时间为 1000s,采样周期为 1s。假定陀螺运行 300s 后,随着陀螺工作时间的延长,器件温度升高。在未加温度补偿的情况下,随机漂移量与温度均将缓慢增大。在达到温度平衡前一段时间范围内,可以设定变化斜率为 1.5×10^{-5}(°)/s²。

由于式(3-2)中的观测量 D 中包含了系统热噪声、干扰信号以及陀螺漂移信息,在选定判决阈值时,需考虑到陀螺漂移正、反漂以及干扰信号幅值大小等

情况,故阈值设定应满足条件 $T_D = \Sigma\sigma_{noise} + W + p$。其中 $\Sigma\sigma_{noise}$ 为系统不同器件产生的热噪声总和,W 为陀螺漂移指标,p 为其他干扰。当 $D > T_D$ 时,有故障;当 $D \leqslant T_D$ 时,无故障。

假定每轴安装陀螺的漂移量一致,均为 5(°)/h,当 X 轴和 S 轴漂移同时为负向时,平衡方程监测到的漂移量最大,故选择阈值 0.012(°)/s。从系统状态缓慢异变到故障被检测出来,约需要 400s,如图 3-2 所示。

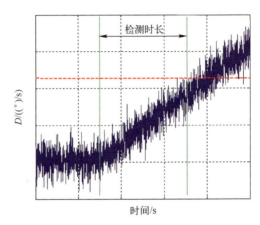

图 3-2　改进前系统检测陀螺缓慢漂移图

采用式(3-5)作为检测模型,将上述故障信号作为被检信号输入,通过相应滤波、计算,可得到 ω_d 以及 D_n 变量。通过观测系统热噪声 D_n 以及陀螺缓变漂移量 $\Delta\omega_d$ 来检测系统的故障情况,其中 $\Delta\omega_d = \omega_d - \omega_0$。$\omega_0$ 由初始漂移值得到,当完全补偿后可设为零。

在 D_n 检测窗口,阈值设定只需考虑 4 个陀螺的热噪声及其他干扰即可,有 $T_{Dn} = \Sigma\sigma_{noise} + p$,可设定阈值为 0.009(°)/s。在 $\Delta\omega_d$ 检测窗口,阈值设定只考虑陀螺漂移量的指标要求,即 $T_w = W$。可设定阈值为 5(°)/h - 0.3(°)/h = 4.7(°)/h(0.0013(°)/s)。从图 3-3 中可以看出,当图 3-2 缓变故障发生时,系统检测仅需用 90s 左右。

假定陀螺运行 300s 后,受外界持续干扰信号影响,陀螺热噪声突然增大,突变故障幅度最小为 0.013(°)/s,经 D_n 窗口检测故障如图 3-4 所示,表明系统具备快速检测突变故障的能力。

从斜装陀螺系统的平衡方程(式(3-5))可以看出,其是由 OX、OY、OZ 轴角速度投影到斜装 OS 轴后组成的,各轴测量的输出数据均会影响方程的平衡效果。采用此方法实现故障的进一步隔离,需要更多陀螺冗余。

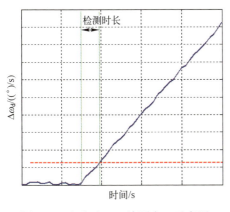

图 3-3 改进后 $\Delta\omega_\mathrm{d}$ 检测窗口示意图
（有故障）

图 3-4 改进后 D_n 检测窗口示意图
（有故障）

3.2.2 状态 χ^2 检验法

1. 状态 χ^2 检验法的检测原理

χ^2 检验法的基本思路是通过检验所构造的 n 维高斯分布随机向量的均值和方差阵是否与假设值相符来判断是否发生故障的统计假设检验法，根据所构造的随机向量的不同而有不同的 χ^2 检验法，其故障检测性能也有所不同，可分为残差 χ^2 检验法、状态 χ^2 检验法，其检测性能均主要取决于残差对故障的敏感度。由于状态 χ^2 检验可以避免残差 χ^2 检验法在滤波过程中"跟踪"故障的问题，可适于缓变故障的检测。

假定某一带故障的离散系统为

$$\boldsymbol{X}(k)=\boldsymbol{\phi}(k,k-1)\boldsymbol{X}(k-1)+\boldsymbol{\Gamma}(k-1)\boldsymbol{W}(k-1),k\geqslant 0 \tag{3-6}$$

$$\boldsymbol{Z}(k)=\boldsymbol{H}(k)\boldsymbol{X}(k)+\boldsymbol{V}(k)+\boldsymbol{\gamma}\rho(k,\varphi),k\geqslant 0 \tag{3-7}$$

式中：$\boldsymbol{X}$ 为系统状态向量；$\boldsymbol{Z}$ 为系统输出向量；$\boldsymbol{W}$ 为系统噪声向量；$\boldsymbol{V}$ 为输出噪声向量；$\boldsymbol{\phi}$ 为状态转移矩阵；$\boldsymbol{\Gamma}$ 为系统噪声矩阵；$\boldsymbol{H}$ 为系统观测矩阵；$\boldsymbol{\gamma}$ 为故障大小；$\rho(k,\varphi)=1\cdot(k-\varphi)$ 为阶跃函数；φ 为故障发生的时刻。

假定 $\boldsymbol{W}$ 与 $\boldsymbol{V}$ 是均值为 0 的高斯白噪声，且相互独立，初始状态向量 $\boldsymbol{X}(0)$ 是 m 维高斯随机向量，则有

$$\begin{cases} E[\boldsymbol{W}(k)\boldsymbol{W}^\mathrm{T}(j)]=Q(k)\delta_{kj} \\ E[\boldsymbol{V}(k)\boldsymbol{V}^\mathrm{T}(j)]=R(k)\delta_{kj} \\ E[\boldsymbol{W}(k)\boldsymbol{V}^\mathrm{T}(k)]=0 \\ E[\boldsymbol{W}(k)]=E[\boldsymbol{V}(k)]=0 \\ EX(0)=\overline{\boldsymbol{X}}(0),\mathrm{var}X(0)=\boldsymbol{P}(0) \end{cases} \tag{3-8}$$

其中，δ_{kj} 为克罗内克(kronecker)函数。

状态 χ^2 检验法的原理：采用两个状态估计器，第一个 $\hat{X}_1(k)$ 由测量值 $Z(k)$ 经卡尔曼滤波后得到，第二个 $\hat{X}_2(k)$ 则是采用状态递推的方法，用先验信息递推计算得到。前者与测量信息相关，将受到故障的影响，而后者与测量信息无关，因此将不受故障的影响。利用两者状态残差之间的差值实现对故障的检测。两个状态估计器公式计算如下：

第一个估计器(经卡尔曼滤波后)：

$$\hat{X}_1(k) = \hat{X}_1(k \mid k-1) + K(k)[Z(k) - H(k)\hat{X}_1(k \mid k-1)]$$
$$= [I - K(k)H(k)]\hat{X}_1(k \mid k-1) + K(k)Z(k) \tag{3-9a}$$

$$\hat{X}_1(k \mid k-1) = \phi(k, k-1)\hat{X}_1(k-1) \tag{3-9b}$$

将式(3-9b)代入式(3-9a)可以得到 $\hat{X}_1(k)$ 与 $\hat{X}_1(k-1)$ 之间的递推关系，即

$$\hat{X}_1(k) = [I - K(k)H(k)]\phi(k, k-1)\hat{X}_1(k-1) + K(k)Z(k) \tag{3-9c}$$

$$P_1(k \mid k-1) = \phi(k \mid k-1)P_1(k-1)\phi^{\mathrm{T}}(k \mid k-1) + \Gamma(k-1)Q(k-1)\Gamma^{\mathrm{T}}(k-1) \tag{3-9d}$$

$$P_1(k) = [I - K(k)H(k)]P_1(k \mid k-1) \tag{3-9e}$$

$$K(k) = P_1(k \mid k-1)H^{\mathrm{T}}(k)[H(k)P_1(k \mid k-1)H^{\mathrm{T}}(k) + R(k)]^{-1} \tag{3-9f}$$

式中

$$\hat{X}_1(0) = E[X(0)] = m_0, P_1(0) = E\{[X(0) - \hat{X}(0 \mid 0)][X(0) - \hat{X}(0 \mid 0)]^{\mathrm{T}}\}$$

通过上述迭代运算，可以得到经卡尔曼滤波后的无偏估计的 $\hat{X}_1(k)$ 值。

第二个估计器(状态递推后)：

$$\hat{X}_2(k) = \phi(k, k-1)\hat{X}_2(k-1) \tag{3-10a}$$

$$P_2(k) = \phi(k \mid k-1)P_2(k-1)\phi^{\mathrm{T}}(k \mid k-1) + \Gamma(k-1)Q(k-1)\Gamma^{\mathrm{T}}(k-1) \tag{3-10b}$$

式中

$$\hat{X}_2(0) = E[X(0)] = m_0, P_2(0) = E\{[X(0) - \hat{X}(0 \mid 0)][X(0) - \hat{X}(0 \mid 0)]^{\mathrm{T}}\}$$

通过上述迭代运算，可以得到状态递推后的无偏估计的 $\hat{X}_2(k)$ 值。

依据递推结果，可以得到各估计器的状态残差量，定义 $\varepsilon_1(k)$ 和 $\varepsilon_2(k)$ 分别为

$$\varepsilon_1(k) = \hat{X}_1(k) - X(k) \tag{3-11a}$$

$$\varepsilon_2(k) = \hat{X}_2(k) - X(k) \tag{3-11b}$$

同时求两个估计器状态误差之间的差值，定义 $\beta(k)$ 为

$$\beta(k) = \varepsilon_1(k) - \varepsilon_2(k) = \hat{X}_1(k) - \hat{X}_2(k) \tag{3-12}$$

由于 $\varepsilon_1(k)$ 和 $\varepsilon_2(k)$ 服从正态分布,所以由其线性组合的 $\beta(k)$ 也服从正态分布。对 $\beta(k)$ 求方差为

$$
\begin{aligned}
T(k) &= E\{\boldsymbol{\beta}(k)\boldsymbol{\beta}^{\mathrm{T}}(k)\} \\
&= E\{(\boldsymbol{\varepsilon}_1(k)-\boldsymbol{\varepsilon}_2(k))\cdot(\boldsymbol{\varepsilon}_1(k)-\boldsymbol{\varepsilon}_2(k))^{\mathrm{T}}\} \\
&= E\{\boldsymbol{\varepsilon}_1(k)\boldsymbol{\varepsilon}_1(k)^{\mathrm{T}}\}+E\{\boldsymbol{\varepsilon}_2(k)\boldsymbol{\varepsilon}_2(k)^{\mathrm{T}}\} \\
&\quad -E\{\boldsymbol{\varepsilon}_1(k)\boldsymbol{\varepsilon}_2(k)^{\mathrm{T}}\}-E\{\boldsymbol{\varepsilon}_2(k)\boldsymbol{\varepsilon}_1(k)^{\mathrm{T}}\} \\
&= \boldsymbol{P}_1(k)+\boldsymbol{P}_2(k)-\boldsymbol{P}_{12}(k)-\boldsymbol{P}_{12}^{\mathrm{T}}(k)
\end{aligned}
\tag{3-13}
$$

由式(3-6)、式(3-7)、式(3-9)、式(3-13)可以推导出估计误差公式:

$$
\begin{aligned}
\boldsymbol{\varepsilon}_1(k) &= \hat{\boldsymbol{X}}_1(k)-\boldsymbol{X}_1(k) \\
&= [\boldsymbol{I}-\boldsymbol{K}(k)\boldsymbol{H}(k)]\boldsymbol{\phi}(k\mid k-1)\hat{\boldsymbol{X}}_1(k-1)+\boldsymbol{K}(k)\boldsymbol{Z}(k)-[\boldsymbol{\phi}(k\mid k-1)\boldsymbol{X}_1(k-1) \\
&\quad +\boldsymbol{\Gamma}(k-1)\boldsymbol{W}(k-1)] \\
&= \boldsymbol{\phi}(k\mid k-1)\hat{\boldsymbol{X}}_1(k-1)-\boldsymbol{K}(k)\boldsymbol{H}(k)\boldsymbol{\phi}(k\mid k-1)\hat{\boldsymbol{X}}_1(k-1)-\boldsymbol{\phi}(k\mid k-1)\boldsymbol{X}_1(k-1) \\
&\quad +\boldsymbol{K}(k)\boldsymbol{Z}(k)-\boldsymbol{\Gamma}(k-1)\boldsymbol{W}(k-1) \\
&= \boldsymbol{\phi}(k\mid k-1)\boldsymbol{\varepsilon}_1(k-1)-\boldsymbol{K}(k)\boldsymbol{H}(k)\boldsymbol{\phi}(k\mid k-1)\hat{\boldsymbol{X}}_1(k-1) \\
&\quad +\boldsymbol{K}(k)[\boldsymbol{H}(k)\boldsymbol{X}(k)]-\boldsymbol{\Gamma}(k-1)\boldsymbol{W}(k-1) \\
&= \boldsymbol{\phi}(k\mid k-1)\boldsymbol{\varepsilon}_1(k-1)-\boldsymbol{K}(k)\boldsymbol{H}(k)\boldsymbol{\phi}(k\mid k-1)\hat{\boldsymbol{X}}_1(k-1)+\boldsymbol{K}(k)\boldsymbol{H}(k)[\boldsymbol{\phi}(k\mid \\
&\quad k-1)\boldsymbol{X}_1(k-1)+\boldsymbol{\Gamma}(k-1)\boldsymbol{W}(k-1)]-\boldsymbol{\Gamma}(k-1)\boldsymbol{W}(k-1) \\
&= \boldsymbol{\phi}(k\mid k-1)\boldsymbol{\varepsilon}_1(k-1)-\boldsymbol{K}(k)\boldsymbol{H}(k)\boldsymbol{\phi}(k\mid k-1)\hat{\boldsymbol{X}}_1(k-1)+\boldsymbol{K}(k)\boldsymbol{H}(k)\boldsymbol{\phi}(k\mid \\
&\quad k-1)\boldsymbol{X}_1(k-1)+\boldsymbol{K}(k)\boldsymbol{H}(k)\boldsymbol{\Gamma}(k-1)\boldsymbol{W}(k-1)-\boldsymbol{\Gamma}(k-1)\boldsymbol{W}(k-1) \\
&= \boldsymbol{\phi}(k\mid k-1)\boldsymbol{\varepsilon}_1(k-1)-\boldsymbol{K}(k)\boldsymbol{H}(k)\boldsymbol{\phi}(k\mid k-1)\boldsymbol{\varepsilon}_1(k-1)+[\boldsymbol{I}-\boldsymbol{K}(k)\boldsymbol{H}(k)] \\
&\quad \boldsymbol{\Gamma}(k-1)\boldsymbol{W}(k-1) \\
&= [\boldsymbol{I}-\boldsymbol{K}(k)\boldsymbol{H}(k)]\boldsymbol{\phi}(k\mid k-1)\boldsymbol{\varepsilon}_1(k-1)+[\boldsymbol{I}-\boldsymbol{K}(k)\boldsymbol{H}(k)]\boldsymbol{\Gamma}(k-1)\boldsymbol{W}(k-1)
\end{aligned}
\tag{3-14}
$$

$$
\begin{aligned}
\boldsymbol{\varepsilon}_2(k) &= \hat{\boldsymbol{X}}_2(k)-\boldsymbol{X}_2(k) \\
&= \boldsymbol{\phi}(k\mid k-1)\hat{\boldsymbol{X}}_2(k-1)-\boldsymbol{\phi}(k\mid k-1)\boldsymbol{X}_2(k-1)-\boldsymbol{\Gamma}(k-1)\boldsymbol{W}(k-1) \\
&= \boldsymbol{\phi}(k\mid k-1)\boldsymbol{\varepsilon}_2(k-1)-\boldsymbol{\Gamma}(k-1)\boldsymbol{W}(k-1)
\end{aligned}
\tag{3-15}
$$

由于 $\boldsymbol{\varepsilon}_1(k-1)$ 和 $\boldsymbol{\varepsilon}_2(k-1)$ 彼此独立互不相关,那么可以计算其互协方差为

$$
\begin{aligned}
\boldsymbol{P}_{12}(k) &= E\{\boldsymbol{\varepsilon}_1(k)\boldsymbol{\varepsilon}_2^{\mathrm{T}}(k)\} \\
&= E\{[[\boldsymbol{I}-\boldsymbol{K}(k)\boldsymbol{H}(k)]\boldsymbol{\phi}(k\mid k-1)\boldsymbol{\varepsilon}_1(k-1)+[\boldsymbol{I}-\boldsymbol{K}(k)\boldsymbol{H}(k)]\boldsymbol{\Gamma}(k-1) \\
&\quad \boldsymbol{W}(k-1)][\boldsymbol{\phi}(k\mid k-1)\boldsymbol{\varepsilon}_2(k-1)-\boldsymbol{\Gamma}(k-1)\boldsymbol{W}(k-1)]^{\mathrm{T}}\} \\
&= E\{[[\boldsymbol{I}-\boldsymbol{K}(k)\boldsymbol{H}(k)]\boldsymbol{\phi}(k\mid k-1)\boldsymbol{\varepsilon}_1(k-1)+[\boldsymbol{I}-\boldsymbol{K}(k)\boldsymbol{H}(k)]\boldsymbol{\Gamma}(k-1)
\end{aligned}
$$

$$W(k-1)\right]\left[\boldsymbol{\varepsilon}_2^{\mathrm{T}}(k-1)\boldsymbol{\phi}^{\mathrm{T}}(k\mid k-1)-\boldsymbol{W}^{\mathrm{T}}(k-1)\boldsymbol{\Gamma}^{\mathrm{T}}(k-1)\}$$

$$=\left[\boldsymbol{I}-\boldsymbol{K}(k)\boldsymbol{H}(k)\right]\boldsymbol{\phi}(k\mid k-1)E\left[\boldsymbol{\varepsilon}_1(k-1)\boldsymbol{\varepsilon}_2^{\mathrm{T}}(k-1)\right]\boldsymbol{\phi}^{\mathrm{T}}(k\mid k-1)$$

$$-\left[\boldsymbol{I}-\boldsymbol{K}(k)\boldsymbol{H}(k)\right]\boldsymbol{\Gamma}(k-1)E\left[\boldsymbol{W}(k-1)\boldsymbol{W}^{\mathrm{T}}(k-1)\right]\boldsymbol{\Gamma}^{\mathrm{T}}(k-1)$$

$$=\left[\boldsymbol{I}-\boldsymbol{K}(k)\boldsymbol{H}(k)\right]\boldsymbol{\phi}(k\mid k-1)\boldsymbol{P}_{12}(k-1)\boldsymbol{\phi}^{\mathrm{T}}(k\mid k-1)$$

$$-\left[\boldsymbol{I}-\boldsymbol{K}(k)\boldsymbol{H}(k)\right]\boldsymbol{\Gamma}(k-1)\boldsymbol{Q}\boldsymbol{\Gamma}^{\mathrm{T}}(k-1) \tag{3-16}$$

同时,由式(3-9d)与式(3-9e)可得

$$\boldsymbol{P}_1(k)=\left[\boldsymbol{I}-\boldsymbol{K}(k)\boldsymbol{H}(k)\right]\boldsymbol{\phi}(k\mid k-1)\boldsymbol{P}_1(k-1)\boldsymbol{\phi}^{\mathrm{T}}(k\mid k-1)$$

$$-\left[\boldsymbol{I}-\boldsymbol{K}(k)\boldsymbol{H}(k)\right]\boldsymbol{\Gamma}(k-1)\boldsymbol{Q}\boldsymbol{\Gamma}^{\mathrm{T}}(k-1) \tag{3-17}$$

可取初值使 $\boldsymbol{P}_{12}(0)=\boldsymbol{P}_1(0)$,则有 $\boldsymbol{P}_{12}(k)=\boldsymbol{P}_1(k)$。将其代入式(3-13),可得

$$\boldsymbol{T}(k)=\boldsymbol{P}_2(k)-\boldsymbol{P}_1^{\mathrm{T}}(k) \tag{3-18}$$

由于 $\boldsymbol{P}_1(k)$ 为对称矩阵,$\boldsymbol{P}_1(k)=\boldsymbol{P}_1(k)^{\mathrm{T}}$,故式(3-18)可写为

$$\boldsymbol{T}(k)=\boldsymbol{P}_2(k)-\boldsymbol{P}_1(k) \tag{3-19}$$

2. 状态 χ^2 检验法的优化策略

对于卡尔曼滤波器来说,初值误差、系统噪声和建模误差的影响会因为测量更新而得到抑制,估计误差方差逐渐减小,估计精度随着滤波的进行而提高。但在状态递推估计器中没有测量更新,所以这些误差将使状态递推值越来越偏离真实值,因此无故障时 $\beta(k)$ 值也越来越大,其方差 $\boldsymbol{T}(k)$ 随着滤波的进行也逐渐增大,$\boldsymbol{P}_1$ 与 $\boldsymbol{P}_2$ 的差值越来越大,降低了故障检测的灵敏度。

为了保持状态递推估计器的误差不被逐渐扩大,可以周期性地用卡尔曼滤波器的估计结果来重置状态递推估计器,然而故障从发生到被检测出来通常存在一段时间间隔,因此存在这样的可能:当故障已经发生却又未被检测出来时,状态递推估计器由于卡尔曼滤波器的重置就会受到污染。为避免用一个已受污染的状态递推估计器作为故障检测的参考系统,提出采用两个状态递推估计器,它们交替地用卡尔曼滤波器的数据(包括状态估值和协方差阵)重置,即交替地作为故障检测参考系统。

假设在 t_j 时刻,其中一个状态递推估计器被卡尔曼滤波器的数据重置,同时从此刻起开始使用另一个状态递推估计器作为故障检测参考系统。图 3-5 中,开关 K_1 起重置状态递推估计器的作用,开关 K_2 用来切换两个状态递推估计器。当 $k=t_{2i}(i=1,2,\cdots)$ 时,开关 K_1 处在位置 1 以重置状态递推估计器 1;当 $k=t_{2i-1}(i=1,2,\cdots)$ 时,开关 K_1 处在位置 2 以重置状态递推估计器 2;当 $k\neq t_j$ $(j=1,2,\cdots)$ 时,开关 K_1 处在位置 0,不进行重置。当 $t_{2i-1}\leqslant k<t_{2i}$ 时,开关 K_2 处在位置 1,用状态递推估计器 1 作为故障检测系统;当 $t_{2i}\leqslant k<t_{2i-1}$ 时,开关 K_2 处在位置 2,用状态递推估计器 2 为故障检测系统。用这种方法,最新被重置的那

个状态递推估计器并不立即作为故障检测参考系统,只有在经过 $\Delta t = t_{j+1} - t_j$ 时间间隔,当另一个状态递推估计器被重置后,才起作用。显然,由于卡尔曼滤波器定时交替为两个状态递推估计器重置,P_1 与 P_2 的差值越来越大的情况得到了控制。而且,由于一个状态递推估计器被重置后并不立即使用,而使用前一段时间段重置的另一状态递推估计器作故障检测参考系统,这样状态递推估计器受故障污染的风险大大减小。只要两个状态递推估计器交换工作形式的时间间隔 Δt 选得合适,就可以取得既避免状态递推估计器受未检测出来的故障的污染,又提高了故障检测敏感度的双重效果。

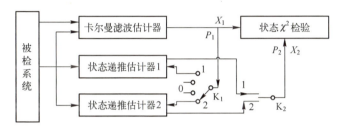

图 3-5　双状态递推估计器 χ^2 故障检测结构

3. 奈曼-皮尔逊判定准则

当系统发生故障时,由于 $\hat{X}_2(k)$ 与测量值 $Z(k)$ 无关,故仍是无偏估计,即 $E[\varepsilon_2(k)] = 0$;而 $\hat{X}_1(k)$ 受到故障影响成为有偏估计,即 $E[\varepsilon_2(k)] \neq 0$,那么,可知 $E\beta(k) \neq 0$。理论上可以通过对 $\beta(k)$ 均值的检测发现系统是否发生了故障。但由于系统受外界干扰等原因,为了确保在满足误检率指标的基础上,使漏检率达到最小,采用奈曼-皮尔逊准则来选定合适的检测阈值。

假设系统满足如下关系:

$$H_0: \text{无故障} \quad E\{\beta(k)\} = 0; E\{[\beta(k)][\beta(k)]^\mathrm{T}\} = T(k) \quad (3-20a)$$

$$H_1: \text{有故障} \quad E\{\beta(k)\} = \mu; E\{[\beta(k) - \mu][\beta(k) - \mu]^\mathrm{T}\} = T(k) \quad (3-20b)$$

将 $P(H_1 | H_0)$ 称为误检概率或虚警概率,用 P_F 表示;$P(H_1 | H_1)$ 称为检测概率,用 P_D 表示;$P(H_0 | H_1)$ 称为漏检概率,用 P_M 表示。奈曼-皮尔逊检测准则就是在误检概率 $P(H_1 | H_0) = \alpha$ 的约束条件下,使检测概率 $P(H_1 | H_1)$ 最大(或漏检概率最小)的准则。那么,利用拉格朗日因子 $\mu(\mu \geq 0)$,构造一个目标函数:

$$J = P(H_0 | H_1) + \mu[P(H_1 | H_0) - \alpha] - \int_{R_0} P(x | H_1)\mathrm{d}x + \mu\left[\int_{R_1} P(x | H_0) - \alpha\right]$$

$$(3-21)$$

显然,若 $P(H_1 | H_0) = \alpha$,则 J 将达到最小,同时漏检概率 $P(H_0 | H_1)$ 也将最小。通过变化积分域,式(3-21)可写为

$$J = \mu(1-\alpha) + \int_{R_0} [P(x|H_1) - \mu P(x|H_0)] dx \qquad (3-22)$$

因为 $\mu \geq 0$，所以 J 中第一项是非负的，要使 J 达到最小，需要将式（3-22）中使被积函数项为负的 x 值划归 R_0 域，判决 H_0 成立即可，或者使被积函数函数项为正的 x 值划归 R_1 域，判决 H_1 成立（图 3-6）。那么，就有

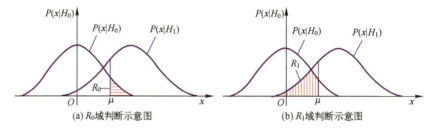

(a) R_0 域判断示意图   (b) R_1 域判断示意图

图 3-6 R_0 和 R_1 域判断示意图

$$P(x|H_1) > \mu P(x|H_0) \text{ 或 } P(x|H_1) < \mu P(x|H_0) \qquad (3-23)$$

写成对数似然比形式为

$$\Lambda(k) = \ln \frac{P(x|H_1)}{P(x|H_0)} \qquad (3-24)$$

$$= \frac{1}{2} \{ \boldsymbol{\beta}^{\mathrm{T}}(k) \boldsymbol{T}^{-1}(k) \boldsymbol{\beta}(k) - [\boldsymbol{\beta}(x) - \boldsymbol{\mu}]^{\mathrm{T}} \boldsymbol{T}^{-1}(k) [\boldsymbol{\beta}(k) - \boldsymbol{\mu}] \}$$

由于 μ 未知，采用极大似然估计 $\hat{\mu} = \boldsymbol{\beta}(k)$，那么得到故障检测函数为

$$\lambda(k) = \boldsymbol{\beta}^{\mathrm{T}}(k) \boldsymbol{T}^{-1}(k) \boldsymbol{\beta}(k) \qquad (3-25)$$

为了满足 $P(H_1|H_0) = \alpha$ 的约束条件，选择适当的 μ 可以使

$$P(H_1|H_0) = \int_{\mu}^{\infty} P(\lambda|H_0) d\lambda = \alpha \qquad (3-26)$$

对于给定的 α，μ 可以由式（3-26）解出。由图 3-6 可以看出，当 μ 增大时，误检概率 $P(H_1|H_0)$（R_0 域）减小，漏检概率 $P(H_0|H_1)$（R_1 域）增大；反之亦然。这样，可以通过改变 μ 调整判决域 R_0 和 R_1。

4. 仿真验证

对单陀螺系统的连续方程进行离散化处理后，由式（3-6）、式（3-7）得到离散化后的状态方程及观测方程为

$$\begin{cases} \boldsymbol{X}(k) = \boldsymbol{\phi} \times \boldsymbol{X}(k-1) + \boldsymbol{\Gamma} \times \boldsymbol{W}(k) & (k \geq 0) \\ \boldsymbol{Z}(K) = \boldsymbol{H} \times \boldsymbol{X}(K) + \boldsymbol{R} \times \boldsymbol{V}(k) + \gamma \rho(k, \varphi) & (k \geq 0) \end{cases} \qquad (3-27)$$

式中

$$\boldsymbol{X}(k) = \begin{bmatrix} \theta \\ \omega \end{bmatrix}, \boldsymbol{\phi} = \begin{bmatrix} 1 & 1 \\ 0 & 1 \end{bmatrix}, \boldsymbol{\Gamma} = \begin{bmatrix} 1 & 0.5 \\ 0 & 1 \end{bmatrix}, \boldsymbol{H} = \begin{bmatrix} 0 & 1 \end{bmatrix}, \boldsymbol{Q} = \begin{bmatrix} 0 & 0 \\ 0 & 0.001 \end{bmatrix},$$

$$\boldsymbol{R} = \begin{bmatrix} 0 & 0 \\ 0 & 0.001 \end{bmatrix}, \varphi = 300$$

假定陀螺工作 300s 后，随着陀螺工作时间的延长，器件温度的升高，在未加温度补偿的情况下，随机漂移量与温度将呈现指数递增变化的函数关系，其速度输出值发生缓慢异变，对其进行卡尔曼滤波后，采用残差 χ^2 检验法进行检测，如图3-7和图3-8所示。由于状态方程中引入了前一时刻的实际测量值 $Z(k-1)$，导致系统在出现缓变故障时，预报值 $\hat{Z}(k)$ "跟踪" 故障输出，在计算残差时，很难将故障检测出来。

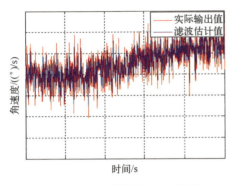

图3-7　陀螺测量数据与滤波数据　　　图3-8　残差 χ^2 检验法检测效果
结果比对

采用状态 χ^2 检验法可以得到两个估计器状态误差之间的差值 $\beta(k)$，由于 $\beta(k)$ 是服从正态分布的，引入概率密度函数

$$P(\boldsymbol{\beta}_{(k)} \mid H_0) = \frac{1}{\sqrt{2\pi \boldsymbol{T}(k)}} \exp\left[-\frac{1}{2}\boldsymbol{\beta}^{\mathrm{T}}(k)\boldsymbol{T}^{-1}(k)\boldsymbol{\beta}(k)\right] \qquad (3\text{-}28a)$$

$$P(\boldsymbol{\beta}_{(k)} \mid H_1) = \frac{1}{\sqrt{2\pi \boldsymbol{T}(k)}} \exp\left[-\frac{1}{2}(\boldsymbol{\beta}(k)-\boldsymbol{\mu})^{\mathrm{T}}\boldsymbol{T}^{-1}(k)(\boldsymbol{\beta}(k)-\boldsymbol{\mu})\right] \qquad (3\text{-}28b)$$

可以得到状态残差量 $\beta(k)$ 在两个假设下对应的 $P(\boldsymbol{\beta}_{(k)} \mid H_0)$ 和 $P(\boldsymbol{\beta}_{(k)} \mid H_1)$ 的概率分布曲线，如图3-9所示。

依据误判概率 $P(H_1 \mid H_0) = \alpha$ 的约束条件：

$$P(H_1 \mid H_0) = 1 - P(H_0 \mid H_0) = 1 - \int_{\lambda(\mu)}^{\infty} P(\lambda \mid H_0)\,\mathrm{d}\lambda = \alpha \qquad (3\text{-}29)$$

可以反求出检测阈值 $\lambda(\mu)$，如果需要，可以进而求出似然比检测阈值 μ。假定误检概率为 0.03 时，由式(3-20a)求出其均值为 0，方差为 0.001。

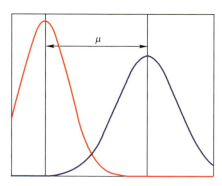

图 3-9　$P(\beta_{(k)} \mid H_0)$ 和 $P(\beta_{(k)} \mid H_1)$ 的概率分布曲线

$$P(H_1 \mid H_0) = 1 - P(H_0 \mid H_0) = 1 - \int_{-\infty}^{\lambda(\mu)} P(\beta \mid H_0) \mathrm{d}\beta$$

$$= 1 - \int_{-\infty}^{\lambda(\mu)} \left(\frac{1}{2\pi\sigma}\right)^{1/2} \exp\left(-\frac{\beta^2}{2\sigma^2}\right) \mathrm{d}\beta = 0.03$$

那么计算得 $\lambda(\mu) = 0.0024$。可以设定 $T_D = 0.0024$ 为检测阈值,当 $\lambda(\beta) > T_D$ 时,有故障,$\lambda(\beta) \leqslant T_D$ 时,无故障。

同时由式(3-20b)求出,其均值为 0.0263,方差为 0.0033,那么可以得到最小漏检概率为

$$P(H_0 \mid H_1) = \int_{-\infty}^{\lambda(\mu)} P(\beta \mid H_1) \mathrm{d}\beta = 1 - \int_{-\infty}^{\lambda(\mu)} \left(\frac{1}{2\pi\sigma}\right)^{1/2} \exp\left(-\frac{(\beta-\mu)^2}{2\sigma^2}\right) \mathrm{d}\beta$$

$$= 2.2 \times 10^{-13}$$

故可认为,当误判概率给定,设定 $T_D = 0.0024$ 为检测阈值时,可以使漏检概率为最小。那么由式(3-25)可得到系统检测函数曲线 $\lambda(k)$,如图 3-10 所示。设定检测阈值 T_D,进行故障检测,可以看出,从故障发生到检测出故障,用时约 55s,如图 3-11 所示。

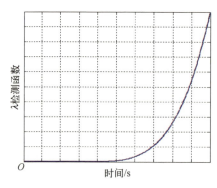

图 3-10　λ 检测函数曲线

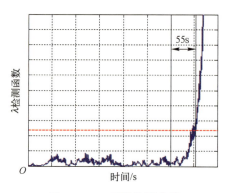

图 3-11　λ 函数检测效果

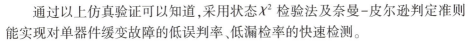

通过以上仿真验证可以知道,采用状态 χ^2 检验法及奈曼-皮尔逊判定准则能实现对单器件缓变故障的低误判率、低漏检率的快速检测。

经过上述研究分析可以得到,平衡方程法原理较为简单,实现比较容易,但是该方法在检测到故障后,需要更多冗余才能实现故障隔离。状态 χ^2 检验法可以通过构建多维状态矩阵解决多器件检测的问题,并通过引入故障检测函数 $\lambda(k)$,在保证误检率指标的基础上,有效地提高了系统故障检测灵敏度,同时具备检测突变、缓变故障的能力,但计算量相对较大,可用于复杂系统多器件的故障检测。同时,两种方法的检测函数 $\Delta\omega_d(t)$ 及 $\lambda(k)$ 均是关于时间 t 变化的,所以均满足动态在线检测的需求。

3.3　基于奇偶向量法的执行机构故障诊断

3.3.1　奇偶向量法的基本思想

目前,工程上一般依据飞轮的设计特性对加到飞轮上的力矩控制信号进行积分,计算出所需的飞轮转速变化量。若转速的实际变化值与要求变化值之差超出某个给定的阈值,则认为该飞轮有故障,必须隔离。这种方法只适用于突变故障的检测,而对于缓变故障而言就难以实时检测出来。

奇偶向量法的设计思想是假定测量机构工作正常的情况下,利用实际的测量信息来验证(具有冗余系统的)测量方程的一致性,当奇偶方程残差的期望为零时,认为系统没有故障,否则认为系统可能发生了故障。出于工程上可靠性的考虑,轮控系统通常采用斜装冗余配置,如四轮控系统、五轮控系统、六轮控系统等。由于飞轮的输入控制电压是按照飞轮的安装位置将三轴控制电压进行分配而得到的,因此当飞轮正常工作时,其输出之间会存在一致性。一旦某个飞轮发生故障,这种一致性将被破坏。

3.3.2　故障检测方法

基于力矩模式下的飞轮控制系统框图如图 3-12 所示,基于速率模式下的飞轮控制系统框图如图 3-13 所示。

设飞轮控制系统中飞轮数量为 $m(m>3)$,轮控系统的工作流程示意图如图 3-14 所示。

图中:D 为飞轮的分配矩阵,与飞轮的安装位置有关;C 为飞轮的安装矩阵;T 为控制器根据测量信息计算得出的三轴所需的控制力矩;T_a 为飞轮的输

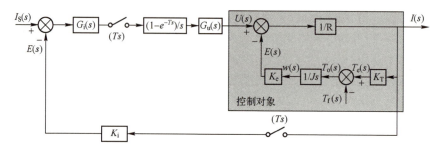

图 3-12　基于力矩模式下的飞轮控制系统框图

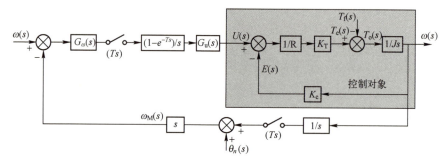

图 3-13　基于速率模式下的飞轮控制系统框图

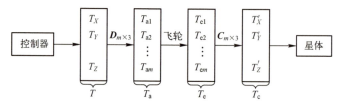

图 3-14　轮控系统的工作流程图

入指令力矩(以电枢电流的形式表示),$T_a = DT$ 为飞轮力矩分配方程;T_e 为飞轮的输出控制力矩;T_c 为轮控系统作用在卫星上的控制力矩,$T_c = CT_e$。

由图 3-12 及图 3-13 可知,飞轮实际净输出控制力矩为

$$T_{ei} = T_{ai} - T_{fi}(i = 1,2,\cdots,m) \tag{3-30}$$

式中:T_{ai} 为控制器分配给各飞轮的控制力矩信号;T_{fi} 为飞轮摩擦力矩,且满足 LuGre 模型。

当某一飞轮发生故障时,有

$$T_e = T_a - T_f - f = DT - T_f - f \tag{3-31}$$

式中:f 为故障矩阵,其对应故障飞轮的元素不为零,正常飞轮的元素为零。

那么定义奇偶向量为

$$p = VT_e \tag{3-32}$$

On-Orbit Satellite Fault Diagnosis Technology and Application

式中:奇偶矩阵 V 是 $(m-3) \times m$ 维行满秩矩阵。

将式(3-31)代入式(3-32)可得

$$p = VDT + VT_f + Vf \tag{3-33}$$

为便于系统检测故障,使奇偶向量 p 只反映飞轮的故障,应选取合适的奇偶矩阵 V,保证 $VD=0$,式(3-33)可成为

$$p = VT_f + Vf \tag{3-34}$$

摩擦力矩 T_f 可基于 LuGre 模型由飞轮转速计算得出,那么将 T_f 对检测方程(式(3-34))进行补偿,可以得到奇偶向量 p 只与故障相关,即

$$p = Vf \tag{3-35}$$

此时也可以将 p 看成飞轮故障的残差量,也称为奇偶残差。

进行如下假设:

飞轮无故障时 $H_0 : E\{p\} = 0, E\{pp^T\} = \sigma^2 V^T V$;

飞轮有故障时 $H_1 : E\{p\} = \mu \neq 0, E\{(p-\mu)(p-\mu)^T\} = \sigma^2 V^T V$;其中 $\mu = Vf$。

p 服从 m 维的正态分布,在无故障和有故障的情况下,似然函数分别为

$$\varphi(p \mid H_0) = K\exp\left\{ -\frac{1}{2} p \frac{(V^T V)^{-1}}{\sigma^2} p \right\} \tag{3-36}$$

$$\varphi(p \mid H_1) = K\exp\left\{ -\frac{1}{2}(p-\mu)^T \frac{(V^T V)^{-1}}{\sigma^2}(p-\mu) \right\} \tag{3-37}$$

式中

$$K = 1 / \sqrt{(2\pi)^m \parallel V^T V \parallel} \cdot \sigma$$

由上式构造的对数似然比函数为

$$d_c = \ln\left[\frac{\varphi(p \mid H_1)}{\varphi(p \mid H_0)} \right] = \frac{1}{2}\left[p^T \frac{(V^T V)^{-1}}{\sigma^2} p - (p-\mu)^T \frac{(V^T V)^{-1}}{\sigma^2}(p-\mu) \right] \tag{3-38}$$

对上式关于 μ 求导,并取 μ 得极大似然估计 $\hat{\mu} = p$,那么极大似然函数值为

$$d_c = \frac{1}{2\sigma^2}\left[p^T (V^T V)^{-1} p \right] \tag{3-39}$$

进而得到故障检测函数为

$$d(k) = p^T (V^T V)^{-1} p \tag{3-40}$$

有时为便于计算,可使 $V^T V = I_m$,并且 $d(k)$ 服从 χ^2 分布。

故障检测判决准则:当 $d \geq T_D$ 时,判决有故障;当 $d < T_D$ 时,判决无故障。其中检测阈值 T_D 采用奈曼-皮尔逊准则方法选取。

3.3.3　故障隔离方法

检测到故障后还要进行飞轮的故障隔离,确定是哪个飞轮出现的故障。假

设第 j 个飞轮发生故障,则故障向量可以写成

$$u_f = e_j f \tag{3-41}$$

式中:e_j 为单位向量,它的第 j 个元素为 1,其他元素为零;f 为故障大小。

若第 j 个飞轮发生故障,则向量 p 为

$$p = Vu_f = Ve_j f = v_j f \tag{3-42}$$

式中:v_j 为 V 的第 j 列,表示奇偶向量。

那么相应于第 j 个飞轮的对数似然函数为

$$
\begin{aligned}
\ln[\varphi(p \mid H_1)] &= \ln K - \frac{1}{2}(p-\mu)^{\mathrm{T}} \frac{(V^{\mathrm{T}}V)^{-1}}{\sigma^2}(p-\mu) \\
&= \ln K - \frac{1}{2}(p-v_j f)^{\mathrm{T}} \frac{(V^{\mathrm{T}}V)^{-1}}{\sigma^2}(p-v_j f) \\
&= \ln K - \frac{1}{2}\left[p^{\mathrm{T}} \frac{(V^{\mathrm{T}}V)^{-1}}{\sigma^2} p \right] - 2f\left[p^{\mathrm{T}} \frac{(V^{\mathrm{T}}V)^{-1}}{\sigma^2} v_j \right] + f^2 \left[v_j^{\mathrm{T}} \frac{(V^{\mathrm{T}}V)^{-1}}{\sigma^2} v_j \right]
\end{aligned}
\tag{3-43}
$$

对上式关于 f 求导数,并取 f 得极大似然估计:

$$\hat{f} = \frac{p^{\mathrm{T}}(V^{\mathrm{T}}V)^{-1}v_j}{v_j^{\mathrm{T}}(V^{\mathrm{T}}V)^{-1}v_j} \tag{3-44}$$

那么极大似然估计值为

$$\ln[\varphi(p \mid H_1)]_{\max} = \ln K - \frac{1}{2} p^{\mathrm{T}} \frac{(V^{\mathrm{T}}V)^{-1}}{\sigma^2} p + \frac{1}{2} \frac{[p^{\mathrm{T}}(V^{\mathrm{T}}V)^{-1}v_j]^2}{\sigma^2 v_j^{\mathrm{T}}(V^{\mathrm{T}}V)^{-1}v_j} \tag{3-45}$$

由于 $V^{\mathrm{T}}V = I_m$,由上式可确定故障隔离判决函数为

$$q_j(k) = \frac{(p^{\mathrm{T}}v_j)^2}{v_j^{\mathrm{T}}v_j} \tag{3-46}$$

显然当 q_j 越大时,所得的 $\ln[\varphi(p_c \mid H_1)]_{\max}$ 就越大,说明第 j 个飞轮发生故障的概率越大,因此认为当

$$d_k = \max_j d_j (j = 1, 2, \cdots, m) \tag{3-47}$$

时,表明第 k 个飞轮发生故障。

采用此方法直接从飞轮组件的转速关系中检测并诊断出故障,能够克服飞轮故障在闭环系统中传播造成的干扰影响。

3.3.4 基于 Potter 算法的奇偶矩阵解算

当飞轮控制系统确定时,各飞轮之间角度关系也即确定,这样便可得到飞轮控制系统的分配矩阵 D,由此计算正交投影矩阵 $W = I - D(D^{\mathrm{T}}D)D^{\mathrm{T}}$。由于奇偶矩阵满足 $W = V^{\mathrm{T}}V$ 关系,那么对其进行 Cholesky 分解,具体步骤如下:

（1）$v_{11} = \sqrt{w_{11}}$

$v_{i1} = w_{i1}/v_{11}(i=2,\cdots,m)$

$v_{ij} = 0(i=2,3,\cdots,m-n;j=1,2,\cdots,i;i>j)$

（2）$v_{ii} = w_{ii} - \sum_{j=1}^{i-1} v_{ij}^2(i=2,3,\cdots,m-n)$

（3）$v_{ij} = \left(w_{ij} - \sum_{s=1}^{j-1} v_{i(j-1)}v_{(i-1)(j-1)}\right)/v_{ii}(i=2,3,\cdots,m;j=2,3,\cdots,n)$

式中：v_{ij} 为矩阵 $\boldsymbol{V}$ 的第 i 行第 j 列的元素；w_{ij} 为矩阵 $\boldsymbol{V}$ 的第 i 行第 j 列的元素。

或者直接使用施密特正交化过程求得：

（1）$V_1 = \dfrac{W_1}{\|W_1\|}$

（2）$V_2 = W_2 - \dfrac{(W_2,V_1)}{\|V_1\|}V_1$

（3）$V_m = W_m - \dfrac{(W_m,V_1)}{\|V_1\|}V_1 - \dfrac{(W_m,V_2)}{\|V_2\|}V_2 - \cdots - \dfrac{(W_m,V_{m-1})}{\|V_{m-1}\|}V_{m-1}$

式中：V_i 和 W_i 分别为矩阵 $\boldsymbol{V}$ 和 $\boldsymbol{W}$ 的第 i 个列向量（$i=1,2,\cdots,m$）。

采用上述两种方法可以得到奇偶矩阵 $\boldsymbol{V}$。

由于正交投影矩阵 $\boldsymbol{W}$ 由分配矩阵 $\boldsymbol{D}$ 唯一确定，与具体的奇偶矩阵无关，因此，约束条件 $\boldsymbol{V}^{\mathrm{T}}\boldsymbol{V}=\boldsymbol{I}_m$，除了能够减少计算量外，并不会影响已确定系统的故障检测与隔离效果。若需要提高奇偶向量检测方法的检测能力，关键是选择合适的系统结构配置。从结构配置的冗余度来看，在 n 维空间，$(n+1)$ 个器件的配置只能检测故障而不能分离故障，如果使系统具有分离 n 个单器件故障的能力，则至少需要（$a+n+1$）个器件配置。如果需要对两个以上的器件同时发生故障时进行故障检测与分离（两个以上器件同时发生故障的含义是当一个器件的故障没有完全被隔离的情况下另一个器件也发生了故障），则不能按上述的数目进行配置。例如在三维空间中的 6 个单轴器件的配置，当一个器件发生故障且系统对故障隔离之后，其余 5 个器件的余度配置结构仍然具有第二个故障器件的检测和分离能力。

3.3.5　仿真算例

假定某卫星飞轮控制系统由 5 个飞轮组成。令 h_1、h_2、h_3、h_4、h_5 表示 5 个轮子的转轴的单位向量。h_1、h_2、h_3 分别沿星体 $+X$、$+Y$、$-Z$ 轴；h_4 与 $-Y$ 轴的夹角为 45°，与 $-X$、$-Z$ 轴的夹角均为 60°，h_5 与 $+Y$ 轴的夹角为 45°，与 $+X$、$-Z$ 轴的夹角均为 60°。其系统构型如图 3-15 所示。

On-Orbit Satellite Fault Diagnosis Technology and Application

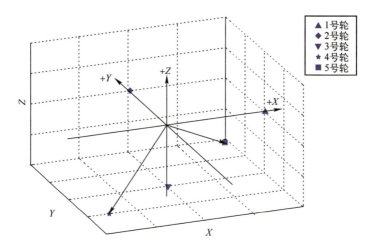

图 3-15　五飞轮控制系统三维构型图

该飞轮控制系统分配矩阵为

$$
\boldsymbol{D}=\begin{pmatrix}
1 & 0 & 0 \\
0 & 1 & 0 \\
\sin\alpha & -\cos\alpha\cdot\cos\beta & \cos\alpha\cdot\sin\beta \\
\sin\alpha & \cos\alpha\cdot\cos\beta & -\cos\alpha\cdot\sin\beta
\end{pmatrix} \tag{3-48}
$$

式中：$\alpha=30°$；$\beta=35°15'52'$。

由 Potter 算法得到矩阵 $\boldsymbol{V}$ 为

$$
\boldsymbol{V}=\begin{pmatrix}
0.577325 & 0 & 0 & -0.577363 & -0.577363 \\
0 & 0.635481 & 0.44719 & 0.447208 & -0.447208
\end{pmatrix} \tag{3-49}
$$

控制系统参数设定：力矩系数 $K_T=0.053\mathrm{N\cdot m/A}$，转动惯量 $J=0.078\mathrm{kg\cdot m^2}$，电机电枢内阻 $R=0.0375\Omega$，$K_e=1$，$K_u=1$，飞轮摩擦模型采用 LuGre 模型，模型参数 $\sigma_0=0.00011(\mathrm{N\cdot m\cdot s/rad})$，$\sigma_1=0.0000016(\mathrm{N\cdot m\cdot s/rad})$，$\sigma_2=0.00006$ $(\mathrm{N\cdot m\cdot s/rad})$，$\omega_s=5\mathrm{rad/s}$，$T_c=0.0015\mathrm{N\cdot m\cdot s}$，飞轮力矩回路控制器参数 $K_1=2.5$，$\tau_1=1°$，飞轮速率回路控制器参数 $K_2=0.1$，$\tau_2=3$，设定采样时间为 $0.1\mathrm{s}$。

力矩模式：假定五飞轮初始转速为 $0\mathrm{rad/s}$，需要五飞轮分别产生 $0.053\mathrm{N\cdot m}$、$0.042\mathrm{N\cdot m}$、$-0.032\mathrm{N\cdot m}$、$0.012\mathrm{N\cdot m}$ 以及 $0.04\mathrm{N\cdot m}$ 的控制力矩，持续时间为 $40\mathrm{s}$，如图 3-16(a)所示，依据力矩模式系统控制模型，得到五飞轮电机实际输出电枢电流以及五飞轮转速曲线，如图 3-16(b)、(c)所示，基于 LuGre 模型得到五飞轮摩擦力矩，如图 3-16(d)所示，在完成 40s 力矩控制后，为消除摩擦力矩对系统的干扰影响，采用闭环反馈控制，使飞轮电机仍输出一定的控制力矩，用于消除摩擦力矩，如图 3-16(e)所示，进而得到飞轮实际输出力矩，如图 3-16(f)所示。

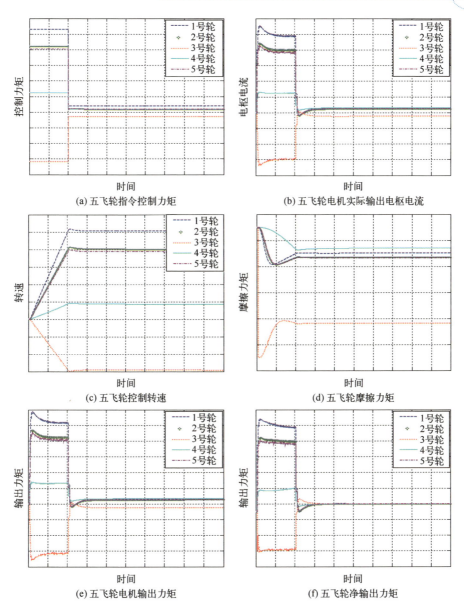

(a) 五飞轮指令控制力矩

(b) 五飞轮电机实际输出电枢电流

(c) 五飞轮控制转速

(d) 五飞轮摩擦力矩

(e) 五飞轮电机输出力矩

(f) 五飞轮净输出力矩

图3-16　无故障时力矩模式下飞轮控制系统典型值曲线

　　速率模式:假定五飞轮初始转速为0rad/s,10s后,控制器下发五飞轮速率指令,分别为25rad/s、19rad/s、-10rad/s、4rad/s以及21rad/s,如图3-17(a)所示,其对应的指令控制力矩为瞬时脉冲,如图3-17(b)所示,在控制系统的作用下,飞轮转速迅速达到目标转速,如图3-17(c)所示,基于LuGre模型得到五飞轮摩擦力矩,如图3-17(d)所示,为消除摩擦力矩导致的飞轮转速下降,保证飞轮转速稳定,采用闭环反馈控制,使飞轮达到目标转速后,飞轮电机仍输出一定的控制力矩,用于消除摩擦力矩的影响,如图 3-17(e) 所示,进而得到飞轮实际输出力矩,如图 3-17(f) 所示。

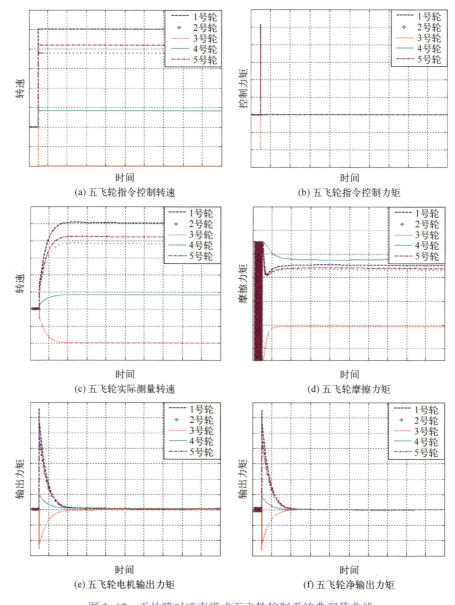

图 3-17　无故障时速率模式下飞轮控制系统典型值曲线

假定系统运行 100s 后,四号飞轮随着工作时间的增加,导致飞轮摩擦力矩发生变化。由于该故障为渐变型故障,对系统状态的影响是逐渐显现出来的,因此无论在力矩模式下对飞轮电枢电流的监测(如图 3-18 所示)还是在速率模式下对飞轮转速的监测(如图 3-19 所示)都难以实现对故障的快速检测,也很难直观地定位故障飞轮。

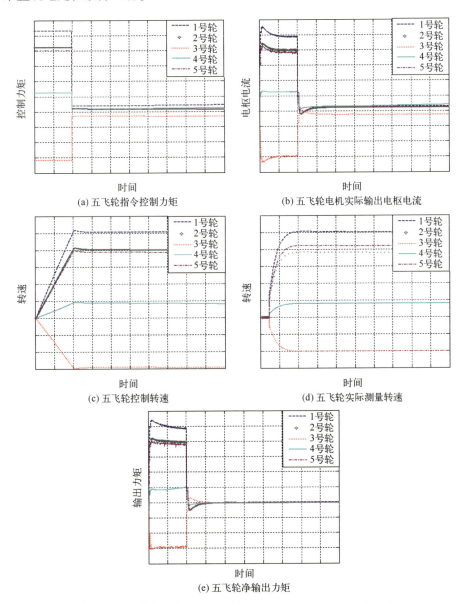

(a) 五飞轮指令控制力矩

(b) 五飞轮电机实际输出电枢电流

(c) 五飞轮控制转速

(d) 五飞轮实际测量转速

(e) 五飞轮净输出力矩

图 3-18　四号飞轮故障时力矩模式下飞轮控制系统典型值曲线

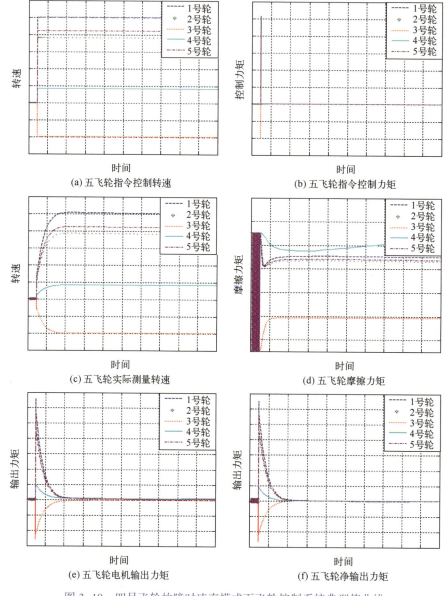

(a) 五飞轮指令控制转速

(b) 五飞轮指令控制力矩

(c) 五飞轮实际测量转速

(d) 五飞轮摩擦力矩

(e) 五飞轮电机输出力矩

(f) 五飞轮净输出力矩

图 3-19 四号飞轮故障时速率模式下飞轮控制系统典型值曲线

采用奇异向量法对五飞轮控制系统进行一致性检验,由系统采集飞轮电机电枢电流信息经推算可得到指令控制力矩,由系统采集的飞轮转速信息带入 LuGre 模型可得到摩擦力矩,将其代入式(3-33)得到奇偶向量 p,再由式(3-40)便可得到故障检测曲线,如图 3-20 所示。从图中可以看出,当渐变故障在 100s 刚出现时,检测向量中已经得到了明显的反应,从而将故障快速检测出来。在故障隔离方面,通过假定各飞轮依次故障,由式(3-46)绘制各飞轮的故障判决曲线,如图3-21所示。选择故障隔离判决函数幅值最大的一条曲线,则判定为故障飞轮。

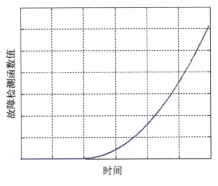

图3-20　飞轮控制系统故障检测曲线

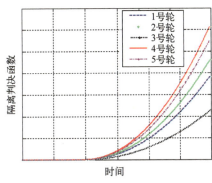

图3-21　故障隔离判定函数曲线

3.4　基于多解析模型的故障诊断方法

　　针对复杂系统中,传统基于定量模型故障诊断方法存在的故障部件难以确定等问题,本节给出一种基于多解析模型的故障诊断方法,该方法融合了传统定量模型方法与系统结构信息,将传统的基于解析模型方法的研究对象由单系统扩展到多系统,可应用于包含多子系统的复杂系统的故障诊断问题,不仅能实现对系统中执行器和敏感器故障的有效定位,还能减少同时工作的解析模型数量。本节通过借鉴基于定性模型的故障诊断方法(基于定性模型的故障诊断方法将在第4章讲到)中的研究思路,以形式化的语言对基于解析模型的诊断方法及其相关内容进行了重新定义,将定性模型中的解析冗余关系、故障征兆矩阵概念,用于基于解析模型的故障诊断中,深入分析了诊断求解过程,在此基础上,进一步提出了基于多解析模型的故障隔离策略。

3.4.1　基于多解析模型的故障隔离

1. 基于解析模型方法的再定义

　　基于解析模型故障诊断方法所研究的对象系统是由一组部件和一组测量所构成的。该对象系统可以完成特定的设计功能,实现其输入到输出的相应动态响应过程。构成对象系统的三类部件分别是系统的输入部件(执行器)、系统的输出部件(敏感器),以及输入与输出间的动态响应关系,抽象成为过程部件。

测量是指获得对象系统运行情况的直接可得量,包括对象系统可测的控制输入和测量输出。故障诊断的任务定义为确定对象系统中是否有部件出现异常,哪个部件出现异常,以及出现了何种异常。

定义解析冗余关系(Analytical Redundancy Relation, ARR)为系统测量间的某一约束关系,它是构造解析模型的基础。ARR 对应的解析模型输出与真实系统输出之差定义为残差。为了对故障诊断过程进行深入研究,引入 ARR 支持的概念。ARR 支持定义为该解析冗余关系所涉及的部件集合,相应的部件称为 ARR 的支持部件。传统意义上的解析冗余关系是指系统正常时,其输入和输出间的相应约束关系;而不包含预定义故障情况下,系统输入和输出间相应关系。前者主要用于基于解析模型的 FDI,后者则用于基于解析模型的故障估计。以下首先讨论传统意义下的解析冗余关系和基于解析模型的 FDI。

基于解析模型的 FDI 可以借由 ARR 支持的概念进行详细刻画。其中,故障检测定义为确定支持部件集的某一子集为诊断结果,且该子集中有某一个(单故障情况)或某些支持部件(多故障情况)为故障源;故障隔离定义为确定支持部件集的某一子集为诊断结果,且该子集中的所有支持部件均为故障源,单元素支持部件构成的子集对应单故障,多元素支持部件构成的子集对应多故障。由于诊断结果来源于支持部件的某子集,因此支持部件集决定了 FDI 的最大诊断粒度。

定义故障征兆矩阵(FSM)为 ARR 支持部件与 ARR 间的二元关系矩阵,它可由解析冗余关系推演得到。假设某一系统的所有部件总数为 m,解析冗余关系数为 n,则 FSM 确定一个 $n×m$ 维的矩阵,它是一个由 0 和 1 构成的二进制矩阵,其行为 n 个 ARR,列为 m 个故障部件。如果第 i 部件是第 j 个 ARR 的支持部件,则矩阵的元素(ji)定义为 1;否则,元素(ji)为 0。该 FSM 的第 i 列是第 i 个部件的故障特征向量,两个部件是可隔离的当且仅当两个部件的故障特征向量是不同的。

图 3-22 为某多输入多输出动态系统 S_1,其为三输入两输出系统。

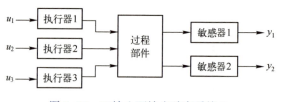

图 3-22　三输入两输出动态系统 S_1

针对系统 S_1 诊断其执行器的故障,考虑应用奉献观测器策略和广义观测器策略,可建立以下故障征兆矩阵如表 3-1 所列。

表 3-1　系统 S_1 的故障征兆矩阵

	执行器 1	执行器 2	执行器 3	过程部件	敏感器 1	敏感器 2
ARR1	1	1	1	1	1	1
ARR2	0	1	1	1	1	1
ARR3	1	0	1	1	1	1
ARR4	1	1	0	1	1	1
ARR5	1	0	0	1	1	1
ARR6	0	1	0	1	1	1
ARR7	0	0	1	1	1	1

表 3-1 中:ARR1 是基于 u_1、u_2、u_3 和 y_1、y_2 间约束关系所建立的,其支持部件为执行器 1、2 和 3,敏感器 1、2 和过程部件;单独采用 ARR1 只能实现故障检测,判断系统中是否有部件异常。ARR2、ARR3 和 ARR4 所组成的解析冗余关系组相应于传统基于解析模型方法中的广义残差集策略。ARR5、ARR6 和 ARR7 所组成的解析冗余关系组相应于传统基于解析模型方法中的奉献残差集策略。由征兆矩阵可知,单独采用 ARR2～ARR4,或者单独采用 ARR5～ARR7,执行器 1、2 和 3 均具有不同的故障特征向量,如表 3-2 所列。即采用广义残差集策略和奉献残差集策略可以容易地对执行器的故障进行隔离。而敏感器 1、2 以及过程部件具有相同的故障特征向量,需要额外的信息才能完成故障隔离。

表 3-2　系统 S_1 的故障特征向量

	广义观测器策略	奉献观测器策略
执行器 1	0 1 1	1 0 0
执行器 2	1 0 1	0 1 0
执行器 3	1 1 0	0 0 1

想要建立更多的 ARR 完成所有支持部件的故障隔离往往是困难的,其受到 ARR 构造条件的限制,以及执行器和敏感器具体分布矩阵的影响。此外,更多的解析冗余关系意味着更多的解析模型建立与运行,会增加计算的负担。

2. 故障隔离策略

传统的基于解析模型的 FDI 方法在研究精确解析模型的建立、减少扰动影响,提高故障检测敏感性方面已经取得大量研究成果。然而,在融合复杂系统结构知识,考虑 ARR 的生成策略方面研究较少。在此,从系统分层,子系统划分的角度考虑基于解析模型 FDI 的 ARR 生成策略,研究系统支持部件的隔离问题。通常,复杂系统由完成不同功能的各个模块组成,每一个模块可以看作一个子系统,任意子系统通过其输入和输出表达了该子系统的功能。每个子系统相对独立,按照其结构关系最终构成复杂系统。

考虑如图 3-23 所示的系统 S_2。图中,A 为系统的控制输入,B 为由敏感器测得的系统输出,a 为执行器,p 为系统过程部件,b 为敏感器。当存在新的敏感器 c 可以对系统的中间过程变量进行测量时,系统变换为图 3-24 所示,过程部件 p 被抽象为 p_1 和 p_2 两个子系统过程部件。

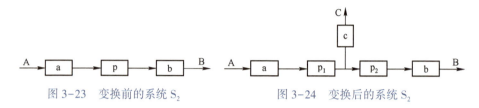

图 3-23　变换前的系统 S_2　　　　图 3-24　变换后的系统 S_2

通过系统中的三个可测量 A、B 和 C,原系统可以被划分成为两个子系统,即由测量 A 到测量 C 的子系统 1,以及由测量 C 到测量 B 的子系统 2。在子系统 1 中,部件 a 为该子系统的执行器,部件 c 为该子系统的敏感器,p_1 为子系统 1 的过程部件。由于 p_2 的输入(p_1 的输出),由敏感器 c 进行了测量,所以由测量 C 获得了子系统 2 的输入信息。在这种情况下,部件 c 的测量信息等价于子系统 2 的执行器,部件 b 为子系统 2 的敏感器,p_2 子系统 2 的过程部件。加入新的测量量 C 后,系统的最大诊断粒度由原来的部件 a、b 和 p 变为了部件 a、b、p_1、p_2 和 c,即加入测点有利于获得更加精确的诊断结果。

进一步,考虑前述所讨论的系统为多输入多输出的系统 S_3。以两输入两输出系统为例,其结构如图 3-25 所示。

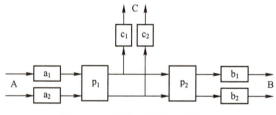

图 3-25　两输入两输出系统 S_3

可见,系统 S_3 由可测量所确定的两个子系统中,子系统 1 的支持部件为 a_1、a_2、p_1、c_1 和 c_2,子系统 2 的支持部件为 c_1、c_2、p_2、b_1 和 b_2。则对系统进行故障检测和隔离,就是要确定所有支持部件 a_1、a_2、b_1、b_2、c_1、c_2、p_1 和 p_2 中哪些部件为故障源。为此,需根据系统中的解析冗余关系来构造解析模型。

子系统 1 和子系统 2 提供了两个相对独立的解析冗余关系产生途径,相应的可以构造 6 个 ARR,对应的故障征兆矩阵如表 3-3 所列。

表 3-3　系统 S_3 的故障征兆矩阵

	a_1	a_2	p_1	c_1	c_2	p_2	b_1	b_2
ARR1	1	1	1	1	1	0	0	0
ARR2	0	0	0	1	1	1	1	1
ARR3	1	0	1	1	1	0	0	0
ARR4	0	1	1	1	1	0	0	0
ARR5	0	0	0	1	0	1	1	1
ARR6	0	0	0	0	1	1	1	1

表 3-3 中:ARR1 为对应于子系统 1 的所有 6 个支持部件所建立的解析冗余关系;ARR2 为对应于子系统 2 的所有 6 个支持部件所建立的解析冗余关系;ARR3 和 ARR4 为基于子系统 1 采用广义残差集或奉献残差集策略所建立的解析冗余关系,其对应的 ARR 支持部件分别为 a_1、p_1、c_1、c_2 和 a_2、p_1、c_1、c_2;ARR5 和 ARR6 则为基于子系统 2 所建立的两个解析冗余关系,其对应的 ARR 支持部件分别为 c_1、p_2、b_1、b_2 和 c_2、p_2、b_1、b_2。

根据以上的故障特征矩阵,可以很容易地获得各个部件所对应的故障特征向量,如表 3-4 所列。

表 3-4　系统 S_3 的故障特征向量

部件	故障特征向量	部件	故障特征向量	部件	故障特征向量
a_1	1 0 1 0 0 0	p_2	0 1 0 0 1 1	c_1	1 1 1 1 1 0
a_2	1 0 0 1 0 0	b_1	0 1 0 0 1 1	c_2	1 1 1 1 0 1
p_1	1 0 1 1 0 0	b_2	0 1 0 0 1 1		

根据故障特征向量的差异,可对故障部件进行定位。由于部件 p_2、b_1 和 b_2 具有相同的故障特征向量,因此在当前情况下,部件 p_2、b_1 和 b_2 的故障是不可分离的,即无法区分三者中具体的故障源(需要通过产生新的冗余关系来解决这个问题)。该系统的最终的可能故障诊断结果为 $\{a_1\}$、$\{a_2\}$、$\{p_1\}$、$\{c_1\}$、$\{c_2\}$ 和 $\{p_2, b_1, b_2\}$。

对于上述 6 个解析冗余关系,需要建立对应的 6 个解析模型(观测器)。如直接采用这些冗余关系,让 6 个解析模型并行运行,故障诊断系统的计算量将会很大。为此,有必要研究合理的诊断策略,减少诊断系统中并行运行的解析模型数量。以下提出基于多解析模型的故障隔离策略,将故障诊断任务分两个阶段来完成。第一个阶段,故障初步检测;第二阶段,故障具体隔离。

在第一阶段中,根据各个子系统分别设计一个解析模型,该解析模型是根据无故障模型所设计的,且其解析冗余关系中包含子系统所有的支持部件,相应于上述的 ARR1 和 ARR2。根据 ARR1 和 ARR2 所构成的故障征兆矩阵,a_1、a_2 和 p_1 具有相同的故障特征向量 $[1\ 0]$,c_1 和 c_2 具有相同的故障特征向量 $[1\ 1]$,p_2、b_1 和 b_2 具有相同的故障特征向量 $[0\ 1]$。所以根据 ARR1 和 ARR2 所构造的解析模型可以获得的诊断结果为 $\{a_1,a_2,p_1\}$、$\{c_1,c_2\}$ 和 $\{p_2,b_1,b_2\}$。

在第二阶段中,根据各个子系统分别设计一组解析模型,其相应的各解析冗余关系中包含差异化的支持部件,如采用奉献残差集或广义残差集策略。针对子系统 1 和子系统 2 所建立的解析冗余关系分别为 ARR3、ARR4 和 ARR5、ARR6。根据解析冗余 ARR3、ARR4 所获得的故障特征向量可以得到诊断结果 $\{a_1\}$、$\{a_2\}$、$\{p_1,c_1,c_2\}$;由解析冗余 ARR5、ARR6 可获得的诊断结果为 $\{c_1\}$、$\{c_2\}$ 和 $\{p_2,b_1,b_2\}$。通过以上分析,建立如下的故障诊断策略,其框架如图 3-26 所示。

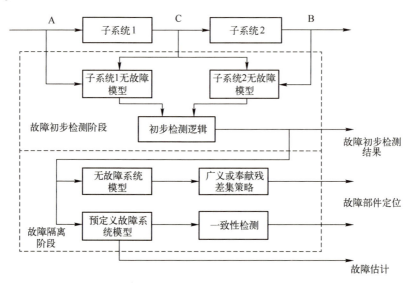

图 3-26　故障诊断策略框架

并行运行第一阶段中所设计的两个解析模型,当系统发生异常时,将给出诊断结果 $\{a_1,a_2,p_1\}$、$\{c_1,c_2\}$ 和 $\{p_2,b_1,b_2\}$。可见,第一阶段可以实现故障的初步检测,获得故障部件的可能子集。在此基础上,根据检测结果启动第二阶段,进行故障具体隔离。当故障检测结果为子集 $\{a_1,a_2,p_1\}$ 时,启动 ARR3、ARR4 对应的解析模型。由于 $\{a_1,a_2,p_1\} \cap \{\{a_1\},\{a_2\},\{p_1,c_1,c_2\}\}$ 的结果为 $\{a_1\}$、$\{a_2\}$ 和 $\{p_1\}$,所以故障部件 a_1、a_2 和 p_1 可以被隔离。当故障检测结果为子集 $\{c_1,c_2\}$ 时,启动 ARR5、ARR6 对应的解析模型。由于 $\{c_1,c_2\} \cap \{\{c_1\},\{c_2\},$

$\{p_2,b_1,b_2\}$ 的结果为 $\{c_1\}$ 和 $\{c_2\}$，所以故障部件 c_1 和 c_2 可以被隔离。

可见，通过采用以上的诊断策略，可以保证最终的诊断结果不变。然而，由于采用了分层的策略，使得故障部件的检测和隔离逐级细分，与不分层诊断相比，同时并行运行的解析模型数目减少，计算量降低。

本节所讨论的基于解析模型的 FDI，在开始时限定了采用系统无故障模型。虽然采用预定义故障模型与无故障模型所涉及的一致性检测策略不同，但它也可统一到本部分所提出的故障诊断框架中。对于预定义故障模型的 ARR，其 ARR 支持部件是除了预定义故障部件以外的所有该 ARR 涉及部件。在采用故障征兆矩阵研究故障诊断过程时，预定义故障模型的 ARR 相当于广义残差集策略。除了预定义故障的部件外，其余所涉及的部件对应元素记为 1。采用预定义故障模型的解析模型方法，有可能获得故障部件的深层次故障信息，例如应用自适应等技术，可以估计出故障的时变特性。

在本节所提出的故障诊断框架中，第二阶段除了可以考虑基于无故障模型，采用奉献残差集或者广义残差集设计一组 ARR 外，也可以采用预定义故障模型设计一组 ARR，相应策略与广义残差集类似。

3.4.2 姿控系统的冗余产生及故障隔离

1. 卫星姿控系统故障隔离框架

一个完整的卫星姿态控制系统包括执行器、控制单元和敏感器。其中的任何一个组件都有可能出现故障，在这种情况下，卫星姿控系统故障诊断的首要任务就是判断系统有无故障，以及故障来源其中的哪类机构。目前，在卫星姿控系统故障诊断方面，已有许多卓有成效的研究成果，然而，通常仅仅针对其中的一部分组件即执行器或敏感器。统一考虑姿控系统所有部件的故障诊断问题研究较少，但具有重要的意义。此外，对于非线性系统的解析模型设计方法还不成熟，尤其是考虑扰动和不确定性的情况。许多线性化的处理方法是把非线性系统在操作点附近线性化或局部线性化。因此，为了避免线性化方法产生信息丢失，非线性观测器技术得到了进一步的研究和发展，特别是非线性的未知输入观测器和自适应观测器技术。本节对以上两种技术做了深入研究，并由此建立了卫星姿控系统的解析模型。

卫星姿控系统结构如图 3-27 所示，动力学子系统表达了控制力矩和角速度间的关系，包含支持部件执行器 1、2 和 3，过程部件动力学过程，陀螺 1、2 和 3；运动学子系统表达了星体角度与角速度间的关系，包含支持部件陀螺 1、2 和 3，过程部件运动学过程，星敏感器。这里，认为刚体卫星的姿态动力学和运动学为物理定律，不考虑过程故障的发生。然而，执行器和敏感器均有可能故障,所以诊断任务为隔离执行器 1、2 和 3,陀螺 1、2 和 3,以及星敏感器的故障。

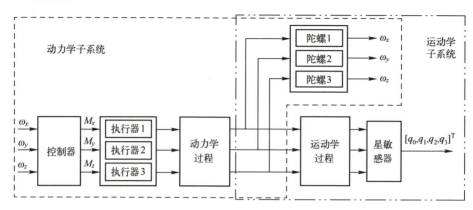

图 3-27　卫星姿控系统结构

根据所提出的隔离策略,在第一阶段,针对无故障的动力学子系统设计非线性的故障检测观测器(FDO1),其对所有执行器和陀螺故障敏感;根据无故障的运动学子系统设计非线性故障检测观测器(FDO2),其对所有陀螺和星敏感器故障敏感。在第二阶段,针对无故障的动力学子系统,根据广义残差集设计一组非线性未知输入观测器(FDI1),其分别对特定的执行器故障不敏感;针对运动学子系统,考虑陀螺的故障模型,设计一组非线性自适应观测器(FDI2),分别敏感相应的陀螺故障。

完整的故障隔离逻辑如下:

首先,FDO1 和 FDO2 并行运行,检测卫星姿态控制系统是否有故障,并确定故障来自哪个机构(执行机构、陀螺机构、星敏感器),设 r_{FDO1} 为 FDO1 的残差评估函数,$\bar{\varepsilon}_1$ 为相应的故障检测阈值;设 r_{FDO2} 为 FDO2 的残差评估函数,$\bar{\varepsilon}_2$ 为相应的故障检测阈值。故障初步检测的逻辑如下:

$$\begin{cases} r_{\mathrm{FDO1}} \leqslant \bar{\varepsilon}_1 , r_{\mathrm{FDO2}} \leqslant \bar{\varepsilon}_2 \Rightarrow \text{姿控系统无故障} \\ r_{\mathrm{FDO1}} > \bar{\varepsilon}_1 , r_{\mathrm{FDO2}} \leqslant \bar{\varepsilon}_2 \Rightarrow \text{执行机构故障} \\ r_{\mathrm{FDO1}} > \bar{\varepsilon}_1 , r_{\mathrm{FDO2}} > \bar{\varepsilon}_2 \Rightarrow \text{陀螺组件故障} \\ r_{\mathrm{FDO1}} \leqslant \bar{\varepsilon}_1 , r_{\mathrm{FDO2}} > \bar{\varepsilon}_2 \Rightarrow \text{星敏感器故障} \end{cases} \tag{3-50}$$

当检测结果是执行机构有故障,FIO1 被激活,它包括三个非线性未知输入观测器,设 $r_{\mathrm{FIO1}\text{-}i}(i=1,2,3)$ 为相应于诊断第 i 轴执行器的隔离观测器的残差评估函数,$\bar{\varepsilon}_{1i}(i=1,2,3)$ 为对应的阈值,则

$$\left.\begin{array}{l} r_{\mathrm{FIO1}\text{-}i} \leqslant \bar{\varepsilon}_{1i} \\ r_{\mathrm{FIO1}\text{-}j} > \bar{\varepsilon}_{1j}(\ \forall j \neq i) \end{array}\right\} \Rightarrow \text{第 } i \text{ 执行器故障}(j,i=1,2,3) \tag{3-51}$$

当检测结果是速率陀螺机构的故障时,FIO2 被激活,它包含三个非线性自适应观测器。设 $r_{\text{FIO2}-i}(i=1,2,3)$ 为相应于第 i 种陀螺故障的隔离观测器的残差评估函数,$\overline{\varepsilon}_{2i}(i=1,2,3)$ 为对应的阈值,则

$$\left.\begin{array}{l} r_{\text{FIO2}-i} \leqslant \overline{\varepsilon}_{2i} \\ r_{\text{FIO2}-j} > \overline{\varepsilon}_{2j}(\ \forall j \neq i) \end{array}\right\} \Rightarrow 第\ i\ 种陀螺故障(j,i=1,2,3) \tag{3-52}$$

并且,匹配的隔离观测器在给出定位结果的同时,自适应算法会估计得到陀螺偏差故障的大小。

通常,选取输出误差作为残差信号,记为 $r(t)$,而均方根函数可以作为其残差评估函数,记为

$$\parallel r(t) \parallel_{\text{RMS}} = \left(\frac{1}{T} \int_{t_1}^{t_2} \boldsymbol{r}^{\text{T}}(t) r(t) \mathrm{d}t \right)^{1/2} \quad (T = t_2 - t_1) \tag{3-53}$$

式中:(t_1, t_2) 是评估窗,为了提高检测的及时性,应选取有限长度的评估窗。

对于任意设计得到的观测器,输出误差应满足 $\parallel r(t) \parallel_2^2 < \kappa^2 \parallel v(t) \parallel_2^2$,$v(t)$ 代表不确定性和扰动向量,κ 为观测器设计常数,$\kappa > 0$,因此,阈值可以选为 $J_{\text{th}} = \sup\limits_{v \in L_2} \kappa \parallel v(t) \parallel_{\text{RMS}}$。

工程实际中,根据以上解析结果给出的阈值常常比较保守,因为对于不确定性和扰动边界的估计较为保守,即以上阈值的确定是以最坏情况推导出的,所以,实际阈值的选择比理论计算值小,有些情况下,以测试和经验共同确定。

2. 故障检测观测器与故障隔离观测器设计

1) 基于动力学子系统的检测观测器设计

选取角速度为状态变量 $\boldsymbol{x}_1(t) = [\omega_x, \omega_y, \omega_z]^{\text{T}}$,无故障的动力学子系统可以表达为如下所示的状态空间形式:

$$\begin{cases} \dot{\boldsymbol{x}}_1(t) = \boldsymbol{\varPhi}(x_1) + \boldsymbol{B}u_1(t) + \boldsymbol{E}d(t) \\ \boldsymbol{y}_1(t) = \boldsymbol{C}x_1(t) \end{cases} \tag{3-54}$$

式中:$u_1(t)$ 为动力学子系统的输入,$u_1(t) = [M_x, M_y, M_z]^{\text{T}}$;$\boldsymbol{y}_1(t)$ 为动力学子系统的输出,$\boldsymbol{y}_1(t) = [\omega_x, \omega_y, \omega_z]^{\text{T}}$;$d(t)$ 为由于空间环境影响而引起的未知扰动力矩,$\boldsymbol{d}(t) = [T_{dx}, T_{dy}, T_{dz}]^{\text{T}}$;$\boldsymbol{\varPhi}(x_1)$ 为动力学子系统的非线性函数项,且

$$\boldsymbol{\varPhi}(x_1) = \left[\frac{I_y - I_z}{I_x} \omega_y \omega_z \quad \frac{I_z - I_x}{I_y} \omega_z \omega_x \quad \frac{I_x - I_y}{I_z} \omega_x \omega_y \right]^{\text{T}} \tag{3-55}$$

系统的输入矩阵、输出矩阵,以及扰动分布矩阵如下:

$$\boldsymbol{B} = \begin{bmatrix} 1/I_x & 0 & 0 \\ 0 & 1/I_y & 0 \\ 0 & 0 & 1/I_z \end{bmatrix}, \boldsymbol{C} = \begin{bmatrix} 1 & 0 & 0 \\ 0 & 1 & 0 \\ 0 & 0 & 1 \end{bmatrix}, \boldsymbol{E} = \begin{bmatrix} 1/I_x & 0 & 0 \\ 0 & 1/I_y & 0 \\ 0 & 0 & 1/I_z \end{bmatrix} \tag{3-56}$$

由于卫星工作在小角度机动状态下,所以 $\boldsymbol{\Phi}(x_1)$ 是满足利普希茨(Lipschitz)常数为 γ_0 的利普希茨非线性函数,即 $\|\boldsymbol{\Phi}(x_1)-\boldsymbol{\Phi}(\hat{x})\| \leqslant \gamma_0 \|x_1-\hat{x}\|$。

未知扰动 $d(t)$ 是 l_2 范数有界的,即满足 $\|Ed(t)\| \leqslant \eta_d$。

基于动力学子系统状态空间方程(式(3-54)),可设计如下故障检测观测器:

$$\begin{cases} \dot{\hat{\boldsymbol{x}}}_0(t) = \boldsymbol{\Phi}(\hat{x}_0) + Bu_1(t) + H_0(\boldsymbol{y}_1(t) - \hat{\boldsymbol{y}}_0(t)) \\ \hat{\boldsymbol{y}}_0(t) = C\hat{\boldsymbol{x}}_0(t) \end{cases} \tag{3-57}$$

式中:$\hat{\boldsymbol{x}}_0(t)$、$\hat{\boldsymbol{y}}_0(t)$ 分别为状态估计向量和输出估计向量,为此需要设计适当的观测器增益 H_0 使得当系统无故障的情况下,状态估计 $\hat{\boldsymbol{x}}_0(t)$ 收敛于真实状态 $\boldsymbol{x}_1(t)$。定义状态估计误差 $e_0(t) = x_1(t) - \hat{x}_0(t)$,输出估计误差 $\varepsilon_0(t) = y_1(t) - \hat{y}_0(t)$。则可以进一步得到状态估计误差的动态方程为

$$\dot{e}_0(t) = \dot{x}_1(t) - \dot{\hat{x}}_0(t) = -H_0 C e_0(t) + \boldsymbol{\Phi}(x_1) - \boldsymbol{\Phi}(\hat{x}_0) + Ed(t) \tag{3-58}$$

所设计的检测观测器应该对于未知扰动鲁棒稳定,进一步的,可以选取 $\|\varepsilon_0(t)\|_{\mathrm{RMS}}$ 为残差评估函数。以下定理保证了所设计观测器的鲁棒稳定性。

定理 3-1 对于给定的常数 γ_0 和 σ_0,如果存在某常数 $\alpha > 1$、矩阵 S 以及对称正定矩阵 P_0,使得下式成立:

$$(1-\alpha)C^{\mathrm{T}}C + \gamma_0^2 P_0 P_0 + \frac{1}{\sigma_0^2} P_0 E E^{\mathrm{T}} P_0 + I = -S \tag{3-59}$$

则在无扰动和无故障的情况下,系统的状态估计误差一致收敛于零,观测器的增益矩阵可选取为 $H_0 = \frac{1}{2}\alpha P_0^{-1} C^{\mathrm{T}}$,当扰动存在时,输出误差满足 $\|\varepsilon(t)\|_2^2 < \sigma_0^2 \|d(t)\|_2^2$。

2)基于运动学子系统的故障检测观测器设计

选择姿态四元数作为状态变量 $\boldsymbol{x}_2(t) = [q_0, q_1, q_2, q_3]^{\mathrm{T}}$,无故障的姿态运动学模型可以表达为如下所示的状态空间形式:

$$\begin{cases} \dot{\boldsymbol{x}}_2(t) = \boldsymbol{\Psi}(x_2, u_2) \\ \boldsymbol{y}_2(t) = C\boldsymbol{x}_2(t) + \boldsymbol{\eta}(t) \end{cases} \tag{3-60}$$

式中:$\boldsymbol{u}_2(t)$ 为运动学子系统的输入,$\boldsymbol{u}_2(t) = [\omega_x, \omega_y, \omega_z]^{\mathrm{T}}$;$\boldsymbol{y}_2(t)$ 为运动学子系统的输出,$\boldsymbol{y}_2(t) = [q_0, q_1, q_2, q_3]^{\mathrm{T}}$;$\boldsymbol{\eta}(t)$ 为未知干扰向量,代表姿态测量误差,如敏感器安装误差、不对中等;$\boldsymbol{\Psi}(x_2, u_2)$ 为运动学子系统的非线性函数,它是满足常数为 γ_1 的利普希茨函数,即对于任意的 $u_2(t)$,$\|\boldsymbol{\Psi}(x_2, u_2) - \boldsymbol{\Psi}(\hat{x}, u_2)\| \leqslant \gamma_1 \|x_2 - \hat{x}\|$ 成立,且

$$\boldsymbol{\varPsi}(\boldsymbol{x}_2(t),\boldsymbol{u}_2(t))=\begin{bmatrix} -q_1\omega_x-q_2\omega_y-q_3\omega_z \\ q_0\omega_x-q_3\omega_y+q_2\omega_z \\ q_3\omega_x+q_0\omega_y-q_1\omega_z \\ -q_2\omega_x+q_1\omega_y+q_0\omega_z \end{bmatrix} \tag{3-61}$$

基于运动学子系统状态空间方程式（3-48），可以构造如下故障检测观测器：

$$\begin{cases} \dot{\hat{x}}_0(t)=\boldsymbol{\varPsi}(\hat{x}_0,u_2)+\boldsymbol{L}_0(y_2(t)-\hat{y}_0(t)) \\ \hat{y}_0(t)=\boldsymbol{C}\hat{x}_0(t) \end{cases} \tag{3-62}$$

式中：$\hat{x}_0(t)$、$\hat{y}_0(t)$分别为系统的状态估计和输出估计。

设计故障检测观测的增益L_0使得在无故障情况下，$\hat{x}_0(t)$渐近收敛于$x_2(t)$。定义状态估计误差和输出估计误差分别为$\tilde{x}_0(t)=x_2(t)-\hat{x}_0(t)$和$\tilde{y}_0(t)=y_2(t)-\hat{y}_0(t)$。状态估计误差的动态方程为

$$\dot{\tilde{x}}_0(t)=\dot{x}_2(t)-\dot{\hat{x}}_0(t)=-L_0C\tilde{x}_0(t)+\boldsymbol{\varPsi}(x_2,u_2)-\boldsymbol{\varPsi}(\hat{x}_0,u_2)-\boldsymbol{L}_0\eta(t) \tag{3-63}$$

当无故障时，故障检测器观测器应该对于未知干扰向量鲁棒稳定，进一步可以选取$\|\tilde{y}_0(t)\|_{\mathrm{RMS}}$作为残差评估函数，以下定理保证了所设计观测器的鲁棒稳定性。

定理3-2　对于给定常数γ_1和δ_0，如果存在矩阵$\boldsymbol{M}_0$和对称正定矩阵$\boldsymbol{Q}_0$满足

$$\boldsymbol{\varPi}_0=\begin{bmatrix} \boldsymbol{\varLambda}_0+\boldsymbol{C}^\mathrm{T}\boldsymbol{C} & \boldsymbol{C}^\mathrm{T}-\boldsymbol{Q}_0\boldsymbol{L}_0 \\ \cdot & (1-\delta_0^2)\boldsymbol{I} \end{bmatrix}<0 \tag{3-64}$$

$$\boldsymbol{\varLambda}_0=\boldsymbol{M}_0^\mathrm{T}\boldsymbol{Q}_0+\boldsymbol{Q}_0\boldsymbol{M}_0+\gamma_1^2\boldsymbol{Q}_0\boldsymbol{Q}_0+\boldsymbol{I}$$

则当无扰动和故障的情况下，状态估计误差渐近趋向于零。观测器增益矩阵可选为$\boldsymbol{L}_0=-\boldsymbol{M}_0\boldsymbol{C}^{-1}$。当未知干扰向量存在时，输出误差满足$\|\tilde{y}_0(t)\|_2^2<\delta_0^2\|\eta(t)\|_2^2$。

3）基于动力学子系统的故障隔离观测器设计

当执行器发生故障时，动力学系统可以表达为如下的状态空间形式：

$$\begin{cases} \dot{x}_1(t)=\boldsymbol{\varPhi}(x_1)+\boldsymbol{B}u_f(t)+\boldsymbol{E}d(t) \\ y_1(t)=\boldsymbol{C}x_1(t) \end{cases} \tag{3-65}$$

式中：u_f为执行器故障时的输出，$u_f(t)=u_1(t)+f(t)$；$f(t)$为故障向量，$f(t)=[f_1(t),f_2(t),f_3(t)]^\mathrm{T}$，$f_i(t)(i=1,2,3)$为第$i$个执行器的故障函数。

进一步，可得

$$\begin{cases} \dot{x}_1(t) = \boldsymbol{\Phi}(x_1) + \boldsymbol{B}u_1(t) + \boldsymbol{B}_f f(t) + \boldsymbol{E}d(t) \\ y_1(t) = \boldsymbol{C}x_1(t) \end{cases} \quad (3\text{-}66)$$

式中：$\boldsymbol{B}_f$ 为故障分布矩阵，$\boldsymbol{B}_f = \boldsymbol{B} = \mathrm{diag}\{1/I_x, 1/I_y, 1/I_z\}$，将其按列划分，可得 B_f $\triangleq [B_{f1}, B_{f2}, B_{f3}]$。

对于第 i 轴的执行器故障，可以设计一个未知输入观测器，使其对 i 轴的执行器故障解耦。即将第 i 轴的故障作为未知输入，由此可设计三个观测器，相应生成三个残差构成结构化残差集。

带有第 i 轴执行器故障的动力学子系统可以描述为

$$\begin{cases} \dot{x}_1(t) = \boldsymbol{\Phi}(x_1) + \boldsymbol{B}u_1(t) + \boldsymbol{B}_{fi} f_i(t) + \boldsymbol{E}d(t) \\ y_1(t) = \boldsymbol{C}x_1(t) \end{cases} \quad (3\text{-}67)$$

根据上述的动力学子系统状态空间形式，可构造如下故障隔离观测器：

$$\begin{cases} \dot{z}_i(t) = \boldsymbol{F}_i z_i(t) + \boldsymbol{T}_i \boldsymbol{B}u_1(t) + \boldsymbol{T}_i \boldsymbol{\Phi}(\hat{x}_i) + \boldsymbol{H}_i y_1(t) \\ \hat{x}_i(t) = z_i(t) + \boldsymbol{N}_i y_1(t) \end{cases} \quad (3\text{-}68)$$

式中：$\hat{x}_i(t)$ 为状态估计向量；$z_i(t)$ 为观测器的状态向量；$\boldsymbol{F}_i$、$\boldsymbol{T}_i$、$\boldsymbol{H}_i$、$\boldsymbol{N}_i$ 为待设计的矩阵，以保证 $\hat{x}_i(t)$ 渐近收敛于 $x_1(t)$。定义状态估计误差 $e_i(t) = x_1(t) - \hat{x}_i(t)$。输出估计误差 $\varepsilon_i(t) = y_1(t) - \hat{y}_i(t)$。

如果满足

$$\begin{cases} \boldsymbol{T}_i = \boldsymbol{I} - \boldsymbol{N}_i \boldsymbol{C} \\ \boldsymbol{F}_i = \boldsymbol{K}_i \boldsymbol{C} \\ \boldsymbol{H}_i = -\boldsymbol{K}_i(\boldsymbol{I} - \boldsymbol{C}\boldsymbol{N}_i) \end{cases} \quad (3\text{-}69)$$

则状态估计误差的动态方程为

$$\begin{aligned} \dot{e}_i(t) &= \dot{x}_1(t) - \dot{\hat{x}}_i(t) \\ &= (\boldsymbol{F}_i \boldsymbol{N}_i \boldsymbol{C} - \boldsymbol{H}_i \boldsymbol{C})x_1(t) - \boldsymbol{F}_i \hat{x}_i(t) - (\boldsymbol{I} - \boldsymbol{N}_i \boldsymbol{C} - \boldsymbol{T}_i)\boldsymbol{B}u_1(t) + \\ &\quad (\boldsymbol{I} - \boldsymbol{N}_i \boldsymbol{C})\boldsymbol{\Phi}(x_1) - \boldsymbol{T}_i \boldsymbol{\Phi}(\hat{x}_i) + (\boldsymbol{I} - \boldsymbol{N}_i \boldsymbol{C})\boldsymbol{B}_{fi} f_i(t) + (\boldsymbol{I} - \boldsymbol{N}_i \boldsymbol{C})\boldsymbol{E}d(t) \\ &= \boldsymbol{F}_i e_i(t) + \boldsymbol{T}_i(\boldsymbol{\Phi}(x_1) - \boldsymbol{\Phi}(\hat{x}_i)) + \boldsymbol{T}_i \boldsymbol{B}_{fi} f_i(t) + \boldsymbol{T}_i \boldsymbol{E}d(t) \end{aligned}$$

$$(3\text{-}70)$$

可知，矩阵 $\boldsymbol{N}_i$ 和 $\boldsymbol{F}_i$ 一旦确定，则其他的矩阵可通过式（3-69）计算得到。此外，为了使生成的残差信号对第 i 轴故障解耦，需要满足如下的约束条件：$\boldsymbol{T}_i \boldsymbol{B}_{fi} = 0$ 且 $\boldsymbol{T}_i \boldsymbol{B}_{fj} \neq 0 (j \neq i)$。

这样，可以据此设计矩阵 $\boldsymbol{N}_i$，再得到 $\boldsymbol{T}_i$。

定理 3-3 对于给定的常数 γ_0 和 σ_i，如果存在矩阵 $\boldsymbol{F}_i$ 和对称正定矩阵 $\boldsymbol{P}_i$，使得

$$\begin{cases} \boldsymbol{\Xi} = \begin{bmatrix} \boldsymbol{\Delta} + \boldsymbol{C}^{\mathrm{T}}\boldsymbol{C} & \boldsymbol{P}_i\boldsymbol{T}_i\boldsymbol{E} \\ \cdot & -\sigma_i^2\boldsymbol{I} \end{bmatrix} < 0 \\ \boldsymbol{\Delta} = \boldsymbol{F}_i^{\mathrm{T}}\boldsymbol{P}_i + \boldsymbol{P}_i\boldsymbol{F}_i + \gamma_0^2\boldsymbol{P}_i\boldsymbol{T}_i\boldsymbol{T}_i^{\mathrm{T}}\boldsymbol{P}_i + \boldsymbol{I} \end{cases} \tag{3-71}$$

成立,则基于第 i 轴执行器故障设计的隔离观测器对该执行器故障不敏感。即当系统无扰动时,状态估计误差一致趋近于零;当扰动存在时,输出误差有界,并且 $\|\varepsilon_i(t)\|_{\mathrm{RMS}}$ 可以作为残差评估函数。

4) 基于运动学子系统的隔离观测器设计

如果角速度敏感器发生故障,则运动学子系统可以表达为如下形式:

$$\begin{cases} \dot{x}_2(t) = \boldsymbol{\Psi}(x_2, u_2) + g(t, x_2, u_2) \\ y_2(t) = Cx_2(t) + \eta(t) \end{cases} \tag{3-72}$$

其中,未知函数 $g(t, x_2, u_2)$ 表达了由陀螺异常所引起的故障项。所有可能的故障可以构成相应的故障集合,记作 $F \triangleq \{g_1(t, x_2, u_2), \cdots, g_N(t, x_2, u_2)\}$,集合中的每一个故障函数 $g_s(t, x_2, u_2)(s=1, \cdots, N)$ 代表某一陀螺故障,其可以描述成 $g_s(t, x_2, u_2) = \psi_s(x_2, u_2)\theta_s$ 形式,其中,$\psi_s(x_2, u_2)$ 为故障的结构函数,θ_s 为故障参数,有界且缓变。

对于陀螺的常值漂移故障,其故障集合 $F \triangleq \{g_1(t, x_2, u_2), g_2(t, x_2, u_2), g_3(t, x_2, u_2)\}$,其中:

$g_1(t, x_2, u_2) = \psi_1(x_2, u_2)\theta_1$,$\boldsymbol{\psi}_1 = [-q_1, q_0, q_3, -q_2]^{\mathrm{T}}$ 代表 X 轴陀螺故障;

$g_2(t, x_2, u_2) = \psi_2(x_2, u_2)\theta_2$,$\boldsymbol{\psi}_2 = [-q_2, -q_3, q_0, q_1]^{\mathrm{T}}$ 代表 Y 轴陀螺故障;

$g_3(t, x_2, u_2) = \psi_3(x_2, u_2)\theta_3$,$\boldsymbol{\psi}_3 = [-q_3, q_2, -q_1, q_0]^{\mathrm{T}}$ 代表 Z 轴陀螺故障;

故障结构函数 $\psi_i(x_2, u_2)(i=1,2,3)$ 是满足常数为 γ_{2i} 的利普希茨非线性函数,即

$$\|\psi_i(x_2, u_2) - \psi_i(\hat{x}, u_2)\| \leqslant \gamma_{2i}\|x_2 - \hat{x}\| \tag{3-73}$$

$\theta_i(i=1,2,3)$ 为相应的 X、Y、Z 轴陀螺所发生的常值漂移故障大小,且满足 $\|\theta_i\| \leqslant \gamma_{3i}$ 和 $\dot{\theta}_i = 0$。

基于运动学子系统的状态空间模型,可构造非线性的自适应观测器如下:

$$\begin{cases} \dot{\hat{x}}_i = \boldsymbol{\Psi}(\hat{x}_i, u_2) + \psi_i(\hat{x}_i, u_2)\hat{\theta}_i + \boldsymbol{L}_i(y_2 - \hat{y}_i) \\ \dot{\hat{\theta}}_i = -2\alpha_i h_i(\hat{x}_i, u_2)^{\mathrm{T}}(y_2 - \hat{y}_i) \\ \hat{y}_i(t) = \boldsymbol{C}\hat{x}_i(t) \end{cases} \tag{3-74}$$

状态估计和输出估计分别记为 $\hat{x}_i(t)$ 和 $\hat{y}_i(t)$,$\boldsymbol{L}_i$ 为观测器的增益矩阵,$\hat{\boldsymbol{\theta}}_i(t)$ 为故障参数的估计,标量 $\alpha_i > 0$。

定义状态估计误差 $\tilde{x}_i(t)=x_2(t)-\hat{x}_i(t)$ ，故障参数的估计误差 $\tilde{\theta}_i(t)=\theta_i(t)-\hat{\theta}_i(t)$ ，输出估计误差 $\hat{y}_i(t)=y_2(t)-\hat{y}_i(t)$ ，则

$$\dot{\tilde{x}}_i(t)=\dot{x}_2(t)-\dot{\hat{x}}_i(t)$$

$$=\boldsymbol{\Psi}(x_2,u_2)-\boldsymbol{\Psi}(\hat{x}_i,u_2)+\psi_i(x_2,u_2)\theta_i-\psi_i(\hat{x}_i,u_2)\hat{\theta}_i-L_iC(x_2(t)-\hat{x}_i(t))-L_i\eta(t)$$

$$=-L_iC\tilde{x}_i(t)+\tilde{\boldsymbol{\Psi}}_i(x_2,u_2)+\tilde{\psi}_i\theta_i+\hat{\psi}_i\tilde{\theta}_i-L_i\eta(t)$$

$$(3-75)$$

式中

$$\tilde{\boldsymbol{\Psi}}_i=\boldsymbol{\Psi}(x_2,u_2)-\boldsymbol{\Psi}(\hat{x}_i,u_2)\ ,\tilde{\psi}_i=\psi_i(x_2,u_2)-\psi_i(\hat{x}_i,u_2)\ ,\hat{\psi}_i=\psi_i(\hat{x}_i,u_2)$$

定理3-4 如果以下条件成立：

（1）对于任意给定常数 γ 和 δ_i ，存在矩阵 $\boldsymbol{M}_i$ 和对称正定矩阵 $\boldsymbol{Q}_i$ 使得下式成立，即

$$\begin{cases}\boldsymbol{\Pi}_i=\begin{bmatrix}\boldsymbol{\Lambda}_i+\boldsymbol{C}^{\mathrm{T}}\boldsymbol{C} & \boldsymbol{C}^{\mathrm{T}}-\boldsymbol{Q}_i\boldsymbol{L}_i\\ \cdot & (1-\delta_i^2)\boldsymbol{I}\end{bmatrix}<0\\ \boldsymbol{\Lambda}_i=\boldsymbol{M}_i^{\mathrm{T}}\boldsymbol{Q}_i+\boldsymbol{Q}_i\boldsymbol{M}_i+\gamma_i^2\boldsymbol{Q}_i\boldsymbol{Q}_i+\boldsymbol{I}\end{cases}$$

$$(3-76)$$

式中： $\gamma_i=\gamma_1+\gamma_{2i}\gamma_{3i}$ 。

（2）存在函数 $h(x,u)$ 使得下式成立，即

$$Q_i\psi_i(x,u)=C^{\mathrm{T}}h_i(x,u)$$

$$(3-77)$$

则基于相应陀螺故障所设计的自适应观测器满足其状态估计误差在无扰动情况下渐近趋于零，故障参数估计趋于真实故障大小。当扰动存在时，观测器鲁棒稳定，其输出误差有界。所设计的观测器增益矩阵可取为 $\boldsymbol{L}_i=-\boldsymbol{M}_i\boldsymbol{C}^{-1}$ ，残差评估函数可选为 $\|\tilde{y}_i(t)\|_{\mathrm{RMS}}$ 。

3.4.3 仿真验证

将3.4.2节中的卫星姿控系统故障隔离策略应用于卫星姿态控制系统，根据设计的故障检测观测器和隔离观测器仿真验证该策略的有效性。相应的仿真参数如下：

卫星惯量矩阵： $I_b=\begin{bmatrix}930 & 0 & 0\\ 0 & 800 & 0\\ 0 & 0 & 1070\end{bmatrix}\mathrm{kg}\cdot\mathrm{m}^2$ ；

飞轮最大驱动力矩： $0.1\mathrm{N}\cdot\mathrm{m}$ ；

飞轮最大角动量： $H_{\max}=3.9898\mathrm{N}\cdot\mathrm{m}\cdot\mathrm{s}$ ；

飞轮惯量矩阵： $J=1.27\times10^{-2}\mathrm{I}_{3\times3}\mathrm{kg}\cdot\mathrm{m}$ ；

初始姿态：$Q(0) = [0.504, -0.504, -0.496, 0.496]^T$；

初始姿态角速度：$\omega(0) = [0, 0, 7.3]^T \times 10^{-5} \text{rad/s}$；

控制器参数：$K_p = [40, 40, 40]$，$K_d = [1000, 1000, 1000]$；

干扰力矩：$T_d = [A_x \sin\omega_0 t, A_y \sin\omega_0 t, A_z \sin\omega_0 t]^T$

其中，$A_x = 1.4 \times 10^{-5} \text{N} \cdot \text{m}$，$A_y = 1.5 \times 10^{-5} \text{N} \cdot \text{m}$，$A_z = 1.6 \times 10^{-5} \text{N} \cdot \text{m}$ 分别为各轴干扰力矩的幅值。

首先，验证第一阶段所设计的两个故障检测观测器对于故障机构的检测能力。当系统不发生故障时，相应故障检测观测器的残差评估曲线如图 3-28 所示，其中两个检测观测器的阈值分别选取为 $\overline{\varepsilon_1} = 1 \times 10^{-7}$ 和 $\overline{\varepsilon_2} = 4 \times 10^{-5}$。从图中可以看出残差评估曲线均不为零，这是由于扰动和敏感器的测量不确定性所引起的。

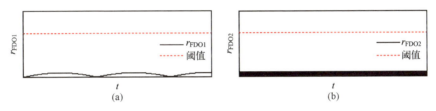

图 3-28　无故障情况下的故障检测结果

以下故障案例 1～3 中分别考虑了执行器故障、陀螺故障以及星敏感器故障时，两个故障检测观测器的仿真结果。

故障案例 1：假设执行器在 200s 时发生失效故障，执行器不响应控制指令，其输出的控制力矩为 0，相应的数学描述为

$$u_{\text{true}}(t) = \begin{cases} u_{\text{cmd}}(t), & t < 200\text{s} \\ 0, & t \geqslant 200\text{s} \end{cases} \tag{3-78}$$

图 3-29 为 X 轴执行器出现上述故障后，两个故障检测观测器的残差评估曲线。从图中可见，只有检测观测器 FDO1 对该故障敏感，其残差评估曲线超出阈值，所以，根据故障检测逻辑可以判定为执行器发生了故障。

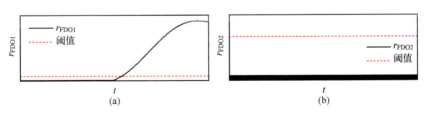

图 3-29　故障案例 1 情况下的故障检测结果

On-Orbit Satellite Fault Diagnosis Technology and Application

故障案例 2：假设陀螺在 200s 时发生故障，陀螺卡在某特定位置，其输出变为零，相应的数学描述为

$$y_s(t) = \begin{cases} y_a(t) & (t < 200\text{s}) \\ 0 & (t \geq 200\text{s}) \end{cases} \tag{3-79}$$

当 Y 轴陀螺发生上述故障时，两个故障检测观测器的仿真结果如图 3-30 所示。从图中可以看出，两个残差评估曲线均超出阈值，即检测观测器 FDO1 和 FDO2 都敏感此故障，所以由故障检测逻辑可知陀螺组件发生了故障。

故障案例 3：假设星敏感器由于某种原因发生丢失信号故障，引起姿态丢失。当 $t = 200\text{s}$ 发生此故障时，其输出变为 $\boldsymbol{Q} = [1,0,0,0]^{\text{T}}$，相应仿真结果如图 3-31 所示。从图中可见，只有检测观测器 FDO2 的残差评估曲线由于故障的影响而超出阈值，因此判断为星敏感器故障。

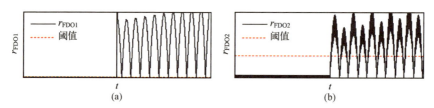

图 3-30　故障案例 2 情况下的故障检测结果

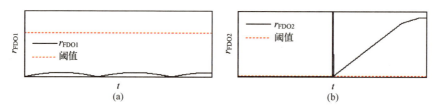

图 3-31　故障案例 3 情况下的故障检测结果

从上面三个案例可知，第一阶段的两个检测观测器能够有效区分故障的机构。以下进一步选取其他典型故障，仿真分析整个隔离框架的工作情况。

根据 3.4.3 节设计非线性未知输入观测器组 FIO1 和自适应观测器组 FIO2，FIO1 和 FIO2 的阈值分别确定为 3×10^{-7} 和 3×10^{-5}。该阈值是根据无故障情况下的仿真结果进行确定的，阈值选取小将减少漏检率，但会增大故障误报警，反之亦然。为保证检查的可靠性，当残差持续超过阈值一段时间后，确认故障发生，以此减少误报。本部分选取 1s 作为残差超过阈值的故障确认时间。确认发生故障的机构后，激活相应的隔离观测器组 FIO1 或 FIO2。

故障案例 4：当执行器发生锁死故障时，执行器的输出固定在特定值，不响应控制指令，其数学描述为

$$u_{\text{true}}(t) = \begin{cases} u_{\text{cmd}}(t) & (t < t_{\text{F}}) \\ u_{\text{cmd}}(t_{\text{F}}) & (t \geqslant t_{\text{F}}) \end{cases} \tag{3-80}$$

假定 Y 轴执行器在 $t_{\text{F}} = 200\text{s}$ 时发生此故障,相应的检测观测器仿真结果如图 3-32 所示。由于只有检测观测器 FDO1 的残差评估曲线超出阈值,因此根据故障检测逻辑可知,在 $t_{\text{D}} = 200.9\text{s}$ 时发生了执行机构故障。确认故障后,激活故障隔离观测器组 FIO1,相应的三个观测器残差评估曲线如图 3-33 所示。由于只有 FIO2-2 的曲线在阈值之下,所以根据广义残差集策略,确定为 Y 轴执行器故障。

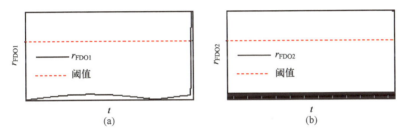

图 3-32　故障案例 4 情况下的故障检测结果

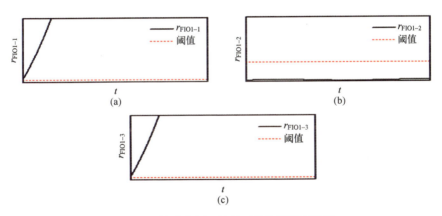

图 3-33　故障案例 4 情况下的故障隔离结果

故障案例 5:假设 Z 轴陀螺在 $t_{\text{F}} = 200\text{s}$ 时发生常值漂移故障,其数学描述为

$$y_{\text{s}}(t) = \begin{cases} y_{\text{a}}(t) & (t < t_{\text{F}}) \\ y_{\text{a}}(t) + y_{\text{f}} & (t \geqslant t_{\text{F}}) \end{cases} \tag{3-81}$$

其中故障大小 $y_{\text{f}} = 0.001$,相应的仿真结果如图 3-34 所示。从图中可以看出,检测观测器 FDO1 和 FDO2 的残差评估曲线均超出阈值,所以根据故障检测逻辑可以首先确认陀螺组件在 $t_{\text{D}} = 200.1\text{s}$ 时发生了故障,随后激活 FIO2,相应的仿真结果如图 3-35 所示。根据所给出的自适应观测器组 FIO2 的三个残差评估

曲线可知,FIO2-1 和 FIO2-2 的曲线均超出阈值,而 FIO2-3 的曲线逐渐收敛于阈值之下,表明 FIO2-3 匹配当前故障,即 Z 轴陀螺发生常值漂移故障,相应的故障估计由 FIO2-3 的参数估计项给出,如图 3-36 所示,从图中可以看出故障估计值逐渐趋向于故障真值(即曲线收敛位置、故障真值在图中隐去具体权值)。

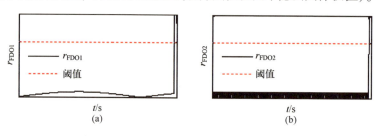

图 3-34 故障案例 5 情况下的故障检测结果

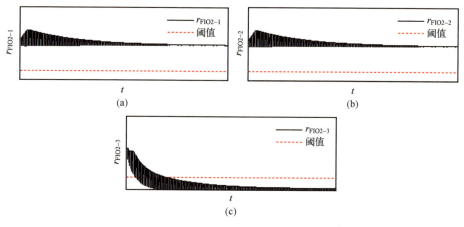

图 3-35 故障案例 5 情况下的故障隔离结果

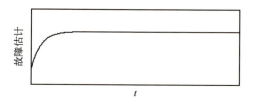

图 3-36 故障估计结果

参 考 文 献

[1] Cordier M O, Dague P, Lévy F, et al. Conflicts versus analytical redundancy relations: a comparative

analysis of the model based diagnosis approach from the artificial intelligence and automatic control perspectives[J]. Systems, Man, and Cybernetics, Part B: Cybernetics, IEEE Transactions on, 2004, 34(5): 2163-2177.

[2] Pulido B, González C A. Possible conflicts: A compilation technique for consistency-based diagnosis[J]. Systems, Man, and Cybernetics, Part B: Cybernetics, IEEE Transactions on, 2004, 34(5): 2192-2206.

[3] Fijany A, Vatan F. Method for generating a minimum set of analytical redundancy relations for the diagnosis of systems: U. S. Patent 8, 521, 487[P]. 2013-08-27.

[4] Fijany A, Vatan F. Method for the generation of analytical redundancy relations for system diagnostics: U. S. Patent 8, 775, 124[P]. 2014-07-08.

[5] 管桦, 魏瑞轩. 一种用于传感器故障检测的改进残差检验法[J]. 空军工程大学学报, 2005, 6(3): 26-27.

[6] 邱恺, 吴训忠, 魏瑞轩, 等. 基于卡尔曼滤波的状态 χ^2 检验法应用条件分析[J]. 控制与决策, 2005-11(11): 1296-1298.

[7] 崔北鹏. 斜置陀螺惯导系统的故障诊断方法研究[J]. 电子质量, 2015(12): 1-4.

[8] Gao C, Zhao Q, Duan G. Robust actuator fault diagnosis scheme for satellite attitude control systems[J]. Journal of the Franklin Institute, 2013, 350(9): 2560-2580.

[9] Zhang J, Swain A K, Nguang S K. Robust sensor fault estimation scheme for satellite attitude control systems[J]. Journal of the Franklin Institute, 2013, 350(9): 2581-2604.

[10] Zhang H G, Quan Y B Modeling, identification, and control of a class of nonlinear systems[J]. Fuzzy Systems, IEEE Transactions on, 2001, 9(2): 349-354.

[11] Nejjari F, Puig V, Giancristofaro L, et al. Extended Luenberger observer-based fault detection for an activated sludge process[C]. Proceedings of the 17th IFAC World Congress, Seoul, Korea, 2008: 6-11.

[12] Chen W, Saif M. Fault detection and isolation based on novel unknown input observer design[C]. Proceedings of the American Control Conference, 2006: 5129-5134.

[13] Zhang K, Jiang B, Cocquempot V. Adaptive observer-based fast fault estimation[J]. International Journal of Control Automation and Systems, 2008, 6(3): 320-326.

[14] Shahriari-kahkeshi M, Sheikholeslam F, Askari J. Adaptive fault detection and estimation scheme for a class of uncertain nonlinear systems[J]. Nonlinear Dynamics, 2015, 79(4): 2623-2637.

第4章 基于定性模型的卫星在轨故障诊断

4.1 概　述

　　基于定性模型的诊断方法利用系统的结构、行为和功能等方面的知识对系统进行诊断推理,需要建立系统的结构、行为或功能模型。Davis 发表的"基于结构与行为的诊断推理"及 Reiter 的"基于第一定律的诊断理论"奠定了基于定性模型诊断的理论体系。Kleer 和 Williams 运用 ATMS 对多故障问题进行了研究。其后,Williams 对系统的定性模型建立方法及基于定性模型的推理算法进行了深入的研究,取得了较多的研究成果。

　　基于定性模型诊断的基本思想是,利用系统内部结构、行为或功能模型来预测系统行为,并将这些模型预测值与系统观测值进行比较。如果预测值与观测值一致,则说明系统工作正常;如果预测值与观测值不一致,则利用差异来搜索可使预测模型与观测值相一致的各种可能行为的状态假设,这些状态假设是基于定性模型诊断中的诊断解。图 4-1 是基于定性模型诊断的基本流程图。

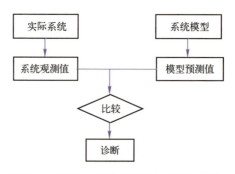

图 4-1　基于定性模型诊断的基本流程图

4.1.1　定性和定量诊断方法的区别

　　定性模型诊断方法不同于定量模型诊断方法,主要区别如下:

（1）数学模型不同。定量模型诊断方法中使用的是定量物理模型,物理量之间的关系用代数方程、微分方程等精确描述,系统的因果关系必须在模型外由人来给出。而在定性方法中使用的是定性物理模型,物理量之间的关系用定性约束、定性进程等描述,系统的因果关系体现在模型之中。

（2）物理量度量尺度不同。在定量方法中,物理量用精确的数值表示。在定性方法中,物理量的度量尺度是被路标值离散化的实空间。

（3）仿真过程和仿真结果不同。在定量方法中,仿真的过程就是求解代数方程或微分方程的过程,仿真的结果是精确的物理量数值。在定性方法中,仿真是通过局部传播实现的,仿真的结果是系统的行为描述,能完成系统的行为预测与行为解释。

（4）推理能力不同。在定量方法中,物理量之间的关系都是精确描述的,模型本身不具备推理能力,系统的行为分析和因果解释必须由人来完成。在定性方法中,因果关系直接反映在系统的结构描述中,通过局部传播就能实现系统的行为预测和行为解释。

定性方法和定量方法虽然在本质上有所不同,但都是对实际系统的结构和行为进行描述与分析。传统的定量方法能给出精确描述,但不具备推理能力。定性方法具备推理能力,能表达系统中的因果关系,在较高层次上给出系统的宏观描述。

4.1.2　定性故障诊断方法简介

美国德州大学的 Kuipers 是较早进行定性建模和定性仿真工作的,他于1986 年在人工智能杂志上发表了题为“定性仿真”的论文,为定性建模和定性仿真奠定了很好的研究与应用基础。Kuipers 的方法总结了前人的思想,并以严格的形式定义了定性仿真的算法。它是一种面向约束的方法,从一个定性约束集和一个初始状态出发,预测系统未来所有可能的行为,作为微分方程的抽象,定性仿真有着精确的数学语义。系统的定性仿真是从已知的系统结构和一个初始状态出发产生一个有向图（Signed Directed Graph,SDG）。该有向图由系统未来可能的状态和状态之间的直接后继关系组成,系统的行为就是有向图中从初始状态出发的一条路径。

基于定性模型诊断的应用中最有代表性的是 NASA 的 DS-1 中采用的 Livingstone 系统,它是一个基于模型的诊断系统,与自主规划器和执行器相结合,可实现系统的在线自主诊断和重配置。Livingstone 采用命题逻辑语言来描述模型,把组件描述为有限状态机而扩展了基于模型诊断的思想。

定性模型方法可分为因果图法、故障树（FT）法和定性物理法等。基于模型的推理从机制的定性描述和初始状态出发,产生可能行为的定性描述。

1. 因果图法

定性方法中引入因果关系主要是为了定性解释,即通过推理步骤来解释行为,并且主要是状态间行为。引入因果关系的好处在于:①其描述了系统如何产生其行为,说明了系统部件间的作用,可直接用于诊断;②利用因果关系,可以揭示系统行为的更多信息;③因果关系作为一种系统理解的通用性模式,可用来解释系统。

系统间的因果关系可描述为符号有向图的形式,节点间的有向边表示由原因节点到结果节点。SDG 为图形化描述定性模型提供了非常有效的方法,已经大量应用于故障诊断领域。Iri 等最先把 SDG 用于故障诊断中,并总结出了因果图。Umeda 总结了如何从系统的微分代数公式中得到 SDG;Shiozaki 解决了SDG 描述中的条件依赖性问题。利用 SDG 的基于规则的方法也由 Kramer 引入到故障诊断中。

2. 基于故障树的方法

故障树是产品设计过程中可靠性分析的重要工具。Weisbin 等提出了一种基于故障树的故障诊断方法,该方法通过计算故障树中底事件的最小割集来对系统设计中的薄弱环节进行分析。1987 年,Narayanan 等系统地总结了各种基于故障树的诊断方法,并将故障树看作是一种知识表示方式,以此将各种诊断知识融合在一起。

故障树描述的是一种事件之间的因果关系,而每一个事件代表了一种可能发生的故障,将这种因果关系使用树形结构的方式表示出来就成为一个故障树。在故障树中以最不希望发生的事件作为顶事件,并根据顶事件的发生作为触发分析过程的条件,按照各个节点或事件之间的因果关系向下搜索,找到产生顶事件的原因。故障树可以在系统的设计阶段对其可靠性进行分析,同样也可以在故障发生时起到快速定位的作用。

基于故障树的方法的优点:故障树的建立和修改方便;基于故障树的推理过程效率很高。其缺点:故障树中所描述的知识是系统可能发生的故障模式,因此故障树的建立依赖于事先对故障的分析结果,并且直接决定了其诊断的准确性。

3. 定性物理法

定性物理方法对诊断知识的描述主要分为两种:一种是从系统的微分方程获得定性微分方程,这种方式通过定性变量之间的相互影响关系来传递变量之间相互作用的结果,这种作用关系包括连接关系、逻辑关系等,定性微分方程的推理或解算过程与数值微分方程类似,所不同的是数值方程中是严格地按照各种数学运算符进行的,而定性微分方程是按照定性约束关系进行的。另一种是采用定性仿真的方式利用系统运行中的各个定性事件之间的关联关系进行推理,它根据系统状态的传递或转移路径来推进系统的行为,这种转移方式需要根据系统实际运行的约束关系或状态转移条件,如因果关系、阈值关系等来建立。两种方式相比较,第一种方式适用于描述系统的稳态行为,第二种方式更适用于描述系统的动态行为。

基于定性物理的方法的优点:不需要精确的数学模型,而只需要各个变量之间的定性关系便可以推理系统的行为,这一点对于复杂系统来说是非常重要的;虽然不采用精确的数值关系描述系统,但是推理过程是根据变量之间关系进行的,仍然能够得到每一时刻系统的行为,综合了定性和定量两种方式的特点。其缺点:需要事先分析系统以及各个变量之间的定性关系,而这种定性关系可能需要通过实验反复地进行修正,如定性变量的阈值确定。

4.1.3 实施步骤

基于定性模型的故障诊断的实施步骤如下(图4-2):

(1)根据系统结构、组件功能及组件间的连接关系(或参数间的依赖关系),建立诊断对象的结构、行为或功能模型。

(2)根据系统模型和系统输入,通过定性推理技术推导出系统在正常情况下的预测行为,并将其与系统实际测量行为比较,获取系统的异常征兆。

(3)利用上述异常征兆,在系统模型中搜索各种可能行为的状态假设,使得模型的预测行为与系统的实际行为相一致,将每一个偏离正常行为的状态假设视为系统的故障源。

(4)利用定性推理技术,确定引发故障的部件(或异常参数)集合,得出诊断结果。

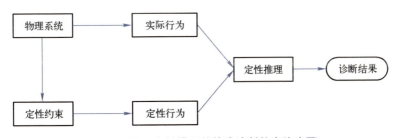

图4-2 基于定性模型的故障诊断的实施步骤

4.2 典型定性模型建模方法

4.2.1 基于故障树的建模方法

1. 故障树建模的基本原理

故障树模型是描述诊断对象结构、功能和关系的一种定性因果模型。通常把最不希望发生的故障作为顶事件,把不能再分解的基本故障作为底事件,把介于顶事件和底事件之间的一切事件作为中间事件。用相应的符号代表这些事件,再用适当的逻辑门(与门和或门)把这些事件连接成树状图,这种倒立的树状图形称为故障树。故障树是一种能体现故障传播关系的逻辑关系图。它以简单的方式对包含系统硬件、软件、人为因素等引起系统异常发生的原因,系统中故障的传递及故障的危害等问题进行全面的描述,反映了系统故障与导致系统故障的各种因素之间的逻辑关系,是分析系统发生故障的各种途径的一种有效的手段。

故障树中的符号有事件符号和逻辑符号两类。

(1)顶事件:分析系统不希望发生的事件,它位于故障树的顶端,因此它总是逻辑门的输出而不可能是任何逻辑门的输入。通常在故障树中顶事件用"矩形"符号表示。

(2)中间事件:除了顶事件外的其他结果事件,它位于顶事件和底事件之间,它既是某个逻辑门的输出事件,又是另一个逻辑门的输入事件。在故障树中,中间事件通常也用"矩形"符号表示。

(3)底事件:位于故障树底部的事件,它总是所讨论故障树中某个逻辑门的输入事件,它在故障树中不进一步往下发展。在故障树中,底事件通常用"圆形"符号表示。

(4)基本事件:已经探明或尚未探明但必须进一步探明其发生原因的底事件,基本部件故障或人为失误、环境因素等均属于基本事件。

(5)或门:表示所有输入事件中,至少有一个输入事件发生时,门的输出事件发生。当故障树中 n 个底事件由或门相连接时,等同于逻辑图中的 n 个单元串联。

(6)与门:表示仅当所有输入事件同时发生,门的输出事件才发生。当故障树中 n 个底事件由与门连接,等同于逻辑图中的 n 个单元并联。

(7)异或门:表示或门中输入事件是互斥的,即当单个输入事件发生时,其他都不发生,则输出事件才发生。

故障树形式如图4-3所示,其具有以下特征:

(1) 每一个节点代表系统的一个部件状态或故障征兆。

(2) 父、子节点之间的关系代表了故障传递结构的层次关系。当父节点的逻辑门为"与"时,表示其所有子节点发生故障,将导致父节点发生故障;当父节点的逻辑门为"或"时,表示其任何子节点发生故障,都将导致父节点发生故障。每个叶节点均带有对其父节点的影响值,即叶节点发生故障后,导致父节点发生故障的可能性。

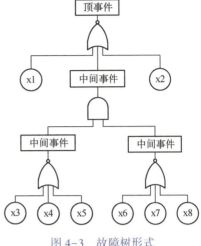

图4-3　故障树形式

(3) 子节点是父节点发生故障的原因,叶节点是所有故障发生的最终原因,父节点是子节点发生故障后可能导致的后果,根节点是所有故障发生后可能导致的最终后果。

2. 故障树建模的技术方法

建立故障树是基于故障树诊断推理的关键,故障树建立的完善程度将直接影响诊断的准确性。建立故障树步骤如下:

(1) 系统分析,判明故障。在对系统进行故障树分析之前,首先应对系统的功能、结构、原理、故障状态、故障源及其影响等做深刻透彻的了解,收集有关系统的技术资料,这是建树的基础工作。

(2) 确定顶事件。顶事件通常是指系统不希望发生的故障事件。为了能够进行分析,顶事件必须有明确的定义,能够定量评定,而且能进一步分解出它发生的原因。

(3) 构造发展故障树。通常采用演绎法建立故障树。该方法先选定系统中最不希望发生的故障事件为顶事件,其后第一步是找出直接导致顶事件发生的各种可能因素或因素组合,第二步找出第一步中各因素的直接原因,遵循此方法逐级向下演绎,一直追溯到引起系统发生故障的全部原因,即分析到不需要继续分析原因的底事件为止。然后,把各级事件用相应的符号和适合于它们之间逻辑关系的逻辑门与顶端事件相连接,就建成了一棵以顶事件为根、中间事件为节、底事件为叶的具有若干级的倒置故障树。

(4) 简化故障树。当故障树建成后,还必须从故障树的最下一级开始,逐级写出上级事件与下级事件的逻辑关系式,直到顶事件为止。并结合逻辑运算法做进一步分析运算,删除多余的事件。

On-Orbit Satellite Fault Diagnosis Technology and Application

3. 基于故障树建模的实例验证

以卫星电源典型故障案例为研究对象,对其所发生的蓄电池容量报警故障进行故障树建模方法的分析与验证;在对真实故障情况进行深入分析基础上,根据故障树建模方法,建立卫星电源氢镍蓄电池容量报警故障树,并通过对故障树的分析定位产生故障的可能原因。

1) 故障背景

某卫星出现了电源分系统氢镍蓄电池容量报警现象,监测当时氢镍蓄电池的氢压和容量,氢镍蓄电池组电量达到电源分系统氢镍蓄电池容量报警条件并向星务发送报警信号。

2) 数据分析处理

对蓄电池电量进行充放电比例分析,图 4-4(a)为蓄电池电量的充放电时间标注曲线,该曲线反映了蓄电池每次的充放电情况,红色标记点为每次充放电截止时刻的电量。图 4-4(b)为图 4-4(a)X 轴局部放大。

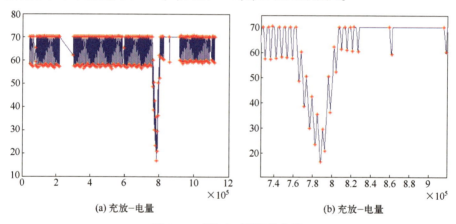

(a) 充放-电量　　　　　　　　(b) 充放-电量

图 4-4　充放电时间标注曲线

为进一步分析故障产生的根源,需对卫星供电系统的其他相关的部件进行深度分析。内容包括对充电时间段和放电时间段、蓄电池放电电量、太阳能电池提供电量以及负载消耗的电量进行联合分析。

图 4-5 为负载电流、太阳电池阵电流、蓄电池充放电电流的联合分析图。

绿色线—平台母线电流(负载电流);黑色、紫色—太阳电池阵电流;蓝色线—充电电流;红色线—电池电量。

3) 故障原因分析

从时间序列分析可以看出,在故障初期,由于负载加大,太阳能电池供电没有增加,导致这部分载荷由蓄电池提供。但供电结束后的充电过程并没有补充足够的电量,导致蓄电池欠充。每次约少 10A·h,累计数次欠充,最后引发电池容量报警。

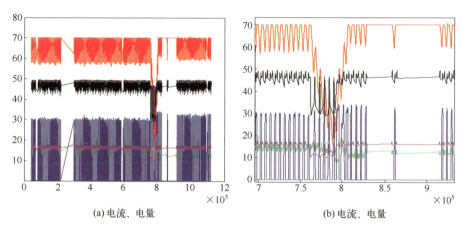

(a)电流、电量　　　　　　　　　　(b)电流、电量

图 4-5　电源系统电量变化

故障原因:① 蓄电池充电故障;② 太阳能电池供电不足导致蓄电池过放;③ 载荷使用过度。

需要进一步分析的包括 MEA 信号、太阳阵电流、负载功耗、分流器电流、充放电比率、分流调节器等。

4) 故障树建立

(1) 卫星供配电分系统的结构分析。考虑如图 4-6 所示的卫星供配电分系统的结构,该一次电源子系统包括太阳电池阵、氢镍蓄电池组(BAT)、蓄电池组连接继电器盒电源控制装置。电源控制装置包括分流调节器(SR)、充电调节器(BCR)、放电调节器(BDR)和误差放大器(MEA)等,DBU 为配电箱、L1 为负载。太阳电池阵提供卫星电能;分流调节器依据误差放大器状态,对太阳电池阵输出电流进行分流,达到调节母线电压的目的;氢镍蓄电池组为储能装置,当太阳电池不能提供电能或提供的电能不能满足负载的需要时,由蓄电池组提供电能,在光照区由太阳电池为其补充电能;充电调节模块根据蓄电池组内电能多少控制对其充电的电流;放电调节模块根据负载的需求控制蓄电池的放电电流;误差放大器通过实际电压与基准电压比较,产生电源控制信号。

光照期,太阳电池阵进行光电转化,提供卫星电能,向负载供电并给蓄电池组充电;地影期,由蓄电池组提供负载功率。电源控制装置处理太阳电池阵的输出功率、实施母线电压调节、对蓄电池组进行充放电控制。电源控制器根据汇流条电压来反馈控制分流调节器、充电调节器和放电调节器工作,分流调节器以开关方式工作,通过调节导通比来调节太阳电池供电阵的输出功率。

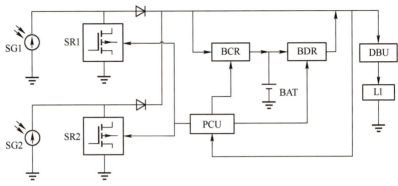

图 4-6　卫星供配电分系统结构

（2）氢镍蓄电池容量报警故障树。根据以上系统的组成和分析建立如图 4-7 所示的氢镍蓄电池容量报警故障树，以氢镍蓄电池容量报警作为顶事件，对其可能的故障原因进行分析。该容量报警可能是电池自身故障引起的，也可能由充放电异常所致，即充电不足或者过度放电，为此，进一步分析电池充电不足以及过度放电的原因。如果太阳电池阵异常，则提供卫星的总电能下降，将导致蓄电池不能得到及时充电，或者充电管理的相关元器件异常而导致没有及时给蓄电池充电。另外，负载的异常增大，配电箱的故障，以及放电调节器的故障都可能导致电池的过度放电，进而引起电池容量报警。

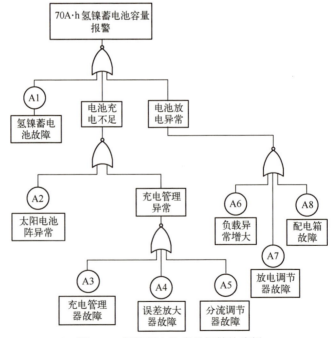

图 4-7　氢镍蓄电池容量报警故障树

依据以上故障树分析的结果,可得到诊断规则和定性模型,如表 4-1 所列。

表 4-1 蓄电池容量定性模型设置

模式编号	模式名称	模式行为描述
1	nominal (无故障)	蓄电池自身正常 & 太阳电池阵正常 & 充电管理器正常 & 误差放大器正常 & 分流调节器正常 & 放电调节器正常 & 配电箱工作正常 & 负载工作正常
2	BATFault1 (充电管理异常)	充电管理器异常 ‖ 误差放大器异常 ‖ 分流调节器异常
3	BATFault2 (蓄电池充电不足)	太阳电池阵异常 ‖ 充电管理器异常 ‖ 误差放大器异常 ‖ 分流调节器异常
4	BATFault3 (蓄电池放电异常)	放电调节器异常 ‖ 配电箱工作异常 ‖ 负载工作异常

4. 基于故障树建模的结果分析

以上建立了氢镍蓄电池容量报警事件的故障树,故障树的建立过程从顶事件出发,逐层向下分析,查找导致该顶事件发生的中间事件和底事件,分析中以电源系统的结构为基础,考虑相关部件间故障的传播关系,全面分析了导致该故障发生的各种因素以及这些因素间的逻辑关系,是分析系统故障的有效途径。通过故障树的建立,直观地表达了可能引起该报警事件发生的所有原因。但该方法依赖于故障树建立的准确程度,只有对系统的结构和相关变量间的影响关系清楚可知的情况下,故障树的建立才完善。对于缺少系统原理知识的情况,或者变量间影响关系复杂的情况,故障树的建立较困难。

4.2.2 基于符号有向图的建模方法

1. 符号有向图建模的基本原理

符号有向图模型是一种定性模型,它是一个由节点和带有符号的支路组成的集合,节点可以描述过程变量、传感器、系统故障、元器件错误或者系统错误,如温度、压力、阀门开度和管道泄漏等，节点之间的有向边则体现了状态变量间的故障传播关系。基于 SDG 的故障诊断方法具有包容大量信息的能力，在人工智能领域，SDG 模型称为深层知识模型。运用 SDG 模型可以揭示复杂系统变量间内在因果关系及影响。对 SDG 的定义表述如下：

定义 4-1 SDG 模型 γ 是 SDG 有向图 G_0 与函数 φ 的组合 (G_0, φ)，其中：

有向图 G_0 由 V、A、∂^+、∂^- 四部分组成：节点集合 $V = \{n_1, n_2, \cdots, n_m\}$；支路集合 $E = \{e_1, e_2, \cdots, e_n\}$；邻接关联符，$\partial^+$，$E \rightarrow V$（支路的起始节点），$\partial^-$，$E \rightarrow V$（支路的终止节点），该"邻接关系"分别表示每一个支路的起始节点 ∂_{ek}^+ 和终止节点 ∂_{ek}^-。

函数 $\varphi: E \rightarrow \{+, -\}$，其中 $\varphi(e_k)(e_k \in E)$ 称为支路 e_k 的符号。

SDG 由若干个节点和若干条支路（有向边）组成，节点表示变量，支路表示变量之间的关系。若一个变量的偏差会直接引起另一个变量的偏差，则在两个变量对应的节点之间用支路连接起来，由起始节点（原因变量）指向终止节点（结果变量）。用"+"和"−"分别表示正作用（增强）和反作用（减弱）。每个节点对应的变量取正常值记为"0"，偏大记为"+"，偏小记为"−"。所有节点的符号组成了系统的状态表示，称为样本。

定义 4-2 SDG 模型 $\gamma = (G_0, \varphi)$ 的样本是节点状态值的一个函数 $\psi: V \rightarrow \{+, 0, -\}$，$\psi(n_k) \in V$，称为节点 n_k 的符号，即

$$\psi(v_k) = \begin{cases} +(X_{n_k} - \overline{X}_{n_k} \geqslant \varepsilon_{n_k}) \\ -(\overline{X}_{n_k} - X_{n_k} \geqslant \varepsilon_{n_k}) \\ 0(|X_{n_k} - \overline{X}_{n_k}| < \varepsilon_{n_k}) \end{cases} \tag{4-1}$$

式中：X_{nk} 为节点对应变量的实际值；$\overline{X}_{nk}$ 为节点对应变量的正常值；ε_{nk} 为节点 n_k 处于正常状态的阈值。

定义 4-3 具有样本 ψ 的 SDG 模型 $\gamma = (G_0, \varphi)$ 之中，如果 $\psi(\partial_{ek}^+) \phi(a_k) \psi(\partial_{ek}^-) = +$，则该支路 e_k 称为相容支路；如果 $\phi(n) \neq 0$，则该节点 n_k 称为有效节点。

定义 4-4 当一个 SDG 模型 $\gamma = (G_0, \varphi_1, \cdots, \varphi_k)$ 的样本 ψ 和一系列的函数 $\psi_k(k = 1, \cdots, K)$ 确定时，如果 $\psi(\partial_{ek}^+) \phi(a_1) \cdots \phi(a_k) \psi(\partial_{ek}^-) = +$，则支路组合称为在 ψ 样本下的相容。

定义 4-5 由全部有效节点和相容路径组成的 SDG 的子图称为模型 γ 在样本 ψ 下的因果图（CEG）。

SDG 模型看似简单，却能够表达复杂的因果关系，并且具有包容大规模潜

在信息的能力。设 $G=(V,E)$，$|V|=n$，$|E|=m$。具有 n 个节点、m 条有向边，则三状态的 SDG 模型最多可以表示的 t 时刻的样本数 $p_{max}=3^n \times 2^m$。

因此，用 SDG 模型可以描述一个复杂系统，可以包容海量信息的能力，并且能够进行故障传播路径搜索。

由相容支路组成的路径称为相容通路，故障只有通过相容通路才能进行传播。在研究故障诊断的问题中，因为只有有效节点和相容通路才描述了故障的传递关系，所以研究的范围就是 SDG 图的一个子图——因果图（CEG）。由于技术和经济的原因，不是所有的节点都是可测的，因此获得的样本往往是部分样本。另外，实际系统中一般有控制环节，通常会造成图中闭环。考虑了受控节点和不可测节点的问题，可以扩展 SDG 的相关定义。

SDG 方法的优点：特别适合于具有根部原因及多重因果关系问题的分析；结论完备性好（适于评价）；可提供故障传播的路径，提供故障演变的解释；适合于评价及操作指导；对干扰不敏感，鲁棒性好；适应性强，便于修改；对某些操作失误有较高分辨率；易于理解，易于使用，易于推广。

SDG 方法的缺点：多义性推理结论导致分辨率差；如果模型不准，则将导致诊断失误或结论的不完备性；计算大系统时，效率低，成本高。

2. SDG 建模的技术方法

SDG 建模是诊断推理的基础，只有模型准确，故障推理才有真正的意义。然而要使 SDG 模型能够符合客观规律，其中每一个节点、每一条支路都需要慎重考虑，涉及对过程的深入了解和实践经验。在 SDG 建模中，节点和支路的确定原则是，在符合客观规律的前提下，应当有利于揭示故障的原因及后果。SDG 建模方法主要有基于数学模型的方法、基于流程图的方法和基于经验知识的建模方法三种。

1）基于数学模型的方法

如果系统的定量数学模型已知，可以根据数学模型来推导出节点间的定性关系，从而建立 SDG 模型。一般系统可表示为微分方程，SDG 的节点对应方程的系统变量，而节点间的支路符号通过对方程求偏导求得。某系统描述如下：

$$\begin{cases} \dfrac{dX_1}{dt}=F_1(x_i \in X_1, x_j \in X_2, e_l \in E) \\ F_2(x_i \in X_1, x_j \in X_2, e_l \in E)=0 \end{cases} \tag{4-2}$$

式中：X 为系统变量集合；X_1、X_2 为系统变量集合中的两个不相交的子集；E 为外部变量集合。那么 x_j 和 x_i 之间的有向边的符号如下：

对于微分方程,有

$$\operatorname{sgn}(x_j \rightarrow x_i) = \begin{cases} \left[\dfrac{\partial^m F_1}{\partial^m x_j}\right](m = 2n+1) \\[4mm] \left[\dfrac{\partial^m F_1}{\partial^m x_j}\right][\mathrm{d}x_j](m = 2(n+1)) \end{cases} \quad (n = 0,1,2,\cdots) \qquad (4\text{-}3)$$

这里 $[\cdot]$ 是表达式的符号,如果 $\partial F_1/\partial x_j = 0$,就求更高阶偏微分 $\partial^m F_1/\partial^m x_j \neq 0$,针对阶数 m 的奇偶性,结果要分别表示。

对于代数方程,有

$$\operatorname{sgn}(x_k \rightarrow x_j) = \left[-\frac{(\partial F_2/\partial x_k)}{(\partial F_2/\partial x_j)}\right] \equiv \left[\frac{\partial x_j}{\partial x_k}\right] \qquad (4\text{-}4)$$

该方法易于表达过程变量之间的关系,准确性高,但推导繁琐,而且因为该方法得到的节点都是状态变量,不能表示故障事件,所以不易表达故障。

2) 基于流程图的方法

大型系统的内部关系和作用虽然是复杂的,但系统的流程图还是比较容易建立的。通过流程图建模的过程主要是通过分解为设备单元,再将系统的设备单元的输入/输出量和 SDG 模型的节点对应起来,节点的符号由设备的测量值决定;系统的物理连接关系和 SDG 的有向边对应。有向边的符号由设备单元的作用和功能决定,建立设备单元的 SDG 模型,最后组成整个系统。

基于流程图的建立方法,直观形象、易于建立。但是,利用此方法建立模型,在建立设备单元模型中易于漏掉故障传播的重要变量。另外,此方法建立的设备单元模型,还需依靠经验、仿真去进一步化简。

3) 基于经验知识的方法

在实际应用中,经验法是 SDG 建模的主要方法。经验法 SDG 建模可按如下步骤进行:

(1) 找出与故障相关的关键变量作为节点。

(2) 对每一个关键变量建立其受其他变量的影响关系表,影响关系表就是将系统中的所有关键变量列在左侧,每一变量的右侧列出与之直接相影响的变量,中间用指向左侧的箭头相连。右侧变量中与左侧变量为增量影响的在变量前用"+"表示,减量影响的用"-"表示。若左侧某变量没有任何相关的变量,则说明该变量只与外部设备单元的变量相关,其右侧用"0"表示。尽量找出直接影响这些关键变量的所有关键变量,并从原理和经验上分清是增量影响还是减量影响。

(3) 根据关键变量的影响关系表,通过关键变量节点之间的关系,用"+"或

"－"支路与各关键节点相连。

（4）采用经验信息、现场信息或该系统的动态定量模型要进行检验、案例试验、修改和化简 SDG 模型直到合格。

3. 基于 SDG 建模的实例验证

1）系统分析

卫星电源系统一般采用太阳电池阵-蓄电池组联合电源,其结构相对简单、复杂活动部件少、工作寿命长、技术成熟、工作可靠、功率范围大,90%以上的卫星都采用此电源系统,是国内外已发射或计划发射的卫星的首选。它由太阳电池阵、蓄电池组和电源控制装置组成。光照期由太阳电池阵将太阳光能直接转换成电能,向负载供电并给蓄电池组充电,地影期则由蓄电池组提供负载功率。电源控制装置处理太阳电池阵的输出功率、实施母线电压调节、对蓄电池组进行充放电控制。电源系统常用的功率调节方式有直接能量传输（Direct Energy Transfer,DET）方式和峰值功率跟踪（Peak Power Tracking,PPT）方式。DET 方式的太阳电池阵的输出功率直接馈送给负载。采用分流器调节太阳电池阵的输出功率,使母线电压维持在预先设定的范围内,将超过负载需要的功率消耗掉,是耗散型的调节方式。DET 方式中应用最广的是三域（S3R）控制模型。某卫星一次电源子系统的原理图如图 4-6 所示。电源控制器根据汇流条电压来反馈控制放电器、充电器、并联调节器工作,分流调节器以开关方式工作,通过调节导通比来调节太阳电池供电阵的输出功率。

2）系统建模

卫星电源控制中考虑到卫星在轨运行中太阳光照条件不同对电源系统的影响,根据光照条件,一般将一次电源的工作模式分为光照区、光照-阴影区、阴影区和阴影-光照区。采用基于流程图的方法,通过原理图和经验知识建立一次电源系统的在光照区时的工作模式,该模式下系统定性描述模型为 $S=(G_S, G_T)$。其中:G_S 如图 4-8 所示,已经完成分层,图中方框代表系统部件,圆圈代表关键变量的测试节点,有向边表示故障传播的路径;G_T 如图 4-9 所示,测试节点间的因果作用关系由有向边和上面的符号表示（"＋"为增量作用和"－"为减量作用）。

4. 基于 SDG 建模的结果分析

以上建立了一次电源的子系统的 SDG 图。通过故障仿真,获得某一稳态故障样本如表 4-2 所列,样本 1 对应 SG2 的部分电池片发生短路故障,样本 2 对应 PCU 发生控制失效故障。特别注意:故障样本 1 中虽然 U_0 不是有效节点,由于它是被控节点变量,也纳入满足相容支路的条件中。

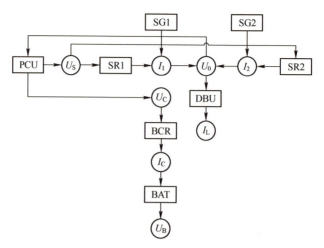

图 4-8   一次电源子系统的光照模式 G_s 图

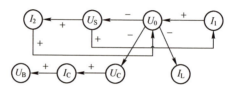

图 4-9   一次电源子系统的 G_T 图

表 4-2   故障样本

节点变量符号	I_1	I_2	U_S	U_0	U_C	I_C	I_L
样本 1	+	−	+	0	+	+	0
样本 2	−	−	−	−	−	−	−

　　根据故障仿真获得的故障样本 1 和样本 2,对于图 4-8,针对样本 1 和样本 2,监控报警节点得到最高层的报警集合分别为 $T_1 = \{I_1, I_2, U_S\}$,$T_2 = \{I_1, I_2, U_S, U_0\}$。对 T_1 中的报警节点 I_1 回溯搜索的路径 1 为 $I_1 \rightarrow SG1$,由于 SG1 为第一层部件节点,因此 SG1 为故障源;路径 2 为 $I_1 \rightarrow SR1 \rightarrow U_S \rightarrow PCU \rightarrow U_0 \rightarrow I_2 \rightarrow SR2 \rightarrow U_S$,由于 I_2 到 U_S 不是相容支路,因此 SR2 为故障源;路径 3 为 $I_1 \rightarrow SR1 \rightarrow U_S \rightarrow PCU \rightarrow U_0 \rightarrow I_2 \rightarrow SG2$,由于 SG2 为第一层部件节点,因此 SG2 为故障源。在搜索路径中由于已经有了报警节点 I_2、U_S,因此停止了对它们的回溯搜索,最后可能故障源候选集合为 $C = \{SG1, SR2, SG2\}$。用同样的方法完成了对故障样本 2 的诊断,可得到故障源候选集合 $\{PCU, SR1, SR2, SG1, SG2\}$。

表 4-3　搜索路径及结果

样本	报警节点	搜索路径	可能故障源
样本 1	I_1	$I_1 \rightarrow SG1$	SG1
		$I_1 \rightarrow SR1 \rightarrow U_S \rightarrow PCU \rightarrow U_0 \rightarrow I_2 \rightarrow SR2 \rightarrow U_S$	SR2
		$I_1 \rightarrow SR1 \rightarrow U_S \rightarrow PCU \rightarrow U_0 \rightarrow I_2 \rightarrow SG2$	SG2
样本 2	I_1	$I_1 \rightarrow SG1$	SG1
		$I_1 \rightarrow SR1 \rightarrow U_S$	SR1
	I_2	$I_1 \rightarrow SG2$	SG2
		$I_1 \rightarrow SR2 \rightarrow U_S$	SR2
	U_S	$U_S \rightarrow PCU \rightarrow U_0$	PCU

可见,采用 SDG 模型所建立的电源系统故障模型,可以成功诊断先前仿真预设故障,而且故障源候选集合中还包括实际中可能同时发生的其他故障,如故障样本 1 的诊断结果中,当 SR2 发生故障时,也会产生同样的故障样本,因此,诊断结果具有很好的完备性,提高了诊断的准确性和效率。

4.2.3　传递系统模型建模方法

1. 传递系统模型建模的基本原理

传递系统模型实际上是表征对象行为约束的集合。每个约束都是对象参数之间的第一定律的关系式。它利用有向图描述系统的结构,有向图中的每个节点表示系统的一个部件,而每条有向边表示两个部件之间的功能传递关系;传递系统模型使用命题表达式描述系统的功能,由于命题表达式类似于自然语言的描述方式,因此很容易对以各种类型的知识表示方式进行融合。对于系统的每一个部件采用多故障模式进行描述,即包括不同条件下的正常模式以及多个可能的故障模式,以适应卫星等复杂系统。

传递系统模型采用基于部件连接的方法,将系统的各种行为定义成最基本的部件。系统级模型可以通过连接分立的部件行为模型得到。这种方法将系统的行为定义为各分立部件之间的相互作用,而不是单一的整体模型。模型的结构与系统的实际结构相对应。部件可以通过自身的接口相互连接,构成更高级的、表征系统各种功能的模块,模块之间的有机连接构成整个系统的模型。元件或部件是系统的最基本功能单位,不可以相互嵌套,但模块之间可以相互嵌套。图 4-10 是基于部件连接的模型。

如图 4-11 所示,系统的定性模型可以分为部件、分系统模型和系统模型三个层次。

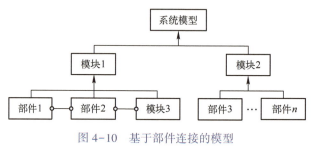

图 4-10　基于部件连接的模型

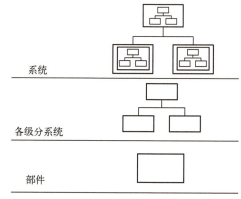

图 4-11　定性模型的三个层次

1）传递系统模型的定义

传统的传递系统模型 S 是一个六元组 $<U,T,D,C,M_\Sigma,M_T>$，其中：

U 是一个有限状态变量集合，描述当前系统的工作状态，如正常或故障；

T 是一个传递变量集合，描述每一个状态变量 $y \in U$ 从 t 时刻到 $t+1$ 时刻的转换；

D 是一个因变量集合，描述系统的功能结果；

C 是一个命令集合，描述对系统的命令输入；

$U_t \cup D_t \cup C_t$ 描述了 t 时刻系统的状态；

M_Σ 是一个从 U 到 D 的命题表达式，如果系统的状态是可行的，那么这个状态对 $U \cup D$ 的指派与 M_Σ 是相容的；

M_T 是一个从 $U_t \cup T_t \cup D_t \cup C_t$ 到的命题表达式，通过对 M_T 的连接可以描述系统从 y_t 到 y_{t+1} 的状态进化过程，具体的形式为 $\varphi_t \wedge (\tau_{y,t}=\tau^*) \Rightarrow y_{t+1}=y^*$。其中："$\Rightarrow$"左侧的部分描述了系统的一个传递，$\varphi_t$ 是由条件触发的状态转移条件，τ^* 为当前指派的状态变量。右侧的部分描述了系统的传递结果，y^* 为下一时刻系统的状态。如果系统的状态序列 $<s_t,s_{t+1}>$ 是可行的，那么对 $s_t \cup s_{t+1}$ 的指派与 M_T 是相容的。

2）传递系统模型的建模

系统定性关系模型的建立主要包括部件的行为模型和系统结构模型,如图4-12所示。部件行为模型描述了部件的功能和行为,系统的结构模型描述了各部件间的连接关系。

（1）系统结构模型的建立。系统的层次性是系统的固有属性之一,系统作为相互作用的各个部分的全体有着一定层次结构,并可以分解为一系列的分系统。这种分解的原则是一系列的子目标,如图4-13所示。

图4-12　系统定性模型的组成

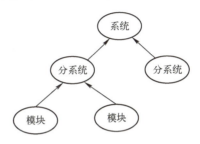

图4-13　系统工程层次性

这种分解也是对系统结构的分析,系统的模型包括表征系统功能行为的部件模型和表征系统结构的结构模型。

系统的结构模型定义如下:

$$STRM = (COMP_1, COMP_2, STATE_1, \cdots, STATE_n)$$

其中:$COMP_1$、$COMP_2$表示相关联的部件;$STATE_i$是它们的状态变量组成的相等关系。某系统的结构模型如图4-14所示。

（2）部件行为模型的建立。部件是系统的最基本的功能单位,它通过其内部的有限数量的

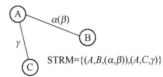

图4-14　某系统的结构模型

正常模式和故障模式及这些模式之间的转换关系来描述部件的行为。在每一个模式中,使用逻辑规则公式描述部件的输入和输出之间的约束关系,定义部件在选定模式下的功能行为。正常模式之间的转换通过系统操作指令来实现。从正常模式到故障模式的转换表示故障发生。正常模式之间的转换有一个相关代价消耗（cost）系数,正常模式到故障模式的转换有一个转换可能发生的先验概率。每个部件都有一个转换变量,它的定义域内包含正常和故障的转换在诊断过程的每个时间节点上,一组对每个转换变量的赋值描述了系统运动的轨迹。

图4-15是对一个阀门部件建模的例子。阀门有打开（open）、关闭（closed）、阻塞-打开（stuck-open）和阻塞-关闭（stuck-closed）四个模式。打开

和关闭模式代表阀门的正常工作,阻塞-打开和阻塞-关闭模式代表阀门出现故障。假设通过对阀门故障的长期观测,发现阀门在打开(关闭)状态下突然出现阻塞-打开或阻塞-关闭故障的概率都是 0.01,那么,打开/关闭(open/closed)模式到阻塞-打开/阻塞-关闭(stuck-open/stuck-closed)模式的转换概率就都是 0.01。再假设,打开阀门和关闭阀门都只需要一条系统指令就可以实现,那么从打开/关闭(open/closed)模式到关闭/打开(closed/open)模式的命令消耗就是 1。每种模式下都有一个行为描述,如在打开(open)模式时,从阀门流入的流量等于从阀门流出的流量(flow_in=flow_out)。

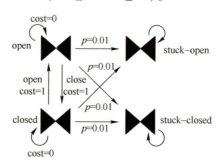

图 4-15　阀门部件的定性模型

2. 传递系统模型建模的技术方法

首先建立各个组件模型,然后把这些组件连接组装就建立了整个系统的模型。每个组件都有一些状态集,表示组件的正常工作状态和故障状态,约束集用来描述每个状态下的组件行为。基于传递系统模型的建模流程(图 4-16)如下:

(1) 对系统的工作原理进行深入研究,确定系统各部件间的结构关系。

(2) 根据各部件知识,确定其不同的行为模式,包括正常和故障模式。早期的传递系统模型,系统中每一个部件的运行模式只有正常与异常两种,是一种单故障模式模型。随着人们对系统故障机理研究的深入,部件工作模式的描述越来越复杂,特别是航天器这种复杂系统,包括不同条件下的正常模式以及多个可能的故障模式,即多故障模式模型,它可以更加完备地描述系统的知识,同时要求推理方法不但能够推理出系统当前是否正常,还要推理出当前处于哪个故障状态。

(3) 依据系统工作原理和行为模式,合理地设置定性模型中所需的特征变量;每个参数都有模型指定的定义域(如{高、中、低}),这个定义域是通过设定界标值分割变量空间得到的。如对一个只需要表示{大、小}的变量,若设定界标值是 20,当变量值大于 20 时,模型参数值取"大",否则模型参数值取小。界标值是预先设定的一组值,用来将实际系统的行为映射到系统的定性模型,这些值可以通过统计或者启发式的方式来设定。

（4）确定各行为模式的约束关系,包括正常模式下没有发生故障时系统的各变量间的约束关系,以及各个故障模式下发生各种故障时系统的各变量间的约束关系。

（5）各行为模式下的约束关系定性表述为部件定性模型。部件的定性模型是系统定性模型的最基本单元,包括有限数量的正常模式和故障模式及这些模式之间的转换关系。使用逻辑规则描述每一个模式中部件的输入输出约束关系。

（6）根据系统原理组合各个组件,建立完整的系统故障诊断定性模型。

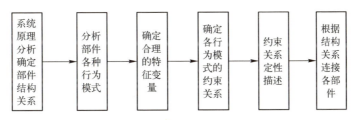

图 4-16　基于传递系统模型的建模流程

3. 基于传递系统模型建模的实例验证

以某卫星为例,建立卫星姿控系统"太阳捕获"模式的定性模型。

"太阳捕获"模式是指卫星自动搜索太阳的方向,并将太阳能电池板对准太阳,以确保卫星电力供应的控制系统工作模式。转入"太阳捕获"模式后,卫星的姿态稳定,卫星姿态控制分系统在"太阳捕获"工作模式下的工作部件如下:

（1）敏感器:太阳敏感器、惯性姿态敏感器。

（2）执行器:推力器、太阳翼驱动组件。

（3）控制器:控制中心线路、控制计算机。

对以上敏感器、执行器和控制器的各基本部件建立定性模型,在模型中定义各部件的正常和故障模式,及其在不同模式下的行为(变量之间的约束关系)。然后将各部件模型按照实际卫星系统的结构关系,连接在一起构成"太阳捕获"模式下的姿态控制系统模型。

以惯性姿态敏感器(RIGA)部件为例,其定性信息的提取见表4-4。

表4-4　惯性姿态敏感器定性信息提取

Number	Name	Value List	Documentation
1	IK3	small big	X 陀螺电动机电流
2	IK4	small big	Y 陀螺电动机电流

（续）

Number	Name	Value List	Documentation
3	IK5	small big	Z 陀螺电动机电流
4	IK6	small big	S 陀螺电动机电流
5	VK1	small big	X 陀螺角速度大小
6	VK2	small big	Y 陀螺角速度大小
7	VK3	small big	Z 陀螺角速度大小
8	VK26	small big	S 陀螺角速度大小
9	VK1C	continuous discrete	X 陀螺角速度连续性
10	VK2C	continuous discrete	Y 陀螺角速度连续性
11	VK3C	continuous discrete	Z 陀螺角速度连续性
12	VK26C	continuous discrete	S 陀螺角速度连续性
13	TK16	small big	陀螺组件 X 陀螺温度
14	TK17	small big	陀螺组件 Y 陀螺温度
15	TK18	small big	陀螺组件 Z 陀螺温度
16	TK19	small big	陀螺组件 S 陀螺温度

其处于正常模式下的行为,即当没有故障发生时系统的各变量间的约束关系如下(如无特别说明,本节中"正常范围"均指在对应的特定模式下取值):

惯性姿态敏感器。

陀螺电动机电流(IK3~IK6)在正常值范围内;

陀螺角速度输出(VK1~VK3,VK26)在正常值范围内;

陀螺组件温度(TK16~TK19)在正常值范围内;

陀螺角速度输出连续,变化率在正常值范围内。

其处于故障模式下的行为,即故障发生时系统的各变量间的约束关系见表4-5。

表4-5　陀螺故障模式设置与行为描述

惯性姿态敏感器	RIGAFault1	陀螺电动机电流(IK3~IK6)不在正常值范围内
	RIGAFault2	陀螺角速度输出(VK1~VK3,VK26)不在正常值范围内
	RIGAFault3	陀螺角速度输出不连续
	RIGAFault4	陀螺组件温度(TK16~TK19)不在正常值范围内

惯性姿态敏感器定性模型设置见表4-6。

表 4-6　惯性姿态敏感器定性模型设置

模式编号	模式名称	模式行为描述
一	Normal（无故障）	%陀螺电动机电流(IK3~IK6)在正常值范围内； export. RIGAS5. IK31 = small； export. RIGAS5. IK41 = small； export. RIGAS5. IK51 = small； export. RIGAS5. IK61 = small； %陀螺角速度输出(VK1~VK3,VK26)在正常值范围内； export. RIGAS6. VK11 = small； export. RIGAS6. VK21 = small； export. RIGAS6. VK31 = small； export. RIGAS6. VK261 = small； %陀螺组件温度(TK16~TK19)在正常值范围内； export. RIGAS8. TK161 = small； export. RIGAS8. TK171 = small； export. RIGAS8. TK181 = small； export. RIGAS8. TK191 = small； %陀螺角速度输出连续,变化率在正常值范围内； export. RIGAS7. VK1C1 = continuous； export. RIGAS7. VK2C1 = continuous； export. RIGAS7. VK3C1 = continuous； export. RIGAS7. VK26C1 = continuous；
1	RIGAFault1	%陀螺电动机电流(IK3~IK6)不在正常值范围内； (export. RIGAS5. IK31 = big) ‖ (export. RIGAS5. IK41 = big) ‖ (export. RIGAS5. IK51 = big) ‖ (export. RIGAS5. IK61 = big)；
2	RIGAFault2	%陀螺角速度输出(VK1~VK3,VK26)不在正常值范围内 (export. RIGAS6. VK11 = big) ‖ (export. RIGAS6. VK21 = big) ‖ (export. RIGAS6. VK31 = big) ‖ (export. RIGAS6. VK261 = big)；
3	RIGAFault3	%陀螺角速度输出不连续； (export. RIGAS7. VK1C1 = discrete) ‖ (export. RIGAS7. VK2C1 = discrete) ‖ (export. RIGAS7. VK3C1 = discrete) ‖ (export. RIGAS7. VK26C1 = discrete)；
4	RIGAFault4	%陀螺组件温度(TK16~TK19)不在正常值范围内； (export. RIGAS8. TK161 = big) ‖ (export. RIGAS8. TK171 = big) ‖ (export. RIGAS8. TK181 = big) ‖ (export. RIGAS8. TK191 = big)；

4. 基于传递系统模型建模的结果分析

通过以上建立的惯性敏感器的模型,可以看到传递系统模型以定性的方式,有效表达了陀螺的正常模式和故障模式,提供了已知故障模式的判据,通过与其他部件的联合建模,则可以表达整个系统的结构传递关系。传递系统模型不要求以严密的定量方程描述系统,模型的描述形式灵活,适用于表示和融合各种类型及结构的诊断知识,克服了解析模型计算量大的问题;将系统的故障状态和正常状态都看作系统用以完成不同功能的工作模式,各个状态之间相互独立,并通过状态转移条件来进行系统功能的切换,这样既能够利用系统的深知识描述系统的正常状态,也能够利用经验知识描述系统的故障状态,与单纯的利用图论的方法描述系统的结构或利用故障树描述系统的因果关系相比,更能够完整地对系统进行描述。

4.2.4 基于决策树的建模方法

1. 决策树建模的基本原理

决策树是一树状结构,它从根节点开始,对数据样本(由实例集组成,实例有若干属性)进行测试,根据不同的结果将数据样本划分成不同的数据样本子集,每个数据样本子集构成一子节点。生成的决策树每个叶节点对应一个分类。构造决策树的目的是找出属性和类别间的关系,用它可以对一个未知的实例集进行分类。

从属性上讲,决策树由现象、判断、属性三类事件组成,并衍生出一系列节点,包括根节点、判断节点和叶节点。树上的每一个节点说明了对实例的某个属性的测试,并且该节点的每一个后继分支对应于该属性的一个可能值,不同属性值形成不同分支用于回答判断节点提出的问题。为了利用决策树对某一实例做出决策,可以利用这一实例的属性值并由树根向下搜索直至叶节点,叶节点上即包含着决策结果。典型的决策树结构如图 4-17 所示。

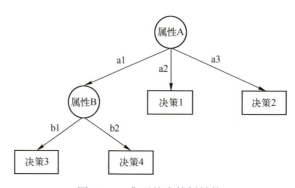

图 4-17　典型的决策树结构

图 4-17 中属性 A 和属性 B 为条件属性,其分别位于决策树的根节点和分支节点。决策 1、决策 2、决策 3、决策 4 为决策属性,处于决策树的叶节点位置。由决策树提取的规则通常用 if-then 的形式表示,任意一个从根节点到叶节点的路径就构成一条规则,通过遍历整棵决策树就可以得到一组规则。由图 4-17 生成的决策树得到的决策规则可表示如下:

If（属性 A＝a1 and 属性 B＝b1）then（决策＝决策 3）；

If（属性 A＝a1 and 属性 B＝b2）then（决策＝决策 4）；

If（属性 A＝a2）then（决策＝决策 1）；

If（属性 A＝a3）then（决策＝决策 2）。

2. 决策树建模的技术方法

决策树的生成方法一般来说是自上而下、分而治之的，其生成过程如下：

（1）开始是一棵空树和经过数据选择、预处理的训练样本集合，根据最优划分方法确定根节点，从根节点出发选取测试属性，并对当前样本集进行划分；

（2）若当前训练样本集中所有样本属性都属于同一类别，则创建一个该类别的叶节点并停止；

（3）否则，根据最优划分方法计算当前节点对应样本集合的可能划分；

（4）选择最优划分所对应的决策属性最为当前节点属性，并创建与该属性包含取值同样多的子节点；

（5）用选取属性的值作为父节点与子节点的条件，并将父节点对应的样本集划分到各个分支节点；

（6）将分支节点作为当前节点，转至步骤（2）再逐次递归，直至不可划分为止。

自 1986 年 Quinlan 提出 ID3 算法以来，学者们一致致力于提出更加有效的决策树分类算法来得到最优的决策树，先后提出的经典决策树分类算法有 ID3（Interative Dichotomiser 3）算法、C4.5 算法、CART（Classification and Regression Tree）算法、SPRINT 算法、PUBLIC 算法、Fuzzy ID3 算法、FS-DT 算法等。

1）ID3 算法

ID3 算法的核心思想是利用信息熵原理，选择信息熵最小的属性作为分类属性，递归的拓展决策树的分支，完成决策树的构造。

设 $E=F_1\times F_2\times\cdots\times F_n$ 是 n 维有穷向量空间，其中 $F_i(i=1,2,\cdots,n)$ 为有穷离散符号集，E 中的元素 $e=(V_1,V_2,\cdots,V_n)$ 称为样例，其中 $V_i\in F_i(i=1,2,\cdots,n)$。假设向量空间 E 中正例集合和反例集合的大小分别为 p 和 n，ID3 算法基于下列两个假设：

（1）在向量空间 E 上的一棵正确的决策树，对任意样例的分类概率同 E 中正反例的概率一致。

（2）一棵决策树能对一样例做出正确类别判断所需的信息量为

$$I(p,n)=-\frac{p}{p+n}\log_2\frac{p}{p+n}-\frac{n}{p+n}\log_2\frac{n}{p+n} \tag{4-5}$$

如果属性 A 作为根，具有 m 个值 $\{U_1,U_2,\cdots,U_m\}$，并将 E 分为 m 个子集

$\{E_1, E_2, \cdots, E_m\}$,这里假设 E_i 中含有 p_i 个正例和 n_i 个反例,子集 E_i 的信息熵为 $I(p_i, n_i)$,属性 A 的信息熵为

$$E(A) = -\sum_{i=1}^{m} \frac{p_i + n_i}{p + n} I(p_i, n_i) \tag{4-6}$$

则以 A 为根的信息增益为

$$Gain(A) = I(p, n) - E(A) \tag{4-7}$$

ID3 算法选择使 $Gain(A)$ 最大的属性 A^* 作为扩展属性,对 A^* 的不同取值对应的 E 的 m 个子集 E_i 递归调用上述过程,生成 A^* 的子节点。

2) C4.5 算法

C4.5 算法是 Quinlan 在 ID3 算法的基础上提出的一种改进算法,它除继承了 ID3 算法的所有优点外,也在某些方面做出了较大的改进和提升。C4.5 算法采用信息增益率作为属性选择标准,避免了采用信息增益选择属性时容易选择取值较多属性的缺点;算法使用后剪枝技术,避免了树的不平衡和交叉验证等问题;同时,算法能够处理连续型属性和含有默认值的属性。

信息增益率为

$$GainRatio(A) = \frac{Gain(A)}{I(A)} \tag{4-8}$$

应用 C4.5 算法构建决策树的步骤如下:

(1) 对数据源进行预处理,若包含连续型属性,则将其离散化,形成决策树的训练集。

(2) 计算各属性的信息增益 $Gain(A)$ 和信息增益率 $GainRatio(A)$。选择信息增益率最大的属性作为当前的属性节点,得到决策树的根节点。

(3) 根节点属性的每个可能取值对应一个子集,对样本子集递归操作,执行步骤(2)的过程,直到每个子集的数据在分类属性上取值都相同,从而生成决策树。

(4) 根据构建的决策树提取分类规则,对新的数据集进行分类测试。

3) CART 算法

CART 模型由 Berman 等人提出,现已在统计学领域得到了普遍应用。CART 是一种采用二分递归分割算法,生成的决策树是结构简洁的二叉树。它的特点是将当前的样本集根据一定的条件分为两个子样本集,使得生成的决策树的每个非叶子节点都由两个分支组成。

CART 算法选择 Gini 系数值作为属性选择标准,Gini 系数越小,样本的纯净度越高,划分的效果就越好。对于样本集 T,包含 N 个类别,Gini 系数为

$$Gini(T) = 1 - \sum_{j=1}^{N} P_j^1 \tag{4-9}$$

式中:P_j 为类别 j 的样本在样本集 T 中所占的比例。

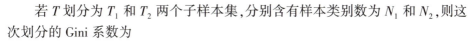

若 T 划分为 T_1 和 T_2 两个子样本集,分别含有样本类别数为 N_1 和 N_2,则这次划分的 Gini 系数为

$$\text{Gini}_{\text{split}}(T) = \frac{N_1}{N}\text{Gini}(T_1) + \frac{N_2}{N}\text{Gini}(T_2) \tag{4-10}$$

分类回归树是基于统计学的非参数识别技术,具有很强大的统计解析功能,它能够处理不完整的训练和测试数据,或者处理复杂的浮点数计算,生成的规则明白易懂;当然,CART 也存在自身的缺陷,如在处理比较小规模数据时模型不够稳定,用相似数据建立的决策树往往存在差异。

3. 决策树建模的实例验证

下面以动量轮为例,说明如何将决策树的方法应用到卫星姿态控制系统故障诊断规则提取中。根据对动量轮各个故障模式的仿真分析,可以得到如表 4-7 所列的动量轮多层次征兆与故障模式的对应关系。

表 4-7　动量轮多层次征兆与故障模式的对应关系

故障类型	U	I	w	K_{iu}	K_{mu}	K_p
卡死	增大	增大	变为 0	维持常值	变为 0	维持常值
空转 1	增大	增大	维持定值	维持常值	变为 0	维持常值
空转 2	增大	变为 0	维持定值	变为 0	变为 0	维持常值
摩擦增大	增大	增大	无明显变化	维持常值	减小	增大
增益下降 1	增大	增大	无明显变化	维持常值	减小	维持常值
增益下降 2	增大	减小	无明显变化	减小	减小	维持常值
突变	较大波动	较大波动	无明显变化	维持常值	较大波动	维持常值
正常	常值	常值	无明显变化	维持常值	维持常值	维持常值

注:U 为动量轮控制电压;I 为动量轮电机电流;w 为动量轮转速;K_{iu} 为动量轮电机电流与输入电压比例系数;K_{mu} 为动量轮角动量变化率与输入电压比例系数;K_p 为动量轮轴承温度的转速影响系数

为了提取多层次征兆与故障模式间的规则,首先利用 ID3 算法来构建决策树,具体步骤如下:

(1)把各种故障模式全部视为故障状态,以故障状态作为正例,正常状态作为反例,可以得到属性类别的分布及其信息熵,如表 4-8 所列。

表 4-8　第一步属性划分

属性	属性类别	正例数	反例数	信息熵	属性的信息熵
U	增大	6	0	0	0
	较大波动	1	0	0	
	常值	0	1	0	

（续）

属性	属性类别	正例数	反例数	信息熵	属性的信息熵
I	增大	4	0	0	0
	变为0	1	0	0	
	减小	1	0	0	
	较大波动	1	0	0	
	常值	0	1	0	
w	变为0	1	0	0	0.4512
	保持定值	2	0	0	
	无明显变化	4	1	0.7219	
K_{iu}	保持常值	5	1	0.65	0.4875
	变为0	1	0	0	
	减小	1	0	0	
K_{mu}	变为0	3	0	0	0
	减小	3	0	0	
	较大波动	1	0	0	
	保持常值	1	0	0	
K_p	保持常值	6	1	0.5917	0.5177
	增大	1	0	0	

根据最小信息熵原则，选取信息熵最小的属性作为判别参数，这里控制电压 U、电动机电流 I、K_{mu} 的信息熵都为最小（0 值），由于在实际工作过程中控制电压 U、电动机电流 I 的正常值并不知道，所以这里选择更易于识别的 K_{mu} 值作为划分属性（根节点），这时得到的决策树可用图 4-18 表示。

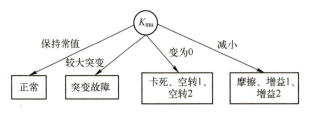

图 4-18　第一步属性划分得到的决策树

（2）在 K_{mu} 为 0 时，其对应的故障模式还不能唯一确定，需要继续应用 ID3 算法来得到决策划分属性。当 K_{mu} 为 0 时，为了进一步判别出卡死故障，以故障模式为卡死作为正例，得到各个属性类别的分布及其对应的信息熵，如表 4-9 所列。

表 4-9 K_{mu} 为 0 时卡死故障判别

属性	属性类别	正例数	反例数	信息熵	属性的信息熵
U	增大	1	2	0.9183	0.9183
I	增大	1	1	1	0.6667
	变为 0	0	1	0	
w	变为 0	1	0	0	0
	保持定值	0	2	0	
K_{iu}	保持常值	1	1	1	0.6667
	变为	0	1	0	
K_p	保持常值	1	2	0.9183	0.9183

根据最小信息熵原则,转速 w 的信息熵最小,所以选取 w 作为决策划分属性(子节点),当 w 为 0 时,判定此时出现卡死故障(叶节点);在 w 保持定值的前提下,为进一步判别空转 1 和空转 2 故障,对 U、I、K_{iu}、K_p 进行了信息熵的计算,得到结果如表 4-10 所列。

表 4-10 w 保持定值时的空转故障判别

属性	属性类别	正例数	反例数	信息熵	属性的信息熵
U	增大	1	1	1	1
I	增大	1	0	0	0
	变为 0	0	1	0	
K_{iu}	保持常值	1	0	0	0
	变为 0	0	1	0	
K_p	保持常值	1	1	1	1

根据最小信息熵原则选择 K_{iu} 值作为决策划分属性,实现空转 1 故障与空转 2 故障的分离。

(3)通过与步骤(2)类似的流程实现 K_{mu} 值减小时摩擦故障、增益 1 故障和增益 2 故障的甄别,最终可以得到动量轮的决策树,如图 4-19 所示。

根据以上决策树,可提炼出以下用于动量轮故障诊断的规则:

If"K_{mu} 值保持常值"then"动量轮处于正常状态";

If"K_{mu} 值出现较大波动"then"动量轮存在突变故障";

If"K_{mu} 值变为 0"and"转速 w 变为 0"then"动量轮存在卡死故障";

If"K_{mu} 值变为 0"and"转速 w 保持定值"and"K_{iu} 值保持常值"then"动量轮存在空转 1 故障";

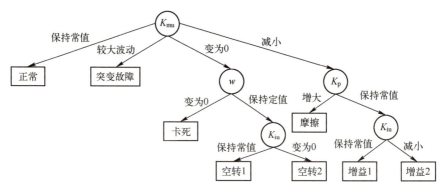

图 4-19　基于 ID3 算法的动量轮故障决策树

If"K_{mu}值变为 0"and"转速 w 保持定值"and"K_{iu}值变为 0" then"动量轮存在空转 2 故障";

If"K_{mu}值减小"and"K_p 值增大" then"动量轮存在摩擦故障";

If"K_{mu}值减小"and"K_p 值保持常值"and"K_{iu}值保持常值" then"动量轮存在增益 1 故障";

If"K_{mu}值减小"and"K_p 值保持常值"and"K_{iu}值减小" then"动量轮存在增益 2 故障"。

4.3　基于定性模型的诊断推理方法

基于定性模型的诊断推理,所采用的知识是关于系统的动态结构描述。对于简单系统和复合系统来说,系统的静态结构描述和动态结构描述是一致的,即如果得到了系统的静态结构描述,也就得到了系统的动态结构描述。简单系统和复合系统的结构描述有时比它们的行为描述和功能描述还容易给出,因此对于简单和复合系统来说,采用基于结构模型的诊断推理是一种非常合适的诊断方法。它是基于模型诊断方法的典型代表,其中,Davis 和 Geneseret 所提出的基于第一定律的诊断均属于这种方法。另外,基于结构模型的诊断方法可以提供出系统可能故障的闭合集,以保证知识的完备性。这种闭合集可以通过一种简单的推理机制和系统的结构描述来直接产生系统所有可能的故障。

4.3.1　基于第一定律的推理方法

描述诊断对象的结构与行为常采用第一定律知识建立系统模型。Reiter 和

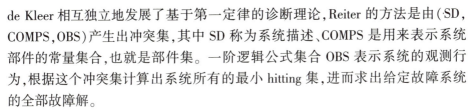

de Kleer 相互独立地发展了基于第一定律的诊断理论,Reiter 的方法是由(SD,COMPS,OBS)产生出冲突集,其中 SD 称为系统描述、COMPS 是用来表示系统部件的常量集合,也就是部件集。一阶逻辑公式集合 OBS 表示系统的观测行为,根据这个冲突集计算出系统所有的最小 hitting 集,进而求出给定故障系统的全部故障解。

求诊断解就是求出所有系统最小冲突集的所有最小 hitting 集,得到的诊断解就是最小诊断解。一个诊断解被称为最小诊断解,当且仅当它没有任何子集也是诊断解。事实上,可能的诊断解是一个由最小诊断解及其所有可能的超集所组成的解空间,因此,只要求出所有的最小诊断解,即可得到所有可能的诊断解。

由此可见,要想求出所有可能的诊断解仅需求出所有最小冲突集的所有最小 hitting 集即可。因此,诊断问题的求解可分两步来完成:

(1) 求出测量的 OBS 不符合系统所有可测量点在系统的各种正常工作情况下其值所组成的集合的所有最小冲突集合,并形成最小冲突集合组,这一步称为冲突识别。

(2) 求出最小冲突集合组的所有最小 hitting 集,这一步称为候选产生。

候选产生与领域无关,也就是说,只要提供最小冲突集合,就完全能够不受领域限制而求出其所有的最小 hitting(最小诊断解),进而求得整个解空间。许多学者都对计算 hitting 集的方法进行了研究和改进,如 Reiter 在 1987 年提出的 HS-tree 方法;Greiner,Smith 等在 1989 年提出的 HS-DAG;Wotawa 在 2001 年提出的 HST-tree。国内学者也做了些相关工作,如于百胜、黄文虎等在 1998 年提出的定性因果与多项式算法的模型诊断方法,集合运算推理方法;林笠、姜云飞在 2002 年提出的逻辑数组方法、遗传算法(GA)方法、BHS-tree;黄杰等在 2004 年提出遗传模拟退火(GSA)方法;傅绍文等在 2004 年提出的集合递推方法、欧阳丹彤等提出的 NEWHS-tree 方法;以及栾尚敏等提出了由极小不协调子集求极小冲突集的方法,利用系统结构信息求解极小冲突集的方法;方敏提出首先离线求冲突候选,然后在线求解极小冲突的方法。

4.3.2　理论基础及数学描述

定义 4-6(系统)　在一致性诊断中,某一系统 ψ 的结构和行为可由三元组 $\psi = (\text{SD}, \text{COMPS}, \text{OBS})$ 定义,其中:

SD 表示一阶谓词逻辑的公式集,表示系统的正常结构和行为,有时也包括故障行为,称为系统描述。

COMPS 表示一阶谓词逻辑的函数符号或常量集,相应于可能故障的组件集。

OBS 表示一阶谓词逻辑的公式集,代表系统观测值。

用系统描述 SD 可大体给出系统的正常和故障行为,SD 中的公式具有下面的形式:

$$\forall x((COMP_j(x) \land \neg Ab(x)) \rightarrow NormBehavior_j(x)) \qquad (4-11)$$

它表明了组件的正常行为,也可以指定组件的故障行为,故障行为公式如下:

$$\forall x((COMP_j(x) \land Ab(x)) \rightarrow AbBehavior_j(x)) \qquad (4-12)$$

其中:$Ab(c)$ 表示组件 c 故障;$\neg Ab(c)$ 表示组件 c 正常。

可见,诊断就是推理判断出能使上式相容的系统每一个元件为故障或正常的状态。

定义 4-7(诊断解) 三元组 $\psi = (SD, COMPS, OBS)$ 表示一个系统,集合 $\Delta_P = \{Ab(c) \mid c \in COMPS\}$ 表示系统 ψ 中所有故障的部件集合,而集合 $\Delta_N = \{\neg Ab(c) \mid c \in COMPS\}$ 表示 ψ 中正常工作部件集合;$\Delta \subseteq \Delta_P \cup \Delta_N$ 表示这样的集合 $\Delta = \{Ab(c) \mid c \in C\} \cup \{\neg Ab(c) \mid c \in COMPS \backslash C\}$,如果一致性条件

$$SD \cup \Delta \cup OBS \mid \neq \perp \qquad (4-13)$$

成立,则 Δ 是系统的一致性诊断解。

式(4-13)中:$\mid \neq$ 表示不产生;$\perp$ 表示不一致或冲突。一个诊断解也就是 Ab 合取的最大一致性式子。

为了更有效地计算系统的诊断解,Reiter 提出了冲突集的概念。

定义 4-8 设 $\{C_1, C_2, \cdots, C_k\} \subseteq COMPS$ 是系统 $\psi = (SD, COMPS, OBS)$ 的一个冲突集,那么它使得 $SD \cup OBS \cup \{\neg Ab(C_1), \cdots, \neg Ab(C_k)\}$ 为不相容,冲突集用符号 $\langle \cdot \rangle$ 表示。

当且仅当一个冲突集没有任何子集也是该系统的冲突集时,称这个冲突集为系统最小冲突集。

冲突集是计算系统诊断解的基础,在诊断解和冲突集之间存在如下关系:

定理 4-1 设 Π 为系统 $\psi = (SD, COMPS, OBS)$ 的冲突集,则当且仅当 $\Pi \land \Delta \mid = \perp$ 时,组件最大一致性的合取范式 Δ 是系统 ψ 的一个诊断解。

证明:$(\Rightarrow)$ 因为 Δ 是诊断解,则 $SD \cup OBS \cup \Delta \mid \neq \perp$ 成立,而 $SD \cup OBS \cup \Pi \mid = \perp$,因此任何冲突 $\varphi \in \Pi$ 都是与 Δ 不一致的,即 $\Pi \land \Delta \mid = \perp$。

$(\Leftarrow)$ 假定 Δ 不是诊断解,则有 $SD \cup OBS \cup \Delta \mid = \perp$ 成立,则 $\Delta \in \Pi$,因为 Δ 是 Ab 子句,因此 $\Pi \land \Delta \mid \neq \perp$ 成立,这与刚开始的假定矛盾,所以 Δ 是诊断解。

冲突集通常用于诊断推理中,以作为计算诊断解的某种直接结果,有下面的推论。

推论 4-1 $\psi = (SD, COMPS, OBS)$ 是拥有冲突集 Π 和诊断解 D 的系统,则对于每个 $\varphi \in \Pi$ 和每个 $\Delta \in D$,有 $\varphi \wedge \Delta | = \bot$ 成立。

因此,诊断解与冲突集的关系是许多算法由冲突集构造诊断解的基础,如 Reiter 碰集算法、GDE 的构造器算法和 Darwiche 的组件结果算法。

除了定理 4-1 的基本结果外,冲突集和诊断解之间还存在如下的直接数学关系描述。

定理 4-2 $\psi = (SD, COMPS, OBS)$ 是拥有冲突集 Π 和诊断解 D 的系统,在冲突集和诊断解间存在如下关系:

$$D \equiv \neg \bigvee \{\varphi \mid \varphi \in \Pi\} \tag{4-14}$$

证明:析取范式可视为元素集,集合 D 也由析取范式组成。$\overline{\Pi} = \bigvee \{\varphi \mid \varphi \in \Pi\}$,对每个 $\varphi \in \overline{\Pi}$,有 $SD \cup \varphi \cup OBS | = \bot$ 成立,然而,对每个 $\Delta \in D$,有 $SD \cup \Delta \cup OBS | \neq \bot$,最大一致性 Ab 组合都由 $\overline{\Pi}$ 和 D 覆盖。因此,有下式成立:

$$\overline{\Pi} \bigvee D \equiv T \tag{4-15}$$

最终,由式(4-15)可得,$D \equiv \neg \overline{\Pi}$。

因此,只要获得系统的冲突集,就可较为容易地得到其诊断解。

定理 4-2 给出了冲突集和诊断解之间的数学描述,在系统部件数目较少时,这是一个很快捷计算诊断解的方式。但在系统复杂时,如此数学求解过于复杂。为了更好地实现对系统的诊断,实现方便地由冲突集计算出系统的诊断解,Reiter 提出了碰集的概念。

定义 4-9 设 $C_i(i = 1, \cdots, k)$ 为冲突集,$\{C_1, C_2, \cdots, C_k\}$ 为集合组,若集合 H_c 满足以下两个条件 $H_c \cap C_i \neq \varnothing (1 \leqslant i \leqslant k)$ 和 $H_c \subseteq \bigcup_{i=1}^{k} C_i$,则称集合 H_c 为集合组 $\{C_1, C_2, \cdots, C_k\}$ 的一个碰集。

如果一个碰集没有任何子集也是该系统的碰集,则这个碰集是系统的最小碰集。

定理 4-3 如果 Δ 是系统 $\psi = (SD, COMPS, OBS)$ 最小冲突集合组的一个最小碰集,那么 $\Delta \in COMPS$ 是系统 $\psi = (SD, COMPS, OBS)$ 的一个诊断解。

此定理提供了诊断计算的理论基础,研究人员大都根据这个定理来求解碰集。

定理 4-4 对于有 k 个集合的最小冲突集合组 $\{C_1, C_2, \cdots, C_k\}$,它的最小碰集组 $\{H_1, H_2, \cdots, H_n\}$ 中的任意一个集合 $H_i(i = 1, 2, \cdots n)$ 的元件数目一定不大于 k。

证明:假设存在最小冲突集合组 $\{C_1, C_2, \cdots, C_k\}$ 的一个最小碰集 $H_i = \{h_1,$

$h_2, \cdots, h_m\}$，其元件数目大于 k，即 $m > k$，则 H_i 满足 $H_i \cap C_j \neq \emptyset (1 \leqslant j \leqslant k)$ 和 $H_i \subseteq \bigcup\limits_{j=1}^{k} C_j$。

设 $H_i = \{a_1, a_2, \cdots, a_m\}$ 和 $\{C_1, C_2, \cdots, C_k\}$ 分别相交不同的元件 $a_1, \cdots, a_k$，$a_1 \in C_1, \cdots, a_k \in C_k$，那么 $H_i' = \{a_1, a_2, \cdots, a_k\} = H_i - \{a_{k+1}, \cdots, a_m\}$ 满足 $H_i' \cap C_j \neq \emptyset (1 \leqslant j \leqslant k)$ 和 $H_i \subseteq \bigcup\limits_{j=1}^{k} C_j$；并且在没有其真子集满足上述条件，即 H_i 的真子集 H_i' 也是冲突集合组 $\{C_1, C_2, \cdots, C_k\}$ 的最小碰集，从而相矛盾。

综上，系统求解实际上是求出系统最小冲突集的所有最小碰集，这时的最小碰集是系统诊断解。

4.3.3　约束传播技术

约束传播是指根据模型部件的约束关系对模型的节点值进行计算的一种操作。约束传播方法最初由 Steele 和 Sussman 提出。后来，由 de Kleer 和 Davis 将其发展为广义约束传播技术，并用于多故障诊断的冲突识别中。

模型的节点值表示模型的变量大小，模型的部件约束表示节点变量之间应满足的条件。在约束传播中，当给定系统约束与某些初始节点变量后，即可推算出未知节点的变量数值。一个由约束传播计算出的节点值可以作为下一次约束传播计算的初始值，这样，节点值一直可以被传播下去。由于把约束看成节点值之间的传导通路，因此约束可以把系统输入节点值传播到系统内部任何可能被传播的地方。一般地讲，约束的传播路径有很大的选择性。当在某节点上由不同路径传播而来的同类型变量值不相同时，这表明有冲突出现，即表示系统模型的约束假设与实际系统行为不一致。

有时约束传播过程在系统内部的某个节点处被终止，这通常是由于系统在该处的约束信息或节点值输入信息不完全所致。对于实际的模型是将每一个部件看成一个约束集合，如在模拟电路中元件的约束集合是数学方程组，而在数值电路中元件的约束集合却是一组布尔逻辑关系。

用广义约束传播技术产生冲突集的方法：当在某个节点由两个不同路径传播而来的同一类型的变量值不相同时，表明在该节点上有冲突存在，将这两个传播路径上的所有部件组成一个集合，此集合即为一个冲突集合。由于节点数以及到同一节点上的可能传播路径有许多个，因此全部冲突集合应是由在所有节点上对各类型变量的所有互不相同传播值所对应的路径部件集合的两两并集。但真正有用的是最小冲突集合，应从全部的冲突集合中找出所有的最小冲突集合。

4.3.4　基于解析冗余的冲突识别

利用约束传播技术可对模型中存在的解析冗余进行计算,进而实现对没有直接观测量的节点的冲突识别。解析冗余的基本思想:一个定性模型可由有向图来定义,如果图中一条边的值可由至少两条不同路径推理得到,这条边上的值就是解析冗余的。

为了计算解析冗余,首先需要根据传感器分布模型和系统结构模型建立系统的数据传播模型。

定义 4-10　一个系统的数据传播模型是一个有向图 $G = \{V, E\}$,其中节点 $v_i \in V$ 表示系统结构中连接两个部件之间的边,G 中的边 $e_i \in E$ 表示系统结构中的部件。

从定义 4-10 中可以看出,数据传播模型中的节点 $v_i \in V$ 的值代表了系统中两个部件之间传递的值,而数据传播模型中的边 $e_i \in E$ 代表了系统中部件对数据的加工过程,该过程将有向边 e_i 的始节点的值作为输入,将终节点的值作为输出。有向边 e_i 只代表了数据的传播方向,并不对所连接的两个节点值之间的关系做任何约束。图 4-20(a) 为一个阀门系统,其对应的数据传播模型如图 4-20(b) 所示。

(a) 简单阀门　　　　　　　　　(b) 数据传播模型

图 4-20　简单阀门及其数据传播模型

下面基于数据传播模型,给出一些计算解析冗余过程中会遇到的几种节点的定义。

定义 4-11　在数据传播模型 $G = \{V, E\}$ 中,一个确定节点 $v_i \in V$ 是这样一个节点,该节点的值在每一次传播的过程中是可以唯一确定且可知的,并且与数据传递无关。

在系统的数据传播模型中使一个节点成为确定的方式就是将其作为一个可测节点,它对应着传感器分布模型中的每一个传感器的布置点,这样在每一次传播过程中,该点的值都可以通过传感器唯一确定,而在下次传播过程中却是可以改变的。

定义 4-12　在数据传播模型 $G = \{V, E\}$ 中,只有输入或输出的节点称为外部节点。

显然,确定节点在每一条传播路径中都是外部节点。

定义 4-13　在数据传播模型 $G = \{V, E\}$ 中,一个存在解析冗余的节点 $v_i \in V$

是这样个节点,在对系统的一次观测,至少有两个确定节点 $v_1 \in V$ 和 $v_2 \in V$ 与 v_i 之间存在一条通路,并且连接的通路没有方向的限制。

存在解析冗余的节点称为解析冗余节点。

图 4-21 为一个系统的数据传播模型,则该模型中节点 B 是一个解析冗余节点,因为在对系统的一次观测中,节点 A、C 是确定节点,则到节点 B 存在 A、C 两条路径,即可以通过节点 A

图 4-21　数据传播中的解析冗余节点

计算出节点 B 的值,也可以通过节点 C 反向推理出节点 B 的值,当这两个值不同时,说明该数据传播模型所代表的系统中存在冲突。

计算冲突候选集时,对某些非基本部件进行约束悬挂,相当于在系统中删除该部件,使得原来与该部件相连的边产生新的外部节点,并且新的外部节点与确定节点不同,因为这些外部节点的值并不能确定。

定义 4-14　在数据传播模型 $G = \{V, E\}$ 中,未知节点是这样一些外部节点,它们的值是不能唯一确定且可知的。

显然,确定节点一定是外部节点,而外部节点不一定是确定节点。如果在一个系统中存在这样一个节点,它不是外部节点,但是确定节点,如图 4-22(a) 中的节点 B,那么这个系统可以被划分为两个独立的子系统,如图 4-22(b)、(c)所示,并且在实际的诊断过程中,对这两个子系统的诊断是独立进行的。

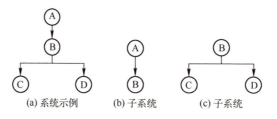

(a) 系统示例　　　(b) 子系统　　　(c) 子系统

图 4-22　确定节点与外部节点示例

要得到未知节点的值,只能够由传播路径将确定节点的值通过系统中该路径上各个部件的作用传播过来。

定义 4-15　在数据传播模型 $G = \{V, E\}$ 中,一条未知路径是其中包含有未知节点的路径。

定理 4-5　在数据传播模型 $G = \{V, E\}$ 中,如果到达某一节点的传播路径中至少有两条不是未知路径,并且能够将传播路径中确定节点的值传播到该节点,那么该节点是一个解析冗余节点。

根据定义 4-10 至定义 4-15,定理 4-5 的结论显然成立。

4.3.5 基于定性模型的诊断过程

诊断过程是指当系统出现异常的行为状态时,查明该异常状态所发生原因的过程。诊断过程包括几个主要的按次序进行的推理步骤(图4-23)如下:

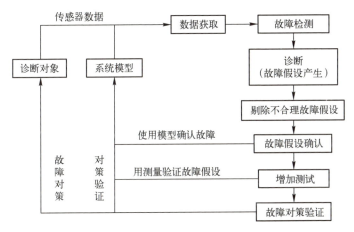

图4-23　基于模型的诊断过程

(1)数据获取。其作用是从诊断对象和系统模型中直接或间接(遥测)地获取测量数据,并做一定的预处理后送给模型诊断系统。这里的系统模型可能是物理仿真的或数学仿真的,也可能是这两种形式的混合。应注意对于诊断对象和系统模型的数据采集应以完全相同的方式进行。

(2)故障检测。典型的故障检测方式是将实测数据与模型的报警上、下限比较,如果超出了其界限范围,则视为故障存在。报警上、下限有些是常量,而有些是时变的。报警带宽度的选取应以既不漏诊又不误诊为标准。对于复杂动态系统的数据仿真,为达到实时效果多半采用定性或半定性仿真方法。尽管在故障检测中可采用浅知识对故障进行判断,但结论一般是粗糙的。

(3)诊断(产生故障假设)。根据故障检测结果,将征兆进行组合识别,推理判断出系统哪些部件是故障源。一般地讲,由故障检测直接判定的部件故障征兆多半是由其他故障源传播而来的。模型诊断是使用系统的深知识(可能也包括浅知识)采用适当的模型推理与诊断技术识别出包含真正的故障源在内的故障假设集合。在故障假设集合中非真实故障元素所占的比率取决于测量信息的完整程度,同时假设集合中各元素的故障可能性也不尽相同,有必要对其进行概率排序。

(4)剔除不合理故障假设。这一步主要是指利用领域知识从故障假设集合中剔除与系统实际状态或测量结果一致性不强的故障假设,或者剔除那些与可信故障假设相矛盾的故障假设。

(5) 在系统模型中确认故障假设。用于诊断的系统模型可以是数学模型,也可以是物理模型或两者的混合形式。首先从故障假设列表中选择一个最大可能的故障假设,并在系统模型上设置出这个故障,然后获取诊断对象和系统模型的测量数据或计算数据,重复上述诊断步骤得到一个新的故障假设列表。如果此列表中不再包含有系统模型中所设置的故障假设,则说明所设置的故障假设被确认;如果此列表仍然包含所设置的故障假设,则这意味着该故障假设不是真实的故障,应将其排除。按上述做法将故障假设列表中的每个故障假设在模型中设置并判别,最后得到一个经确认后的故障假设列表。

(6) 增加测试。经系统模型确认的故障假设列表一般仍是一个可能的故障集合,如果需要进一步的判断分析,则可以通过增加测试信息来实现。所需增加的测试一般是有针对性的,即当增加某个测试后会立刻判定某个(些)故障假设是否真正存在。

(7) 故障对策验证。得到的诊断结果要通过故障对策的形式将其对系统的不良影响去除或减少到最低限度。在采取故障对策之前要在系统模型上验证所采取对策的有效性。

对于基于定性模型的诊断系统而言,计算量大、推理时间长、实时性难以保证是它的自身缺点。为充分利用专家经验知识和提高诊断效率,可以将基于定性模型诊断与基于规则诊断有机结合以发挥各自的长处。图4-24描述了两个推理机如何协调工作,推理和知识库信息如何有条件的相互转换。

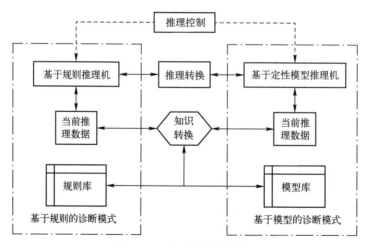

图4-24　集成的诊断模式

4.3.6　定性模型中的不确定推理

1. 不确定性分析

卫星在轨运行过程中,由于系统性能衰退或发生无法消除的故障,使得当前工作状态相对初始状态发生偏移,导致模型精度下降,影响到状态识别的准确性,进而对诊断结果的准确性产生影响。

诊断的准确性包括两部分:一是故障部件定位的准确性,这一部分取决于诊断知识的完备性;二是诊断结果描述的准确性,这一部分主要取决于对诊断过程中出现的不确定性信息的处理,包括测量过程中的不确定性描述和匹配过程中的不确定性描述。

在诊断过程中,对于冲突识别和故障确认两种匹配操作结果的解释应该是不同的:冲突识别的目的是确认系统是否发生了异常,因此对该过程匹配结果的确认应该保持"确定性原则",即只要存在一个属性值没有匹配成功,就认为两个状态之间存在冲突;故障确认的目的是在已确定系统异常的情况下寻找可能的异常原因,因此,对该过程匹配结果的确认应该保持"可能性原则",即状态向量中大部分的属性能够匹配,就可以近似地认为当前的状态是由此原因造成的,或者两个状态之间是具有相似性的。

然而,在对当前的系统观测与目标状态进行匹配时存在这样的问题,无论在冲突识别还是候选产生过程,都是根据"确定性原则"对匹配结果进行确认,即匹配条件必须完全满足。而在实际的诊断过程中并非所有的系统观测都能够找到完全匹配的目标状态,因为无法对所有属性取值的所有组合进行建模(并非所有的属性组合状态都是目标状态),因此产生了这种无法与目标状态完全匹配的"中间状态"。

产生"中间状态"的原因主要有以下几点:

(1) 对于连续的属性,其属性状态(值)正在向标准状态(值)方向移动;

(2) 系统在运行过程中,属性的阈值发生了偏移;

(3) 测量本身存在误差;

(4) 模型本身的精确性问题;

(5) 系统处于一种没有预想到的状态。

原因(1)是由于系统从一种工作模式转换到另一种时,系统的能量在内部或与外界之间的交换方式会发生改变,而这是一个累积的过程。对于连续的属性,其状态的变化会有一定的延迟,系统当前的状态只是一个过渡,并将逐渐趋近于模型中的某一个目标状态。

原因(2)是由于系统在运行过程中,由于工作环境的变化、自身性能的下降或发生故障,使得系统实际的工作状态与预想的目标状态之间产生了偏差。例如,由于蓄电池组老化,在充满电时的电池电压已无法达到标准状态时的电压,使得测量到的电压值与标准值之间存在差异,产生了不匹配现象。

对于原因(3)和(4)来说,无论是测量到的观测值,还是模型中的标准值,只要有一方出现偏差,都会导致不一致的情况发生。由测量产生的偏差,会导致观测与模型之间整体上的不一致。

如果无法确定偏差的原因,且偏差状态在某一个工作模式下保持稳定,则将其归类为一种新的工作状态,或称为"未建模状态",即原因(5),然而这同时也为诊断结果本身带来了不确定性。

2. 模糊传递系统模型诊断方法

本节给出了一种基于距离函数的模糊传递系统模型诊断推理方法。该方法采用基于能量观点的距离函数对诊断过程中的不确定性进行处理。

图4-25为一个包含了5个属性A1～A5的状态向量,每一个属性的取值为v1～v5,图4-25(a)为标准向量 a,图4-25(b)为观测向量 b,其中有2个属性A2、A4与 a 中的属性不一致,图4-25(c)为观测向量 c,其中有1个属性A2与 a 中的属性不一致。根据传统的判断方法,要么 b、c 都与观测不符,要么向量 c 更接近观测,因为只有一个属性不符。但是在本节的诊断方法中,向量 b 可能更接近标准状态向量,因为A2、A4都与标准属性相差不多,即状态转移的代价可能更小。但是这也与属性的重要度和属性的尺度转移系数以及当前属性值的宽度有关,因此不能够像传统的方法中仅仅通过简单地比较或计数的方式确认故障类型。

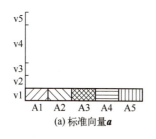
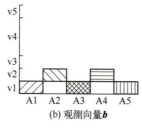
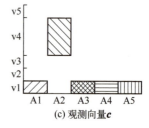

(a) 标准向量 a (b) 观测向量 b (c) 观测向量 c

图4-25 定性状态向量

1) 故障匹配

这一过程的目的是利用距离函数对当前的观测与故障类型进行匹配。在计算时采用枚举的方式得出与所有故障模式的距离值,并保存到数据库中,同

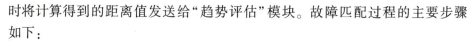

时将计算得到的距离值发送给"趋势评估"模块。故障匹配过程的主要步骤如下：

（1）计算当前观测向量与各个故障模式中相应属性之间的距离；

（2）利用属性之间的距离，合成当前的观测向量与各个故障模式之间的距离；

（3）在这些距离值中，距离为零的故障模式可认为是当前的系统状态，若所有的距离都不为零，则说明当前的系统状态是一种"中间状态"，需要进一步对状态的趋势进行评估。

2）趋势评估

"故障匹配"的结果可能是所有的距离值都不为零，而与某一个故障模式的距离为零可看作一种特殊情况。因此，采用的评价方式是将当前的距离分布情况与上一时刻的距离分布情况进行比较，则当前可能的故障模式为距离变化的比例最小的且趋近的那个故障模式，如图4-26所示，当

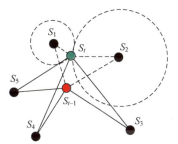

图4-26　系统状态匹配过程

前可能的状态为 $\min\left(\dfrac{|S_1S_t|}{|S_1S_{t-1}|},\dfrac{|S_2S_t|}{|S_2S_{t-1}|}\right)$ 所表示的故障模式，其中，$S_1 \sim S_5$ 代表五种状态，S_{t-1} 代表上一时刻的状态，S_t 代表当前时刻的待匹配状态，以 S_1 和 S_2 为圆心的虚线圆则可以看作以它们为中心的能量场。从图4-26中可以看出，在以标准状态 $S_1 \sim S_5$ 为圆心，且经过 S_t 的圆中，如果包含了 S_{t-1}，则说明 S_t 正在远离该标准状态，否则将成为候选的状态。在图4-26中，S_1 比 S_2 更接近当前的状态。

从能量的观点来看，由于距离函数所代表的物理意义是两个状态之间转移所需要的能量，因此距离变化最大的方向为能量梯度最大的方向。

从系统的角度来看，由于系统的功能可以看作能量守恒过程，因此能量变化最大的方向代表了系统当前的主要工作状态。例如，一个电动系统的输入为电能，理想的输出为机械能，因此在系统开始运行时其机械能的变化梯度应该最大。但是，在实际过程中其温度的变化过高，热能的变化梯度超过了机械能，这说明在系统运行的过程中可能出现了严重的摩擦现象。

从几何的观点来看，由于每一个模式都是由一个属性向量来表示，且每一个向量都可以看作属性空间中的一个点，因此距离变化最大的方向可以看作系统状态变化的主要方向。

3）故障确认

故障确认过程对"故障匹配"和"趋势评估"的结果进行综合，当"故障匹配"时出现某一个距离值为零时，认为当前的状态为该模式；否则，认为当前的状态为系统正趋近的故障模式。

4.4 应用示例——卫星电源系统故障诊断

系统是由诸多要素组成的有机整体，具有特定的功能与结构。结构模型是定性表示系统构成要素以及它们之间存在着的本质上的相互依赖、相互制约和关联情况的模型。结合卫星电源系统，以系统要素间的因果关系为基础，识别系统的组成要素及要素间的关系是建立系统模型的第一步；然后对系统要素间的联系及其层次关系进行分析，构建系统整体结构；最后进行故障推理诊断。

为了验证本章诊断方法的有效性，以某卫星一次电源系统为例对诊断结果进行分析。

4.4.1 卫星供配电分系统组成

1. 系统要素的确定

在卫星电源系统中，主要的功率调节与控制设备如下：

（1）用于光照区汇流条电压调节的调压装置；

（2）用于蓄电池组的充电控制电路或充电调节器；

（3）用于蓄电池组输出电压调节的放电调节器；

（4）用于控制汇流条电压调节装置、充电调节器、放电调节器工作状态的汇流条误差电压放大器。

卫星供配电分系统（图4-27）主要包括：

（1）一次电源子系统：太阳电池阵、氢镍蓄电池组、蓄电池组连接继电器盒、电源控制装置。其中电源控制装置包括分流调节器（S3R）、充电调节器（BCR）、放电调节器（BDR）、误差放大器（MEA）、母线（BusBar）等。

（2）DC/DC 子系统：服务舱南北配电器及其他分系统内 DC/DC 模块/变换器（converter）。

（3）总体电路子系统：服务舱南/北配电器、通信舱南/北配电器、火工品管理器（PIU）和低频电缆网。

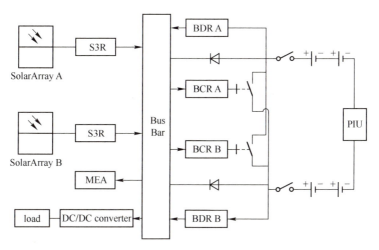

图 4-27　卫星供配电分系统结构

- 太阳电池阵:提供卫星电能;
- 分流调节器:根据误差电压放大器的状态控制输出来自太阳电池的电能;
- 氢镍蓄电池组:贮能装置。当太阳电池不能提供电能时或提供的电能不能满足母线的需要时,由蓄电池组提供电能,在光照区由太阳电池为其补充电能;
- 充电调节器:根据蓄电池组内电能多少控制对其充电的电流;
- 放电调节器:根据母线的需求控制蓄电池的放电电流;
- 母线:电源汇流条;
- 母线误差放大调节器:根据母线所需电压的要求输出状态显示。

2. 系统要素约束关系

系统要素及其关系形成系统的特定结构,因此系统结构的表示也就是对系统要素间约束关系的表示。

根据对卫星电源供电系统的分析,可知卫星在轨道运行时有光照区、光照-阴影区、阴影区、阴影-光照区四种不同状态。在四种状态中,卫星电源系统工作模式是不同的,产生的故障也不同。如果建立一个统一模型,那么同一部件在不同区域的工作模式是不同的,故障模式也不同,如在阴影区域太阳电池输出为零是正常状态,而在光照区域太阳电池输出为零就是一个故障。考虑这些因素,为了使建立的模型更加准确、直观,应该按照四个区域建立四个模型。这四个模型有相同的部件,这些部件在每个区域完成的功能不同,正常模式和故障模式等都不同。

本节以光照区为例,说明基于定性模型的故障诊断方法如何应用于卫星在轨故障诊断。建立电源系统的定性模型,其所描述的诊断知识一般分为系统结构和功能两部分。其中结构知识可以采用有向图描述,功能知识可采用命题表达式进行描述。

4.4.2 基于有向图的结构描述

基于结构模型建模要使用因果关系分析系统要素,首先是确定物理系统的哪些部分应该包含在仿真范围之内,也就是说界定需要仿真的系统的范围,即对系统范围进行识别。在确定系统的范围时,如果某个部分从直觉上看是系统的重要组成部分,但是与仿真目标无关,且对仿真过程和结果没有影响,则要摒弃在仿真范围之外。

在确定仿真系统的范围之后,需要确定在界定的仿真范围内,哪些系统要素是与系统性质相关的,摒弃无关要素。确定系统要素是否与感兴趣的系统性质相关,借助的是系统功能表现和因果关系分析。

因为是依据因果关系来分析系统要素之间的关系,所以在识别系统要素的同时可以得到系统要素的初步因果关系。在此基础上做进一步分析,明确系统要素的彼此约束关系,以建立系统的结构模型。

按照上述方法,建立某卫星一次电源系统在光照区结构模型如图 4-28 所示。

传感器分布模型描述了一个系统中各个节点的传感器分布情况,设图 4-28 中的传感器布点为节点 A、B、C、D、E,它的数据传播模型如图 4-29 所示。其中,P～Q 为外部命令。

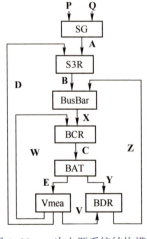

图 4-28　一次电源系统结构模型

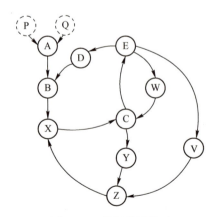

图 4-29　数据传播模型

在图4-29所示的数据传播图中,节点A、B、C、D、E为有传感器布置的确定节点。X、Y、Z、W、V为解析冗余节点,以节点X为例,到达X的路径为B→X和E→W→C→X(图4-30)。

为了说明未知节点的情况,悬挂部件BAT,则节点Y成为新的外部输入节点,但是不能够确定Y的值,所以它是一个未知节点(图4-31)。

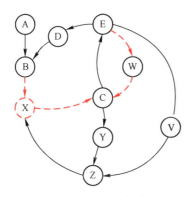
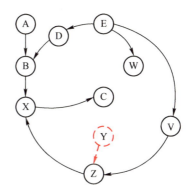

图4-30　解析冗余节点　　　　　　图4-31　未知节点

4.4.3　基于命题表达式的功能描述

1. 系统分析

在卫星电源控制系统中,太阳电池进行光电转化,可提供大量电能,由于母线连接负载,太阳电池通过并联开关调节器为母线提供电能。卫星处于光照区,蓄电池需要充电,所以将蓄电池看作母线的负载。在蓄电池处设有传感器,可以监测到其充电的电流值大小;同时在模型中有相应的充电状态输出给误差放大器,由误差放大器控制并联开关调节器太阳电能的输出。

2. 系统变量建立

电信号属性包括电压、电流两个结构变量。因为在电源系统中组件之间传递的是电流,在组件上表现的是电压值,故这样设定。由于电压、电流在光照–阴影区和阴影–光照区是不断变化的,所以在电压、电流中各设有水平值(表示某时刻电压的值)和变化率(表示某时刻电压值的变化方向)。具体说明如下:

系统变量
- 电信号属性
  - 电流
    - 电流水平值：微弱电流、低电流、中电流、稳态电流
    - 电流变化率：下降、平稳、上升
  - 电压
    - 电压水平值：微弱电压、低电压、中电压、稳态电压
    - 电压变化率：下降、平稳、上升
- 充电电流：微弱电流、小电流、中电流、大电流
- 放电电流：微弱电流、小电流、中电流、大电流
- 误差电压：微弱电压、低电压、中电压、稳态电压
- 开关状态：开、关
- 轨道状态：第一区、第二区、第三区、第四区
- 命令：高、中、低、偏低、无命令
- 轨道命令：第一区、第二区、第三区、第四区、无命令

3. 光照区工作模式分析

如图 4-28 所示，太阳电池阵输出的电能通过开关分流调节器提供给母线电能，提供的多少由误差放大调节器控制。在本模型中卫星处在光照区，此时需要给蓄电池充电，将蓄电池看作负载，对蓄电池的充电电流值设计为四个值。这是根据卫星上蓄电池的实际情况它的充电模式分为大电流充电、涓流充电和轮流充电，在达到大电流充电前，应该有一个电流变化的过渡，将其设为中电流。误差放大调节器不仅控制开关分流调节器，还控制充放电调节模块。在光照区充电调节模块工作，放电调节模块不工作。传感器监测各个组件的输出值。

光照区组件的正常模式及故障模式分析如表 4-11 所列。

表 4-11　光照区组件正常模式及故障模式分析

	正常模式	按照正常输出稳态电流	
太阳电池阵	故障模式	控制命令失效	一直输出微弱电流
			一直输出小电流
			一直输出中电流
			一直输出大电流
		电池阵短路	输出电流、电压为零
分流调节器	正常模式	根据误差放大器的输出来输出相应的电流	
	故障模式	输出状态与命令状态不同	状态要求微弱电流，却输出小电流
			状态要求微弱电流，却输出中电流
			状态要求中电流，却输出小电流或微弱电流
			状态要求小电流，却输出中电流
			状态要求小电流，却输出微弱电流
			状态要求大电流，却输出不为大电流

（续）

蓄电池	正常模式		放电电流为零，需要充电，充电电流可以为微弱电流、小电流、中电流、大电流
	故障模式	放电	当负载功率大于太阳翼功率时，蓄电池无输出
充电调节模块	正常模式		将从母线来的电能传送给蓄电池
	故障模式	控制关闭	蓄电池容量未满且有功率剩余时未充电，来自误差放大器的命令使得模块关闭，不能为蓄电池充电
放电调节模块	正常模式		当负载功率小于太阳翼功率时，误差放大调节器控制关闭，不对外输出电能
	故障模式	控制打开	当负载功率小于太阳翼功率时，来自误差放大器的命令使得模块打开，使蓄电池对外放电
母线	正常模式		输入电能等于输出电能
	故障模式	故障	电压异常，电流异常
误差放大调节器	正常模式		打开充电调节模块，关闭放电调节模块，输出蓄电池需充电的状态给分流调节器
	故障模式	失效1	关闭充电调节模块
		失效2	打开放电调节模块

4. 光照区模块功能描述建立

下面以太阳电池阵和分流调节器为例，给出其系统功能描述。

1）太阳电池阵

表4-12中光照区的太阳电池阵有两个输入，分别是状态输入与命令输入。状态输入StateIn是指目前所处的工作状态（光照区、光照-阴影区、阴影区、阴影-光照区）。命令输入CmdIn指太阳电池阵正常模式之间相互转化的指令。这个模块只有一个输出，它的取值可以有电压、电流的水平值和变化率值。这里的一个属性Position表示正常模式中输出的电压电流值达到哪一个位置，即太阳电池阵在光照区的电流值可以达到最大。设立模型的正常模式有四个，分别对应四个电流值。实际卫星的电流值应该是连续的、多值的。由于侧重讲述基于定性模型的故障诊断方法，因此将该连续值定性描述为四个区域值。故障模式设定了一个太阳翼短路故障，也就是当卫星进入光照区，没有电能，说明太阳电池阵损坏，或未连接到电路中。另外的四个故障是针对命令给出后模块未执行，而仍是原状态。

表4-12　光照区太阳电池阵功能描述

Input	StateIn
	CmdIn
Output	PowerOut

（续）

Attribute		Position
Nominal Modes	High	Position = high
	Middle	Position = middle
	Low	Position = low
	LittleLow	Position = littleLow
Failure Modes	ShortCircuit	powerOut. voltage. level = zero； powerOut. current. level = zero
	StuckHigh	Positon = high
	StuckMiddle	Position = middle
	StuckLow	Position = low
	StuckLittle	Position = littleLow
Background		if（stateIn = open） ｛ if（position = high） powerOut. current. level = big； if（position = middle） powerOut. current. level = middle； if（position = low） powerOut. current. level = small； if（position = littleLow） powerOut. current. level = littleSmall； powerOut. voltage. level = steady；｝ else if（stateIn = close） ｛ powerOut. current. level = zero； powerOut. voltage. level = zero；｝ ；

2）分流调节器

在分流调节器中有电能输入（powerIn）和状态输入（vmeaIn）状态输入表示此时负载所需的电压电流。一个输出是连接母线的。在这个模型中有一个正常模式，其中包含多种情况。在这个正常模式里的语句含义是：如果电能输入值高于或等于状态输入值所对应的电压电流值，则输出状态需要的值。由于在太阳电池中设定了四个电流值，所以分为表4-13所列的情况。例如，正常模式中第一个if语句，当误差放大调节器给分流调节器的命令是输出微电流，这时如果输入的电能只要不为零（除了零状态其他的状态电压都认为比为微电流高），则输出微电流。第二个if语句表示的是误差放大器可以输出一个状态，此时不要求再调整分流调节器，即此时母线电压电流值满足需要，这是一个稳定状态。

表4-13 光照区分流调节器功能描述

Input		powerIn
		vmeaIn
Output		powerOut

Nominal Modes	Nominal	if ((vmeaIn = littleLow) & (powerIn. current. level ! = zero))
		powerOut. current. level = littleSmall ;
		if (vmeaIn = steady)
		¦ powerOut. current. level = powerIn. current. level ;
		powerOut. voltage. level = steady ; ¦
		if ((vmeaIn = middle) & ((powerIn. current. level = middle) ¦
		(powerIn. current. level = big)))
		powerOut. current. level = middle ;
		if ((vmeaIn = low) & (powerIn. current. level ! = littleSmall))
		powerOut. current. level = small ;
		if ((vmeaIn = high) & (powerIn. current. level = big))
		powerOut. current. level = big ;
		if ((powerIn. voltage. level = zero) &
		(powerIn. current. level = zero))
		¦ powerIn. voltage. level = powerOut. voltage. level ;
		powerIn. current. level = powerOut. current. level ; ¦ ;

Failure Modes	littleSmall Broken1	if ((vmeaIn = littleLow) & (powerIn. current. level = small)) ¦ powerOut. current. level = small ; powerOut. voltage. level = steady ; ¦ ;
	littleAnd SmallBroken	if ((vmeaIn = littleLow) & (powerIn. current. level = middle)) ¦ powerOut. voltage. level = steady ; powerOut. current. level = middle ; ¦ ;
	middleBroken	if ((vmeaIn = middle) & ((powerIn. current. level =middle) ¦ (powerIn. current. level = high))) ¦ powerOut. voltage. level = small ; powerOut. current. level = powerIn. current. level ; ¦ ;
	smallBroken	if ((vmeaIn = low) & (powerIn. current. level = middle) ¦ (powerIn. current. level =high)) ¦ powerOut. current. level = middle ; powerOut. voltage. level = steady ; ¦ ;
	sMBBroken1	if ((vmeaIn = low) & (powerIn. current. level = Small)) ¦ powerOut. voltage. level = powerIn. voltage. level ; powerOut. current. level = powerIn. current. level ; ¦ ;
	bigBroken	if ((vmeaIn = high) & (powerIn. current. level ! = big)) ¦ powerOut. voltage. level = powerIn. voltage. level ; powerOut. current. level = powerIn. current. level ; ¦ ;
	unknown	

在设计模型时,没有比较任何一个电压和电流的大小,只是命名不同。在第一个故障模式(littleSmallBroken)中的语句含义是误差放大器现在要求提供的电流是微电流,这时输入的电能为小电流,观测到分流调节器的输出是小电流,则说明 S3R 相关功能损坏或故障。同样,对于第二个故障模式也要求微电流输出,在输入为中电流情况时,监测到的输出为中电流,则说明 S3R 相关功能损坏或故障。

4.4.4 冲突识别算法

根据定理 4-5,可以得出计算数据传播模型中解析冗余节点的方法,如算法 4-1 所示。其中 V 为输入系统的节点集,E 为边集,U 为未知节点集,OBS 为确定节点集。

算法 4-1:

输入: V,E,U,OBS

输出: 解析冗余节点集 AR

第 1 步: 得到要计算解析冗余的节点集 $A=V-\text{OBS}-U$;

第 2 步: 通过先深搜索算法利用 E、A、OBS 获得输入节点集中所有可能的数据传播路径集合 M;

第 3 步: 若 A 不空,则取 A 中的节点 A_i,否则转到第 7 步;

第 4 步: 若 M 中存在包含 A_i 的路径 M_{ij} 且未被测试过,则取出该路径,否则转到第 3 步;

第 5 步: 若 M_{ij} 中没有未知节点,则标记 A_i;

第 6 步: 若 A_i 的标记不小于 2,则 A_i 是一个解析冗余节点,放到 AR 中,转到第 3 步;

第 7 步: 算法结束。

4.4.5 电源定性模型诊断推理过程

利用算法 4-1 计算解析冗余,得到的电源系统的冲突候选集为 {SG}, {S3R}, {BusBar、BCR、BAT、Vmea、BDR}。

根据目标系统的已知信息可知,部件 S3R 的正常工作环境应为

```
if ( ( vmeaIn = littleLow ) & ( powerIn. current. level != zero ) )
    powerOut. current. level = littleSmall ;
if ( vmeaIn = steady )
{ powerOut. current. level = powerIn. current. level ;
    powerOut. voltage. level = steady ; }
```

if ((vmeaIn = middle) & ((powerIn. current. level = middle)

｜ (powerIn. current. level = big)))

　　powerOut. current. level = middle ;

if ((vmeaIn = low) & (powerIn. current. level ! = littleSmall))

　　powerOut. current. level = small ;

if ((vmeaIn = high) & (powerIn. current. level = big))

　powerOut. current. level = big ;

if ((powerIn. voltage. level = zero) &

　　(powerIn. current. level = zero))

｜ powerIn. voltage. level = powerOut. voltage. level ;

　powerIn. current. level = powerOut. current. level ; ｝ ;

假设故障场景为

vmeaIn = middle

powerIn. current. level = middle

powerOut. current. level =small

即对于一次观测的结果使得传感器 B 的观测值 small 与预测值 middle 冲突。由于传感器 B 的值与 S3R 和 BusBar 直接相关,则得到的冲突集为{S3R},{BusBar、BCR、BAT、Vmea、BDR}。

利用 BHS-Tree 方法进行异常识别,得到的异常部件为{S3R},{S3R、BusBar},{S3R、BCR},{S3R、BAT},{S3R、Vmea},{S3R、BDR}。

由于 S3R 是一个单故障解,其发生故障的可能性最大,因此这里仅以 S3R 为例进行故障分析。

S3R 故障模式如表 4-14 所列。在该故障场景中,只有测点 B 的值异常,则根据部件的工作环境,可以确定 S3R 的故障模式为 middleBroken。

表 4-14　S3R 故障模式

Failure Modes	littleSmall Broken1	if ((vmeaIn = littleLow) & (powerIn. current. level = small)) ｜ powerOut. current. level = small ; powerOut. voltage. level = steady ; ｝ ;
	littleAnd SmallBroken	if ((vmeaIn = littleLow) & (powerIn. current. level = middle)) ｜ powerOut. voltage. level = steady ; powerOut. current. level = middle ; ｝ ;
	middleBroken	if ((vmeaIn = middle) & ((powerIn. current. level =middle) ｜ (powerIn. current. level = high))) ｜ powerOut. voltage. level = small ; powerOut. current. level = powerIn. current. level ; ｝ ;

（续）

Failure Modes	smallBroken	if ((vmeaIn = low) & (powerIn. current. level = middle) | (powerIn. current. level =high)) | powerOut. current. level = middle ; powerOut. voltage. level = steady ; | ;
	sMBBroken1	if ((vmeaIn = low) & (powerIn. current. level = Small)) | powerOut. voltage. level = powerIn. voltage. level ; powerOut. current. level = powerIn. current. level ; | ;
	bigBroken	if ((vmeaIn = high) & (powerIn. current. level != big)) | powerOut. voltage. level = powerIn. voltage. level ; powerOut. current. level = powerIn. current. level ; | ;
	unknown	

如果所有已建立的故障模式都不能够满足当前的环境,那么该部件的故障模式是未知的,也就是说只能够确定它发生了故障,但不能确定它发生了什么故障。

参 考 文 献

[1] 金洋. 基于传递系统模型的在轨卫星故障诊断方法研究[D]. 哈尔滨:哈尔滨工业大学,2013.

[2] 邵继业. 基于模型的故障诊断方法研究及在航天中的应用[D]. 哈尔滨:哈尔滨工业大学,2009.

[3] Davis R. Diagnostic reasoning based on structure and behavior[J]. Artificial Intelligence,1984,24(1-3):347-410.

[4] Reiter R. A theory of diagnosis from first principles[J]. Artificial Intelligence,1987,32(1):57-96.

[5] Kleer J D,Williams B C. Diagnosing multiple faults[J]. Artificial Intelligence,1986,32(1):97-130.

[6] Hofbaur M W,Williams B C. Hybrid estimation of complex systems[J]. IEEE Transactions on System,Man,and Cybernetics-Part B:Cybernetics,2004,34(5):2178-2191.

[7] Hofbaur M W,Williams B C. Hybrid diagnosis with unknown behavioral modes[C]. Proceedings of the 13th International Workshop on Principles of Diagnosis (DX02),2002.

[8] Console L,Dressler O. Model-based diagnosis in the real world:lessons learned and challenges remaining [C]. Proceedings 16th IJCAI,Stockholm,Sweden:Morgan-Kaufmann Publishers,1999,1393-1400.

[9] Davis R,Hamscher W. Chapter 8-Model-based reasoning:troubleshooting[J]. Exploring Artificial Intelligence,1988,19(4):297-346.

[10] Mosterman P J,Biswas G,Manders E A. Comprehensive framework for model-based diagnosis[C]. Proceedings 9th International Workshop on Principles of Diagnosis,1998,86-93.

[11] Franz W. Debugging VHDL designs using model-based reasoning[J]. Artificial Intelligence in Engineering,2000,14(4):331-315.

[12] Friedrich G,Stumptner M,Wotawa F. Model-based diagnosis of hardware designs[J]. Artificial Intelligence,1999,111:3-39.

[13] Kuipers B J. Qualitative simulation[J]. Artificial Intelligence,1986,29:289-338.

[14] Forbus K D. Qualitative process theory[J]. Artificial Intelligence,1984,24:85-168.

[15] Forbus K D,Nielsen P,Faltings B. Qualitative spatial reasoning:the CLOCK Project[J]. Artificial Intelligence,1991,51:417-472.

[16] Williams B C,De Kleer J. Qualitative reasoning about physical systems:a return to roots[J]. Artificial Intelligence,1991,51:1-7.

[17] Schwabacher M,Samuels J,Brownston L. The NASA integrated vehicle health management technology experiment for X-37[C]. Proceedings of the SPIE Aerosense 2002 Symposium,2002,1-12.

[18] Bernard D E,Dorais G A,Fry C,et al. Design of the remote agent experiment for spacecraft autonomy [C]. Aerospace Conference. IEEE,1998,2:259-281.

[19] Muscettola N,Nayak P P,Williams B C,et al. remote agent:to boldly go where no AI system has gone before[J]. Artificial Intelligence,1998,103:5-47.

[20] Williams B C,Nayak P P. A model-based approach to reactive self-configuring systems[C]. Thirteenth National Conference on Artificial Intelligence. AAAI Press,1996:971-978.

[21] Williams B C. Model-Based Autonomous Systems in the New Millenium[C]. International Conference on Artificial Intelligence Planning Systems,Edinburgh,Scotland,May. DBLP,2007:275-282.

[22] Genc S,Lafortune S. Distributed diagnosis of place-bordered Petri Nets[J]. IEEE Transactions on Automation Science and Engineering,2007,40(2):206-219.

[23] Enrique E T,Nicolas J S. Fault diagnosis for MSF dynamic states using a SDG and fuzzy logic[J]. Desalination,2004,166:93-101.

[24] Zhang Z Q,Wu C G,Zhang B K,et al. SDG multiple fault diagnosis by real-time inverse inference[J]. Reliability Engineering&System Safety,2005,87(2):173-189.

[25] 杨帆,萧德云. SDG 建模及其应用的进展[J]. 控制理论与应用,2005,22(5):767-774.

[26] Iri M,Aoki K,O'Shima E,et al. An algorithm for diagnosis of system failures in the chemical process [J]. Computers and Chemical Engineering,1979,3(1-4):489-493.

[27] Umeda T,Kuriyama T,O'Shima E,et al. A graphical approach to cause and effect analysis of chemical processing systems[J]. Chemical Engineering Science,1980,35:2379-2388.

[28] Shiozaki J,Matsuyama H,Tano K. Fault diagnosis of chemical processes by the use of signed,directed graphs. Extension to five-range patterns of abnormality[J]. International Chemical Engineering,1985, 25(4):651-659.

[29] Kramer M A,and Palowitch B L. A rule-based approach to fault diagnosis using the signed directed graph[J]. AIChE Journal,1987,33(7):1607-1078.

[30] Weisbin C R,Saussar G D,Barhen J. Minimal cut-set methodology for artificial intelligence applications [C]. Conference on Artificial Intelligence Applications,1984.

[31] Narayanan N,Viswanadham N. Methodology for knowledge acquisition and reasoning in failure analysis of systems[J]. IEEE Transactions on System,Man,and Cybernetics,1987,17(2):274-288.

[32] Sugumaran V,Ramachandran K I. Automatic rule learning using decision tree for fuzzy classifier in fault diagnosis of roller bearing[J]. Mechanical Systems and Signal Processing,2007,21(5):2237-2247.

[33] Sun W X,Chen J,Li J Q. Decision tree and PCA-based fault diagnosis of rotating machinery[J].Mechanical Systems and Signal Processing,2007,21(3):1300-1317.

[34] Yang B S,Lim D S,Tan C C. VIBEX:an expert system for vibration fault diagnosis of rotating machinery

using decision tree and decision table[J]. Expert Systems with Applications,2005,28(4):735-742.

[35] Wang Y Y,Li Q J,Chang M,et al. Research on fault diagnosis expert system based on the neural network and the fault tree technology[J]. Procedia Engineering,2012,31:1206-1210.

[36] Chang S Y,Lin C R,Chang C T. A fuzzy diagnosis approach using dynamic fault trees[J]. Chemical Engineering Science,2002,57(15):2971-2985.

[37] Yiannis P. Model-based system monitoring and diagnosis of failures using state charts and fault trees[J]. Reliability Engineering&System Safety,2003,81(3):325-341.

[38] T Tran V T,Yang B S,Oh M S,et al. Fault diagnosis of induction motor based on decision trees and a-daptive neuro-fuzzy inference[J]. Expert Systems with Applications,2009,36(2):1840-1849.

[39] Hossain A,Ray K S. An extension of QSIM with qualitative curvature[J]. Artificial Intelligence,1997,96(2):303-350.

[40] 白方周,霍鑫,鲍忠贵. 动态系统的定性推理:定性模型的建立与定性仿真方法[J]. 信息与控制,1995,24(4):222-228.

[41] Kuipers B J. Qualitative Simulation:Reasoning with Qualitative Models[J]. Artificial Intelligence,1993,59:28-32.

[42] 孙亮. 基于定性模型的卫星姿轨控制系统故障诊断方法的研究[D]. 哈尔滨:哈尔滨工业大学,2007.

[43] Bechta Dugan J,Sullivan K J,Coppit D. Developing a low-cost high-quality software tool for dynamic fault-tree analysis[J]. IEEE Transactions on Reliability,2000,49(1):49-59.

[44] 崔子谦. 基于定性模型的卫星电源系统故障诊断方法的研究[D]. 哈尔滨:哈尔滨工业大学,2007.

[45] 吴重光,夏涛,张贝克. 基于符号定向图(SDG)深层知识模型的定性仿真[J]. 系统仿真学报,2003,15(10):1351-1355.

[46] 宋其江. 基于有向图模型的故障诊断方法研究及在航天中的应用[D]. 哈尔滨:哈尔滨工业大学,2009.

[47] 沈颂华,等. 航空航天器供电系统[M]. 北京:北京航空航天大学出版社,2005.

[48] Gao X,Zhang J,Ning N,et al. The Livingstone model of a spacecraft power system[C]// International Conference on Measuring Technology and Mechatronics Automation. IEEE Computer Society,2010:896-899.

[49] Quinlan J R. Induction of decision trees[J]. Machine Learning,1986(1):81-106.

[50] Quinlan J R. C4.5 Programs for machine learning[M]. Morgan Kauffman,1993.

[51] 毛国君,段立娟,王实,等. 数据挖掘原理与算法[M]. 北京:清华大学出版社,2005.

[52] Breiman L I,Friedman J H,Olshen R A,et al. Classification and regression trees (CART)[J]. Encyclopedia of Ecology,1984,40(3):582-588.

[53] 王聪. 基于定性模型的卫星电源系统故障诊断方法的研究[D]. 哈尔滨:哈尔滨工业大学,2009.

[54] 平超. 航天器故障定性建模与诊断系统的研究[D]. 哈尔滨:哈尔滨工业大学,2010.

[55] Greiner R,Smith B A,Wilkerson R W. A correction to the algorithm in Reiter's theory of diagnosis[J]. Artificial Intelligence,1989:10-16.

[56] Wotawa F. A variant of Reiter's hitting-set algorithm[J]. Information Processing Letters,2001.

[57] 于百胜,黄文虎. 定性因果与多项式算法的模型诊断方法[J]. 中国空间科学技术,1998,V18(4):25-30.

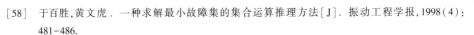

[58] 于百胜,黄文虎. 一种求解最小故障集的集合运算推理方法[J]. 振动工程学报,1998(4): 481-486.

[59] 林笠. 基于模型诊断中用逻辑数组计算最小碰集[J]. 暨南大学学报(自然科学与医学版), 2002,23(1):24-27.

[60] 林笠. 在基于模型诊断中计算最小碰集算法[J]. 计算机应用研究,2002,19(9):36-39.

[61] 姜云飞,林笠. 用对分 HS-树计算最小碰集[J]. 软件学报,2002,13(12):2267-2274.

[62] 黄杰,陈琳,邹鹏. 一种求解极小诊断的遗传模拟退火算法[J]. 软件学报,2004,15(9): 1345-1350.

[63] 傅绍文,董健康. 基于集合递推运算的最小 hitting 集算法[J]. 哈尔滨工业大学学报,2004,36 (8):1084-1086.

[64] 欧阳丹彤,欧阳继红,程晓春,等. 基于模型诊断中计算碰集的方法[J]. 仪器仪表学报,2004,25 (S3):605-608.

[65] 栗尚敏,戴国忠,陈由迪. 基于逻辑的一种诊断方法[J]. 贵州工业大学学报(自然科学版), 2002,31(4):61.

[66] 栗尚敏,戴国忠. 利用结构信息的故障诊断方法[J]. 计算机学报,2005,28(5):801-808.

[67] 方敏. 一种识别最小冲突集的实用方法[J]. 合肥工业大学学报(自然科学版),1999,22(1): 39-43.

[68] Darwiche A. Model-based diagnosis using structured system descriptions[J]. Journal of Artificial Intelligence Research,1998,8:165-222.

[69] Reiter R. A theory of diagnosis from first principles[J]. Artificial Intelligence,1987,32(1):57-96.

[70] Williams B C,Ingham M D,Chung S H,Model-based programming of intelligent embedded systems and robotic space explorers[C]. Proceedings of the IEEE,2003,91(1):212-237.

[71] Davis E. Constraint propagation with interval labels[J]. Artificial Intelligence,1987,32:32-44.

第 5 章 基于规则的卫星在轨故障诊断

5.1 概 述

规则从广义来说是一类知识的总称。这类知识描述了运行过程中系统行为的前提与行为的结果或行为本身之间存在的因果关系。为了描述这类知识,人们开发了很多种形式化的建模语言或方法,如基于图论的方法、基于命题表达式的方法以及基于故障树的方法等。

目前,人们所说的基于规则的方法是指利用产生式对表示因果关系的知识进行描述的方法以及相应的推理方法,一般采用"IF…THEN…"的结构来描述规则。基于产生式结构的知识表示形式是一种最简单的规则描述方法。

规则是诊断过程中常用的一类诊断知识,具有表示形式简单、表达能力强的特点。人们对基于规则的方法展开研究主要用于构建专家系统,规则从专家的诊断经验中总结出来,描述征兆与故障特征或征兆与故障行为之间的关系。

专家系统按其发展过程大致可分为三个阶段,即初创期(1971 年前)、成熟期(1972—1977 年)和发展期(1978 年至今)。

1965 年在 NASA 的要求下,斯坦福大学成功研制了 DENRAL 系统。该系统采用规则的形式描述了丰富的化学知识,可根据质谱数据帮助化学家推断分子结构,广泛应用于世界各地的大学及工业界的化学实验室。DENRAL 系统的完成标志着专家系统的诞生,也使人工智能研究者意识到智能行为不仅依赖于推理方法,更依赖于其推理所用的知识。

20 世纪 70 年代中期,对专家系统的研究与开发工作逐步成熟,并先后出现了一批卓有成效的专家系统。其中,最具代表性的是肖特立夫等的 MYCIN 系统,是专家系统中的经典之作。MYCIN 系统用于诊断和治疗血液感染及脑炎感染,可给出基于规则描述的处方建议(提供抗菌剂治疗建议),并具有解释功能和知识获取功能。MYCIN 系统的知识表示系统采用带有置信度的"IF…THEN…"规则来表示,并使用不确定性推理方法进行推理。MYCIN 由 LISP 语

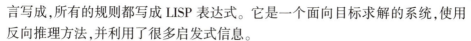

言写成,所有的规则都写成 LISP 表达式。它是一个面向目标求解的系统,使用反向推理方法,并利用了很多启发式信息。

另一个非常成功的专家系统是 PROSPCTOR 系统。它用于辅助地质学家探测矿藏,是第一个取得明显经济效益的专家系统。PROSPCTOR 系统在知识的组织上运用了规则与语义网相结合的混合表示方式,在数据不确定和不完全的情况下推理过程运用了一种似然推理技术。

此外,在这一时期斯坦福大学也研制出两个具有较大影响力的专家系统,分别是 AM 系统和 PUFF 系统。AM 系统是一个用机器模拟人类归纳推理、抽象概念的专家系统;PUFF 系统用于肺功能测试,经对多个实例进行验证,其测试成功率达 93%。诸多专家系统的成功开发,标志着专家系统逐步走向成熟。

20 世纪 80 年代初期,医疗专家系统占了主流,主要原因是它属于诊断类型系统且开发比较容易。但是到了 80 年代中期,专家系统发展在应用上发生了一些变化,即出现了大量的投入商业化运行的系统,并为各行业产生了显著的经济效益。DEC 公司与卡内基–梅隆大学合作开发的 XCON-R1 专家系统,就是一个典型的例子。XCON-R1 系统用于辅助数据设备(DEC)公司计算机系统的配置设计,每年为 DEC 公司节省资金数百万美元。

随着专家系统技术的成熟,NASA 在专家系统的研制与开发方面也进行了深入的研究。通过分析领域专家对某一个系统的诊断知识并组织成规则库,构建了用于航天器故障诊断和健康监测的专家系统,其中包括由 Johnson Research Center 开发的实时故障诊断工具、故障诊断专家系统 CLEAR,以及用于诊断飞行器故障的专家系统 MOORE 等。这些系统分别针对某一具体系统的故障信息进行组织,通过适当的推理机制构建成了满足特定需求的专家系统。

在构建专家系统时,常采用基于规则的描述方法。基于规则的方法容易使知识工程师与人类专家合作,易于被人类专家理解。规则库中的规则采用相同的结构,这种统一的格式便于管理,也便于推理机的设计。但它有时也存在规则间的相互关系不明显、知识的整体形象难以把握、推理缺乏灵活性等缺点。

基于规则的方法适用的领域一般具有以下特点:

(1)系统结构简单,有明确的前提和结论,问题仅仅用有限的规则即可全部包含。

(2)问题领域不存在简洁统一的理论,知识是经验的。

(3)问题的求解可视为一系列相对独立的操作,或从一个状态向另一个状

On-Orbit Satellite Fault Diagnosis Technology and Application

态的转换。

（4）一个操作或转换可以被有效地表示为一条或多条产生式语句。

在航天领域，基于规则的故障诊断方法应用广泛，许多故障诊断原型系统采用了基于规则的专家系统，FAITH、NAVARES、MOORE、DAM 和 PMAD 等都是航天领域中具有代表性的基于规则的故障诊断专家系统。

5.1.1 基本原理

基于规则的方法又称为产生式方法，它的知识表示形式最简单。早期的故障诊断专家系统都是基于规则的，规则从专家的诊断经验中总结出来，它描述了征兆与故障之间的关系。

基于规则的诊断系统包括综合数据库、知识库（规则库）和推理系统。其中：综合数据库用来描述求解问题的状态，记录已知的事实、推理的中间结果和最后结论；知识库中包含规则，对综合数据库进行操作，使其内容发生变化；推理系统通常是一个计算机程序，它能模拟领域专家分析问题的方式进行推理，利用知识库中的知识解决实际问题。

基于规则的诊断技术是在故障诊断研究中普遍采用的基本方法，如使用故障树、因果树等方法进行故障诊断分析。基于规则推理的诊断技术具有逻辑清楚、解释性好、误诊率低等优点，在故障诊断分析中占有重要的地位。

基于规则的诊断技术主要是根据系统参数的变化情况和是否超过限值情况作为依据，来判断系统状态、辨别故障类型。在诊断时，系统根据参数的异常情况按知识（规则）库中的规则进行推理，确定可能的故障。基于规则推理的工作原理如图 5-1 所示。

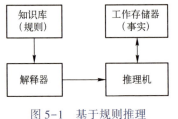

图 5-1 基于规则推理的工作原理

知识库、推理机和工作存储器是构成专家系统的核心。系统的主要部分是知识库和推理机，知识库是整个系统的基础，由可验证的规则等领域知识所构成，知识库中规则的获取是规则推理的一个关键点。系统中由推理机决定哪些规则的条件被事实满足，推理机选择合适的推理策略并从知识库中读取合适的规则，根据规则中的条件项读取相应现场数据的系统参数，判断事实和规则的条件是否匹配，从而判断规则结论是否成立。

5.1.2 实施步骤

建立基于规则的诊断系统的一般步骤（图 5-2）如下：

（1）设计初始知识库。

① 问题知识化:辨别所研究问题的实质,即要解决的任务是什么,它是如何定义的,可否把它分解为子问题或子任务,其中包含哪些典型数据等。

② 知识概念化:概括知识表示所需要的关键概念及其关系,如数据类型、已知条件(状态)和目标(状态)、提出的假设以及控制策略等。

③ 概念形式化:确定组织知识的数据结构形式,应用人工智能中各种知识表示方法,把与知识概念化过程有关的关键概念、子问题及信息流特性等变换为正式规范的表达,包括假设空间、过程模型和数据特性等。

④ 形式规则化:编制规则,把形式化了的知识变换为由编程语言表示的可供计算机执行的语句和程序。

⑤ 规则合法化:确认知识规则化的合理性,检验规则的有效性。

（2）原型机的开发与试验。在选定知识表达方法之后,即可着手建立整个系统所需的试验子集,它包括整个模型的典型知识,而且只涉及与试验有关的足够简单的任务和推理过程。

（3）知识库的改进与归纳。反复对知识库及推理规则进行试验和改进,归纳出更合理的规则,完善知识库,使系统在一定领域内达到人类专家的水平。

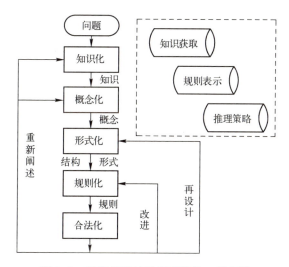

图 5-2　基于规则的诊断系统的一般步骤

根据上述步骤,可构建基于规则的航天器故障诊断系统,其系统模块如图 5-3 所示。

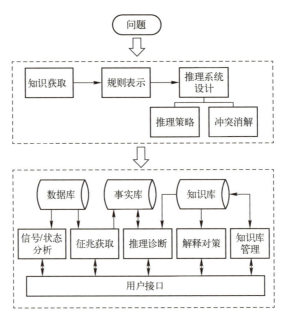

图 5-3　基于规则的航天器故障诊断系统模块

5.2　卫星故障规则的获取和表示

5.2.1　故障规则知识获取

知识是人们在长期的实践中积累起来的对客观世界的认识与经验的总和，知识反映了客观世界中事物间的关系。Feigenbaum 认为，知识是经过削减、塑造、解释和转换的信息。简单地说，知识是经过加工的信息。而在故障诊断领域，知识反映的是故障与征兆之间的因果关系。

一般来说，专家系统的性能取决于它所拥有的知识的数量和质量，因此知识是专家系统的核心。建立一个专家系统的主要任务就是将领域专家的经验知识从专家头脑中提取出来，存入计算机中，这个过程称为知识获取。

1. 知识获取的方式

1）知识的间接获取方式

知识间接获取方式的一般步骤（图 5-4）如下：

（1）通过交谈、查阅资料，获取领域知识，并将这些知识形式化，形成规则等表示形式。具体来说，一般可通过知识工程师获取知识。这是最直接、最简单的获取知识方法。知识工程师通过与领域专家接触、对话,并在专家的指导下通过对必要的书本知识和实例知识的提取,然后以一种合适的计算机内部表示方式把专家的经验知识存入知识库。

(2)借助知识编辑器将知识输入知识库。在该步骤中,领域专家通过与知识编辑程序进行对话,把经验知识输入知识库,基于规则的通用专家知识库故障诊断方法按照约定获取知识。

上述规则是通过专家集体讨论得到的。这样形成的规则存在以下三个缺点:

(1)需要专家提出规则,而许多情况下没有真正的专家存在。

(2)前项限制条件较多,且规则库过于复杂。比较好的解决方法是采用中间事实。

(3)在某些情况下,只能选取超大空间的列举属性或者数字属性,此时该属性值的选取需要大量样本以及复杂的运算。

由此可以看出,间接知识获取是一个艰苦而漫长的过程,因此,更倾向于采用一套算法体系,能直接、自动地从数据中获得诊断知识或规则,即采用直接获取方式(自动获取方式)。

图 5-4 知识间接获取方式的一般步骤

2) 知识的直接获取方式

图 5-5 为知识直接获取方式的一般步骤。

图 5-5 知识直接获取方式的一般步骤

算法程序模块为知识直接获取的核心步骤,下面介绍两种常用的算法:

(1)基于决策树的算法。这类方法基本能够满足知识工程师的需要。较好的决策树算法包括 1986 年 Quinlan 首先提出的 ID3 算法以及在 1993 年提出的 C4.5 等。决策树算法一般采用自顶向下的贪婪算法,在每个节点选择分类效果最好的属性进行下一步的分类,直到这棵树能准确地分类训练样本,或所有的属性都已被用过。应用最广泛的是基于熵理论的各种标准,如信息增益、信息增益率等,还有其他的决策树产生方法,如 CART,CART 是一种二叉决策树。

（2）故障树分析法。1984 年，Weisbin 等提出了利用最小割集实现基于故障树的故障诊断方法。1987 年，Narayanan 等对基于故障树的故障诊断方法进行了系统的研究，提出了从故障树进行知识获取的方法。

故障树分析法是以系统最不希望发生的事件作为发生的目标（顶事件），找出系统内可能发生的部件失效、环境变化、人为失误等因素（各种底事件）与系统失效之间的逻辑联系，用倒立树状图形表示出来。该方法常用于分析系统某项故障产生的原因，或用于对系统故障的模式识别，从而进行故障预测和诊断。

2. 卫星故障诊断知识获取

在建立卫星故障诊断专家系统时，对诊断知识的获取一般通过两种手段：一是采用知识的间接获取方式，即通过与维修人员进行交流，获得实际的维修知识；二是采用知识的直接获取方式，即根据卫星可靠性分析过程建立的故障树，形成算法程序，从而获得诊断知识。

1）通过维修经验获得规则

维修经验是在实际的操作工程中，将故障的原因和故障的现象对应起来的一种描述，其本质上就是一种规则。

西安卫星测控中心的研究人员根据长时间的维修经验总结出了丰富的维修知识，并通过定义形式化的描述方法，将其表示成了规则形式的维修知识。以某星控制分系统为例，描述其维修知识的规则如例 5-1、例 5-2 所示。

例 5-1：

速率陀螺角速度 ωX；代号：VK1

Float @ VK1 Name "速率陀螺角速度 ωX"

Parambool flag312 Name "陀螺 A 加电标志"

flag312 = cmdcompare（312，313）

IF flag312 = false Then｛陀螺 A 断电｝

　　If @ VK1 > 1.6 Then｛判断当前上限值｝

ErrorMsg "速率陀螺角速度 ωX（VK1）异常"

　　　　Solution "按预定方案处理"

　　EndIf

　　If @ VK1 < 1.4 Then｛判断当前上限值｝

ErrorMsg "速率陀螺角速度 ωX（VK1）异常"

　　　　Solution "按预定方案处理"

　　EndIf

EndIf

IF flag312 = TRUE　then　{陀螺 A 加电}

　　If @ VK1 > 2.6 Then{判断当前上限值}

ErrorMsg　"速率陀螺角速度 ωX(VK1)异常"

　　　　Solution　"按预定方案处理"

　　EndIf

　　If @ VK1 <-0.1 Then{判断当前上限值}

ErrorMsg　"速率陀螺角速度 ωX(VK1)异常"

　　　　Solution　"按预定方案处理"

　　EndIf

EndIf

例 5-2：

ES-B 俯仰误差 φES-B;代号:VK7

Float @ VK7 Name "ES-B 俯仰误差"

Int @ z7_01 Name "指令译码矩阵"

Int@ s1 Name "S1 电源状态"

ParamInt B2 Name　"地球敏感器 B 电源状态"

B2 = (@ s1&4) >>2

IfB2 = 1Then{地球敏感器 B 加电}

　　If @ z7_01 = 0 then{译码矩阵静止状态}

If @ VK7 > 3.6 Then　{判断是否异常}

ErrorMsg　"ES-B 俯仰误差(VK7)异常"

　　　　Solution　"按预定方案处理"

EndIf

　　If @ VK7 < 3.1 Then {判断是否异常}

ErrorMsg　"ES-B 俯仰误差(VK7)异常"

　　　　Solution　"按预定方案处理"

EndIf

EndIf

EndIf

从上例可以看出,对规则的描述:

(1) 是具有多层次的选择结构,如 IF　THEN　ELSE IF　THEN。

(2) 可以引出不同类型的结论,如 ErrorMsg、Solution、Explain 等。

(3) 可以定义扩展函数来扩充规则的含义:Time Now( ),返回当前时间,返

回值为 Time 类型数据,无输入参数;IntGetYear(Time t),返回时间 t 的年份,返

回值为 Int 类型数据,一个输入参数(t 为时间值)等。

2) 通过故障树分析获得规则

故障树描述的是系统结构中故障效果传递的路径,是一种故障效果的影响关系,其本质上是一种因果关系。在故障树中,底层的事件节点作为故障传递的原因与顶层节点所描述的事件产生因果关系,因此可以很容易地描述成规则的形式。

割集和最小割集是可靠性故障树分析中常提到的概念,割集是导致顶事件发生的基本事件的集合,最小割集是指引起顶事件发生必需的最低限度的割集。最小割集的求取方法有行列式法、布尔代数法等,目前通常可由计算机软件直接快速地求出最小割集。

以某星的一次遥测系统为例,其故障树如图 5-6 所示。

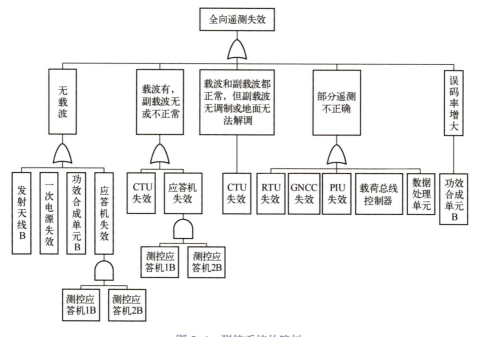

图 5-6 测控系统故障树

该故障树所对应的规则可表示如下:

IF 测控应答机 1 故障 & 测控应答机 2 故障 THEN 应答机失效

IF 发射天线 B 故障 | 一次电源失效 | 功效合成单元 B 故障 | 应答机失效 THEN 无载波

IF CTU 失效 | 应答机失效 THEN 载波有,副载波无或失效

IF CTU 失效 THEN 载波和副载波都正常,但副载波无调制或地面无法解调

IF RTU 失效 | GNCC 失效 | PIU 失效 | 载荷总线控制器故障 | 数据处理单元故障 THEN 部分遥测不正确

IF 功放合成单元 B 故障 THEN 误码率增大

IF 无载波 | 载波有,副载波无或失效 | 载波和副载波都正常,但副载波无调制或地面无法解调 | 部分遥测不正确 | 误码率增大 THEN 全向遥测失效

值得注意的是,从故障树直接转换得到的规则有可能是冗余的、存在二义性的或存在冲突的。

规则的冗余即指相同的条件可以推出相同的结论,这样的规则应该被剔除;否则,会造成规则库的增大,浪费搜索资源,降低匹配速度。

规则的二义性即指相同的条件可以推出不同的结论,这样的规则应该得到矫正或剔除不必要的规则;否则,容易产生错误的结论。

规则的冲突即指相同的条件可以推出完全相悖的结论,这样的规则是很危险的,因此一定要进行仔细的甄别。

5.2.2　故障规则表示

规则表示是知识的形式化过程。规则表示方法就是研究如何设计各种数据结构,以便将获得的知识以计算机内部代码的形式加以合理地描述和存储。

对于同一种知识,可以采用不同的表示方法,它们在解决某一问题时,可能会产生完全不同的效果。因此,对于不同领域的问题,选择合适的规则表示方法是非常重要的。

目前,常用的规则表示方法有产生式表示、框架表示、谓词逻辑表示和过程表示等。对于比较复杂的故障诊断问题,由于知识的类型和数量较多,采用单一的规则表示方法很难满足实际需要,通常采用混合规则表示方法,如将框架表示和产生式表示相结合。混合规则表示可以充分利用各种表示方法的优点,提高了专家系统的知识表达能力和推理效率。

产生式表示是目前专家系统中使用最多的知识表示方法,产生式表示又称规则表示,其一般形式为

$$IF(条件)THEN(结论)$$

规则的<条件>部分也称为规则的前提或左部,它可以是单个条件或多个条件通过逻辑符号 AND、OR 构成的逻辑组合。规则的<结论>部分也称为规则的右部,可以是一组结论或动作。规则的含义:当<条件>部分满足时,可以根据该规则推导出<结论>部分,或执行相应的动作。

因此,产生式规则也可写成如下形式:

$$IF(\mathrm{cond}_1 \oplus \mathrm{cond}_2 \cdots \oplus \mathrm{cond}_n)THEN\ conclusion = C$$

在卫星电源系统故障诊断中有如下规则：

如果(IF)：太阳翼功率大于负载功率，卫星蓄电池电量未充满，蓄电池处于未充电状态，那么(THEN)存在蓄电不能正常充电故障。

有时会为规则定义一个评价指标，此时产生式规则的一般形式如下：

IF S THEN F with $CF(F, S)$

其中：S 为规则的前提条件，是一组相关征兆的逻辑组合；F 为规则的结论部分，表示故障；$CF(F, S)$ 为规则强度$-1 \leqslant CF(F, S) \leqslant 1$，用于描述诊断规则的不确定性。它表示当条件 S 为真时，对故障 F 为真的程度。$CF(F, S)$ 是用条件概率和先验概率来定义的，但在实际建造专家系统时，它通常是由领域专家根据实际经验主观给出的。

在卫星电源系统故障诊断中，对于电源下位机故障有如下诊断规则：如果，电源下位机采集的相关遥测为固定值或乱码，且卫星其余分系统遥测正常，电源下位机无效计数持续增加，那么，存在电源下位机死机故障，$CF(F, S) = 0.90$。

由上述可知，产生式规则表示具有如下特点：

(1) 模块化。在产生式系统中可以将产生式规则视为模块，这些规则是相互独立的，它们只对数据库进行操作，规则之间并不直接调用，这就使得系统具有高度模块化性能。这样，对规则的增加、修改和删除都可独立地进行，使系统具有较强的可扩充性。

(2) 一致性。所有知识都严格按产生式规则的形式来表示，具有相同的"IF-THEN"结构，便于实现产生式的正确性和一致性检查，使得产生式规则的控制及操作都比较容易实现。

(3) 自然性。产生式规则的"IF-THEN"结构接近人类思维和会话的自然形式，人类专家也常常用这种结构来说明他们的行为知识，因此，产生式系统易于被人们理解、易于实现人机对话。

(4) 低效性。由于产生式系统的推理是靠一系列的"匹配—冲突消解—执行"过程循环实现的。而且在每一个推理周期，都要不断地对全部规则的条件部分进行模式匹配，从原理上讲，这种做法必然会降低推理效率，而且随着规则数量的增加，效率问题会越来越突出。

5.2.3 规则修正

由于基于规则的诊断系统中，采用的诊断格式为 IF(条件) THEN(结论)，初始(条件)一般按照设计规则或领域内专家经验给定。随着卫星在轨运行时间的增加，卫星运行环境及运行模式的变化，规则已与在轨实际状态不符，不能作为诊断的依据，需要按照实际情况对其进行修正，使得规则能够反映卫星真实的在轨状态。一般情况下,对于规则的修正包含对条件的修正和对于结论的修及对于规则之间嵌套组合的修正三部分,大部分修正主要针对(条件)来进行。对于条件进行修正,分为对于条件阈值的修正和对于条件参数的修正。

条件阈值的修正主要基于实际在轨数据分析的基础上进行。通过对卫星在轨运行一段时间以来的数据进行分析挖掘,总结数据的变化趋势及规律,修改初始条件。如初始条件为 a<条件<b,经过在轨数据分析,将条件设定为更加合理的 c<条件<d,如图 5-7 所示。

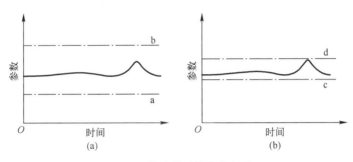

图 5-7 修改前后的条件阈值

对于条件数量的修正主要基于卫星在轨运行模式的变化,按照新的运行模式重新设置条件。例如,对于卫星太阳帆板驱动模式,一般情况下诊断条件为 IF(模拟太阳输出正常 & 帆板驱动方式为不采用模拟太阳输出数值) THEN <帆板驱动方式异常>。若在模拟太阳异常等原因将帆板驱动方式改为轨道角速度方式进行,则条件就应相应改为 IF(帆板驱动方式 ≠ 轨道角速度方式) THEN(帆板驱动方式异常)。

针对嵌套条件修正主要基于卫星的工作模式组合的基础上产生新的诊断知识。此规则需要对系统之间的原理、关联性进行进一步分析,在机理清晰的基础上产生,否则容易形成错误的诊断规则。如针对卫星陀螺输出,通常情况下产生的规则为 IF($a<$陀螺输出) THEN(陀螺输出异常),通过对某平台卫星陀螺的安装方式、卫星在正常模式下陀螺输出数据进行分析,设 a 为在轨对陀螺数据分析的范围,产生新的诊断规则如下:

IF(卫星工作处于正常运行模式) THEN

    IF(陀螺电机电流正常) THEN

        IF((陀螺 1−陀螺 2)>a)THEN(陀螺输出数据异常)

5.2.4 卫星典型故障规则

单一基于阈值的诊断能够敏感参数超限,其诊断的可信程度及正确性取决于参数阈值给定的合理性。由于卫星各分系统之间关联程度高,一般情况下故障不会为单一参数异常,单纯的基于阈值的诊断将会引起大量遥测超限报警,不利于对异常的实时监测。同时,卫星参数的变化与其工作模式、工作方式紧密相关,若不考虑工作模式制定固定阈值,将会导致漏警和虚警发生。

例如,蓄电池放电电流正常与否必须结合卫星工作模式进行判断。当卫星处于阳照区且卫星负载电流小于太阳翼电流时,蓄电池不放电;当负载电流大于太阳翼电流时,蓄电池放电且其放电功率为负载功率与太阳翼功率的差值。当卫星处于地影区时,蓄电池放电功率等于卫星负载功率。以此为规则,形成诊断知识如下:

```
Int @ A Name "卫星光照标志"
Float @ B Name "太阳翼电流(A)"
Float @ C Name "负载电流(A)"
Float @ D Name "蓄电池放电电流(A)"
Float @ E Name "母线电压(V)"
Float @ F Name "太阳翼功率(W)"
Float @ G Name "负载功率(W)"
Float @ H Name "蓄电池组电压(V)"
Float @ I Name "蓄电池组放电功率(W)"
F = B * E
G = G * E
I = H * D
if A = 0 Then {卫星在阳照区}
    if F>G Then {太阳翼功率大于负载功率}
        if D > 0 Then {蓄电池组放电}
        ErrorMsg "蓄电池组阳照区异常放电!"
        Solution "按照预案处理"
        EndIf
    EndIf
else
    if I>G Then {放电功率大于负载需求}
    ErrorMsg "蓄电池组地影区放电异常!"
    Solution "按照预案处理"
    EndIf
EndIf
```

5.3 基于规则的推理

5.3.1 推理策略

推理是指依据一定的原则,从已知事实推出未知结论(新的事实)的过程。在故障诊断领域,常采用基于规则的推理,即依据一定的原则从已有的征兆事实推断出故障原因的过程。具体来说,就是根据被测对象当前的运行状态启动知识库中的有关规则,刷新动态数据库并保存推理轨迹用于对诊断结果进行解释。实际上,就是利用诊断知识库的知识根据被测对象运行状态的征兆,对其历史数据进行比较、推理和诊断以及求解的过程。

在基于规则的推理过程中,会用到不同的推理策略。推理策略也称为控制策略,主要是指对推理方向的控制和推理规则的选择。

基于规则的推理本质上是一种演绎推理,演绎推理是指由一组前提必然地推导出某个结论的过程,是从一般到个别的推理。由于结论的正确性蕴含在前提中,因此只要前提为真,结论也必然为真。

一般地,根据推理方向的不同,可将基于规则的推理策略分为正向推理、反向推理及混合推理三种类型。

1. 正向推理

正向推理又称为数据驱动推理,是按照由条件推出结论的方向进行的推理方式,它从一组事实出发,使用一定的推理规则来证明目标事实或命题的成立。一般的推理过程是先向综合数据库提供一些初始已知事实,控制系统利用这些数据与知识库中的知识进行匹配,将匹配到的知识的结论作为新的事实添加到综合数据库中。重复上述过程,用更新过的综合数据库中的事实再与知识库中另一条知识匹配,将其结论更新至综合数据库中,直到没有可匹配的新知识和不再有新的事实加入到综合数据库中为止。然后测试是否得到解:有解,则返回解;无解,则提示运行失败。

在故障诊断领域,正向推理具体是指在故障已经给定的情况下,从给定的初始事实出发,运用知识库中的知识,由系统逐步推断出结论(可能故障原因)的一个推理过程。

其推理步骤:系统将所要诊断的故障征兆信息与规则库中规则的前提条件进行匹配,若匹配成功,再将该知识块的结论作为中间结果,利用这个中间结果继续与知识库中的规则进行匹配,直到得出系统故障类型的诊断结果。

基于规则的故障诊断方法的推理机在进行匹配操作时,会出现三种可能的结果:

(1) 只有一条规则匹配成功,这是最理想的情形,则这条规则被激活。

(2) 没有一条规则匹配成功,造成这种情形的原因有多种,可能是由于在前面执行问题求解过程时选择的路径不对,需要重新回溯,也有可能是由于知识库中的知识不完备,没有包含目前这一种情形等。

(3) 有两条以上的规则匹配成功,成为竞选规则。这时需要建立一种原则,对这些规则按照一定原则进行筛选,以选取其中一条来执行,这一过程称为冲突消解,建立的原则称为冲突消解策略。

冲突消解是在已知事实可与知识库中的多个知识匹配成功的情况下产生的问题。比如,在基于规则的正向推理过程中,同一条件可能推理出几个相对独立的结论,这就存在一个知识组合引起的膨胀问题,也就是产生了推理冲突。为使推理能够继续进行,必须进行冲突消解。冲突消解的策略通常有以下四种:

(1) 将所有规则合理排序,选择最先匹配成功的那条规则。

(2) 选择条件较多的规则。

(3) 选择条件部分含有数据库中最新生成事实的规则。

(4) 在知识获取阶段定义每条规则的可信度,选择可信度较高的规则进行下一步推理。

冲突消解策略是推理机设计的主要问题之一,因此选择合理的控制策略进行冲突消解具有十分重要的意义。

上述的匹配过程是一个不断重复循环推理的过程,在推理没有得到一个最终的结果之前,这个过程是不会停止的。基于规则的知识表示使得知识具有前因后果的关系,因此在正向推理中,知识近乎完备的前提下,只要按照这种关系就能找到所要的答案。正向推理如图5-8所示。

正向推理控制策略的优点是用户可以主动地提供问题的相关信息(新事实),并且及时给出反映。不足之处是求解过程中执行许多与问题无关的操作,有一定的盲目性,效率较低,在推理过程中可能推出许多和问题无关的子目标。

2. 反向推理

反向推理是由目标到支持目标的证据的推理,因此又称为目标驱动推理或由顶向下推理。反向推理与正向推理相反,它是由结论出发,逐级验证该结论的正确性,直至已知条件。

其基本思想:先假设一个目标成立,然后在知识库中查找结论与假设目标匹配的规则,验证该规则的条件是否存在。若该条件能与事实库中的已知事实相匹配,或是通过与用户的对话得到满足,则假设成立;否则,把规则的条件部

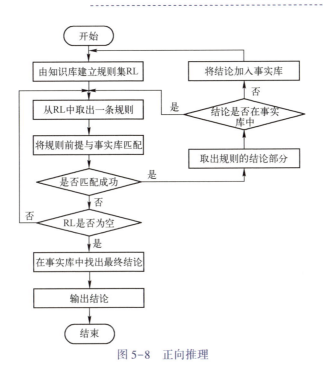

图 5-8　正向推理

分作为一个新的子目标,重复上述过程,直到所有子目标被证明成立为止。若子目标不能被验证,则假设目标不成立,推理失败,需重新提出假设目标。

其主要特点如下:

(1) 将问题求解的目标分解成子目标,直至使子目标按逆推途径与给定条件建立直接联系或等同起来,即目标→子目标→现有条件。适用于问题空间中有多条途径从初始状态出发,而只有少数路径通向目标状态的问题。

(2) 反向推理是一种递归的过程,采用的是自动回溯的策略。在反向推理中,初始目标的选择非常重要,它直接影响系统的推理效率。如果初始目标选择不对,就会引起一系列无用操作。

反向推理如图 5-9 所示,具体推理过程如下:

(1) 给出要求验证的目标。

(2) 检查该目标是否已在综合数据库中:若在,则成功;否则,转步骤(3)。

(3) 判断该目标是否是证据,即是否为应由用户证实的初始事实:若是,则询问用户;否则,转步骤(4)。

(4) 在知识库中找出所有可能导出该目标的规则,形成适用的知识集,然后转步骤(5)。

(5) 从知识集中选出一条规则,并将该知识的前件作为新的假设目标,然后转步骤(2)。

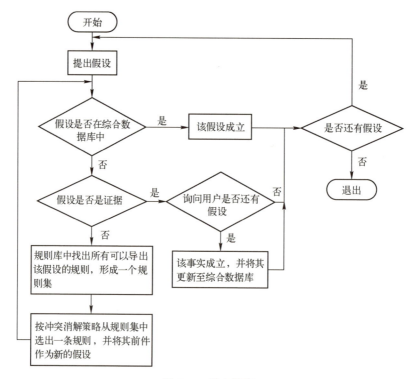

图 5-9　反向推理

由此可以看出,反向推理主要优点如下:

（1）推理的目的性强,通常用于验证某一特定知识是否成立。

（2）推理过程的方向性强,不必使用与假设目标无关的信息和规则。

（3）这种推理方式能对其推理过程提供较精确的解释信息,告诉用户它所要达到的目标及为此所使用的规则(知识)。

其主要缺点如下:

（1）对于初始目标的选择具有盲目性。

（2）用户不能主动提供有用信息来控制推理。

（3）当可能的结论数目很多,即目标空间很大时,推理效率不高。因此,反向推理适用于目标空间较小的问题。

3. 混合推理

正向推理和反向推理是控制策略中两种极端的方法,正向推理的主要缺点是推理盲目性,反向推理的主要缺点是初始目标的选择盲目性。解决这些问题的有效办法是将正向推理和反向推理结合起来使用,即混合推理。混合推理控制策略有多种模式,其中常用的是双向推理,其推理过程如下:

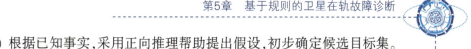

（1）根据已知事实,采用正向推理帮助提出假设,初步确定候选目标集。

（2）采用反向推理,进一步寻找支持假设的证据,验证候选目标集中的目标是否成立。

（3）重复步骤（1）和（2）,直至正向推理与反向推理的结果相符合。

由此可看出,混合推理结合了正向推理与反向推理的优势,又很好地补偿了正向推理的推理盲目性和反正推理的初始目标的选择盲目性,提高了推理的效率。

5.3.2　不确定性推理

在演绎推理中,前提和结论之间存在确定的因果关系,并且事实总是确定的,这种推理称为确定性推理。确定性推理所使用的知识和已知事实都是完整的、精确的,推理所得到的结论同样也是正确的、可靠的。

但在故障诊断领域中,有相当一部分知识属于主观判断,是具有不确定性的。另外,为了推理而收集的事实和信息也往往是不完全和不确定的。基于这种不确定的知识和事实进行推理形成结论称为不确定性推理。故障诊断领域的问题非常复杂,诊断过程所需的专家经验知识和征兆事实常常是不确定的、不完备的,因此在故障诊断专家系统中,不确定性推理是一种常见的推理策略。

不确定性产生的原因是多种多样的,主要包括随机性、模糊性、不完全性和不一致性,而在实际工程中引起不确定性的原因主要是随机性和模糊性两种。概率论是处理随机不确定性的一种古老的数学理论,其中,贝叶斯公式是最早处理不确定性问题的常用方法。但由于这种纯概率方法需要有大量统计数据做基础,而且要求各事件相互独立,这在许多实际应用领域是难以满足的,因而其应用范围受到了很大的限制。为了克服概率模型的不足,相关领域的学者提出了许多新的不确定性推理模型,如确定性理论、主观贝叶斯方法、Dampster/shafer 证据理论及可能性理论等,其中,确定性理论具有简单、直观,使用方便的优点,因而在故障诊断专家系统中得到了广泛应用。

1975 年,Shorfliffe 等提出了确定性理论,这是不确定性推理中最早、最简单的方法之一。确定性理论采用确定性因子（Certainty Factor,CF）或称可信度来度量知识、证据和结论的不确定性,因而也称为 CF 模型。该模型中的某些算法并不是严格推导出来的,而是一些经验公式。但是,从大多数系统的使用情况来看,CF 模型是比较合理、有效的。

任何一种不精确推理模型都由三个基本部分组成。知识不确定性的描述、证据不确定性的描述和不确定性的更新算法。下面就按这三个部分来描述 CF 模型。

1. 知识不确定性的描述

知识不确定性的描述是指前提（证据）和结论之间因果关系的不确定性程

度,即要给出当前提为真时,结论为真或为假的程度。在 CF 模型中,知识是用产生式规则来表示的,其一般形式如下:

$$\text{if } E \text{ then } H \text{ with } CF(H,E) \tag{5-1}$$

其中:E 表示规则的条件,即证据;H 表示规则的结论;确定性因子 $CF(H,E)$ 称为规则强度,用来描述规则的不确定性,它表示当证据 E 为真时,结论 H 为真的程度。

由条件概率 $P(H|E)$ 和先验概率 $P(H)$ 可将 $CF(H,E)$ 定义为

$$CF(H,E) = \begin{cases} \dfrac{P(H|E)-P(H)}{1-P(H)} & (P(H|E)>P(H)) \\ \dfrac{P(H|E)-P(H)}{P(H)} & (P(H|E)\leqslant P(H)) \end{cases} \tag{5-2}$$

式中:$P(H)$ 是指在已经发生的故障事件中,H 发生的概率;$P(H|E)$ 是指当 E 已经发生的条件下,H 发生的概率。

式(5-2)保证了 $CF(H,E)$ 的取值范围为 $[-1,1]$,同时可以看出 $CF(H,E)$ 的几个特殊值:

(1) 当 $P(H|E)=1$,即证据 E 为真时,结论 H 必为真,$CF(H,E)=1$;

(2) 当 $P(H|E)=0$,即证据 E 为真时,结论 H 必为假,$CF(H,E)=-1$;

(3) 当 $P(H|E)=P(H)$,即证据 E 与结论 H 无关,$CF(H,E)=0$。

显然,若证据 E 为真,部分支持结论 H 为真,则 $0<CF(H,E)<1$;反之,$-1<CF(H,E)<0$。在实际建造专家系统时,知识不确定性 $CF(H,E)$ 值通常是由领域专家主观给出的,而不是由概率值 $P(H|E)$ 和 $P(H)$ 计算出来的。

在卫星姿态控制系统故障诊断中,有如下诊断规则:

IF　　陀螺健康状态下降

THEN　　存在姿态异常故障($CF=0.75$)

这条规则说明:如果前提中的征兆事实成立,则姿态异常故障存在的可信度为 0.75。该规则给出了一个不确定性的因果关系。

2. 证据不确定性的描述

在 CF 模型中,证据的不确定性也是用可信度来描述的,且规定 $-1\leqslant CF(E)\leqslant 1$。$CF(E)$ 的几个特殊值规定如下:

(1) 当证据 E 肯定为真时,$CF(E)=1$;

(2) 当证据 E 肯定为假时,$CF(E)=-1$;

(3) 当证据 E 未知时,$CF(E)=0$。

当证据 E 部分为真时,$0<CF(E)<1$;当证据 E 部分为假时,$-1<CF(E)<0$。在故障诊断专家系统中,很多征兆事实本身就是一个模糊的概念。在实际系统中,初始证据的可信度值可由用户在系统运行时提供,非初始证据的可信度值

可由不确定性更新算法推导出来。

初始证据的可信度值有多种获取方法，模糊隶属度是常用手段之一。在上例中，陀螺的健康程度，可作为姿态异常故障的初始证据。本节通过模糊隶属度的方式，判定陀螺的健康程度，即初始证据的可信度。

在论域 U 上给定一个映射：

$$\begin{aligned} A:U &\to [0,1] \\ u &\mapsto A(u) \end{aligned} \tag{5-3}$$

其中：A 为 U 上的模糊集；$A(u)$ 为 A 的隶属函数(或称为 u 对 A 的隶属度)，令 $\mu=A(u)$。隶属度是一个取值区间为[0,1]的函数。隶属度 $A(u)$ 越接近于 1，表示 u 属于 A 的程度越高；$A(u)$ 越接近于 0，表示 u 属于 A 的程度越低。采用梯形隶属函数对陀螺进行健康状态量化，如图 5-10 所示，纵坐标代表隶属度，横坐标为考核参数实际测量值。

由图 5-10 可知，当 $u\in(a,b)$ 时，$\mu=A(u)=1$；当 $u\in(a_1,a)$ 时，$\mu=A(u)=\dfrac{u-a_1}{a-a_1}$；当 $u\in(b,b_1)$ 时，$\mu=A(u)=\dfrac{b_1-u}{b_1-b}$；当 $u\notin(a_1,b_1)$ 时，$\mu=A(u)=0$。

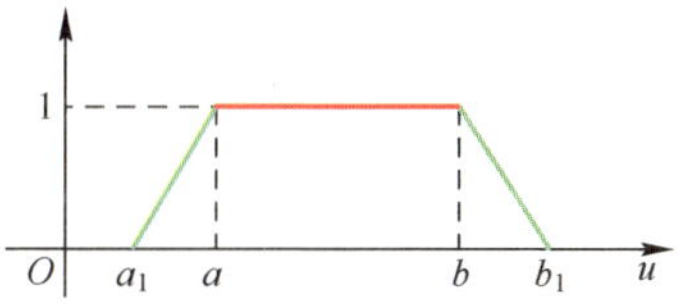

图 5-10　梯形隶属度函数

利用上述隶属度函数，对陀螺状态进行评估。设 u 表示某陀螺电机电流，正常的隶属度为 $\mu_y(u)$，故障的隶属度为 $\mu_0(u)$。设当 $u\in[2.2,2.7]$ 时，表示此陀螺是绝对正常的，$\mu_y(u)=1$，$\mu_0(u)=0$；当 $u\in[0,1.5]\cup[3.5,\infty]$ 时，表示此陀螺是绝对故障的，$\mu_y(u)=0$，$\mu_0(u)=1$；当 $u\in[1.5,2.2]\cup[2.7,3.5]$ 时，此陀螺不是绝对的故障，也不是绝对的正常，令：

$$\mu_y(u)=\begin{cases} 0 & (u\in[0,1.5]\cup[3.5,\infty]) \\ \dfrac{10\mu-15}{7} & (u\in[1.5,2.2]) \\ 1 & (u\in[2.2,2.7]) \\ \dfrac{35-10\mu}{8} & (u\in[2.7,3.5]) \end{cases} \tag{5-4}$$

$$\mu_0(u)=\begin{cases} 1 & (u\in[0,1.5]\cup[3.5,\infty]) \\ \dfrac{22-10\mu}{7} & (u\in[1.5,2.2]) \\ 0 & (u\in[2.2,2.7]) \\ \dfrac{10\mu-27}{8} & (u\in[2.7,3.5]) \end{cases} \tag{5-5}$$

On-Orbit Satellite Fault Diagnosis Technology and Application

如此就可以通过遥测的输出电动机电流值进行陀螺"正常"和"失效"描述。隶属度函数如图 5-11 所示。陀螺电动机电流在 2.6~3.4 之间波动,在给定正常阈值范围内,其输出满足陀螺平衡方程,星上未能诊断出陀螺故障,导致卫星进入全姿态捕获。采用当时陀螺电机电流均值 3.2A 进行计算得到:$\mu_y(u) = 0.375, \mu_0(u) = 0.625$。上述结果表明正常的隶属度为 0.375,故障的隶属度为 0.625,即 $CF(E) = 0.625$,表明设备已趋于故障状态,需要进行及时处理。

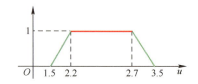

图 5-11 "正常"和"失效"隶属度函数

3. 不确定性的更新算法

不确定性的更新算法是不精确推理模型的核心部分,它利用初始证据和知识的可信度推出结论的可信度。CF 模型中的不确定性更新算法是一组计算公式,定义如下:

1) 规则的前提为单个证据

对于规则:if E the H with $CF(H,E)$

若 E 为单个证据,且已知证据的可信度 $CF(E)$ 和规则强度 $CF(H,E)$,则由下式计算出结论 H 的可信度 $CF(H)$:

$$CF(H) = CF(H,E) \times \max\{0, CF(E)\} \tag{5-6}$$

式中:$\max\{a,b\}$ 表示取 a 和 b 的最大值。

从式(5-6)可以看出,当证据 E 为假,即 $CF(E) < 0$ 时,$\max\{0, CF(E)\} = 0$,表明它对结论 H 没有影响。当 $0 < CF(E) < 1$ 时,结论 H 存在的可信度为 $CF(H, E)$ 和 $CF(E)$ 的乘积。

2) 规则的前提为多个证据的逻辑组合

设规则的前提 E 为多个证据的逻辑组合,如 $E = E_1 \wedge E_2$ 或 $E = E_1 \vee E_2$。若已知证据 E_1 和 E_2 的可信度 $CF(E_1)$ 和 $CF(E_2)$,则可以由下列公式计算出组合证据 E 的可信度 $CF(E)$:

$$CF(E) = CF(E_1 \wedge E_2) = \min\{CF(E_1), CF(E_2)\} \tag{5-7}$$

$$CF(E) = CF(E_1 \vee E_2) = \max\{CF(E_1), CF(E_2)\} \tag{5-8}$$

式中:$\min\{a,b\}$ 为取 a 和 b 的最小值;$\max\{a,b\}$ 为取 a 和 b 的最大值。

再利用式(5-6),即可计算出结论 H 的可信度。

3) 若两条规则具有相同结论,求在两条规则的综合作用下结论的可信度

设系统中有两条以 H 为结论的规则:

Rule1:if　E_1 then　H　with $CF(H,E_1)$

Rule2:if　E_2 then　H　with $CF(H,E_2)$

可先由式(5-6)计算出由 Rule1 推出的结论 H 的可信度 $CF1(H)$ 和由 Rule2 推出的结论 H 的可信度 $CF2(H)$。在这两条规则的综合作用下,结论 H 的可信度 $CF12(H)$ 可用下式计算:

$$CF12(H)=\begin{cases}CF1(H)+CF2(H)-CF1(H)\times CF2(H) & (CF1(H)\geqslant0,CF2(H)\geqslant0)\\[2mm] \dfrac{CF1(H)+CF2(H)}{1-\min\{\,|CF1(H)|\,,\,|CF2(H)|\,\}} & (其他)\\[2mm] CF1(H)+CF2(H)+CF1(H)\times CF2(H) & (CF1(H)<0,CF2(H)<0)\end{cases}$$

$$(5-9)$$

当有多条规则具有相同结论 H 时,可以反复使用式(5-9),依次计算出 $CF12(H)$,$CF123(H)$,$\cdots$,$CF12,\cdots,n(H)$。

利用上述计算公式,就可以由初始证据的可信度和规则强度,计算出结论的可信度。

下面通过具体实例来说明 CF 模型的推理过程及上述计算公式的用法。假设系统知识库中有如下 5 条规则:

　　　　Rule 01　if E_1 then　H　(0.5)

　　　　Rule 02　if E_2 then　H　(0.8)

　　　　Rule 03　if E_3　then　H　(-0.6)

　　　　Rule 04　if $(E_4\wedge(E_7\vee E_8))$　then　E_1　(1.0)

　　Rule 05　if $(E_5\vee E_6)$　then　E_3　(0.8)

若已知初始证据的可信度 $CF(E_2)=0.5$,$CF(E_4)=0.9$,$CF(E_5)=-0.4$,$CF(E_6)=0.7$,$CF(E_7)=0.8$,$CF(E_8)=0.4$。求在这 5 条规则的综合作用下,结论 H 的可信度。

解:上述规则在推理过程中,形成了如图 5-12 所示的动态推理网络。

$CF(E_1)=1.0\times\max\{0,CF(E_4\wedge(E_7\vee E_8))\}$

$\quad=\max\{0,\min\{CF(E_4),\max\{CF(E_7),CF(E_8)\}\}\}$

$\quad=\max\{0,\min\{0.9,\max\{0.8,0.4\}\}\}$

$\quad=0.8$

$CF(E_3)=0.8\times\max\{0,CF(E_5\vee E_6)\}$

$\quad=0.8\times\max\{0,\max\{CF(E_5),CF(E_6)\}\}$

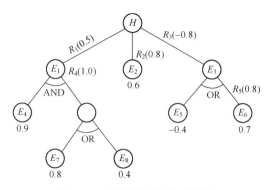

图 5-12　规则形成的推理网络

$$= 0.8 \times \max \{0, \max \{-0.4, 0.7\}\}$$

$$= 0.56$$

$$CF1(H) = 0.5 \times \max \{0, CF(E_1)\}$$

$$= 0.5 \times \max \{0, 0.8\}$$

$$= 0.4$$

$$CF2(H) = 0.8 \times \max \{0, CF(E_2)\}$$

$$= 0.8 \times \max \{0, 0.5\}$$

$$= 0.4$$

$$CF3(H) = -0.6 \times \max \{0, CF(E_3)\}$$

$$= -0.6 \times \max \{0, 0.56\}$$

$$= -0.336$$

$$CF12(H) = CF1(H) + CF2(H) - CF1(H) \times CF2(H)$$

$$= 0.4 + 0.4 - 0.4 \times 0.4$$

$$= 0.64$$

$$CF123(H) = CF12(H) + CF3(H) / (1 - \min \{|CF12(H)|, |CF3(H)|\})$$

$$= (0.64 - 0.336) / (1 - \min \{0.64, 0.336\})$$

$$= 0.458$$

由此可得,结论 H 的可信度 $CF(H)$ 为 0.458。

5.4　应 用 示 例

以卫星在太阳捕获模式下运行为例,通过参阅大量的相关文献并结合专家多年的经验,总结出了部件诊断的经验知识并以规则的形式进行表示。

5.4.1 经验知识的提取

卫星在太阳捕获模式下运行时,系统采用的工作部件有太阳敏感器、惯性姿态敏感器、推力器、控制中心线路和控制计算机。通过对文献的分析和对专家多年工作经验的总结,整理出部件诊断的经验知识如下:

(1) 太阳敏感器正常运行时,应满足:

① 太阳信号 SP = 1;

② 滚动角 ϕ_{ss} 和俯仰角 θ_{ss} 输出连续;

③ 滚动角 ϕ_{ss} 和俯仰角 θ_{ss} 输出在正常值范围内且边界线连续;

④ 全开码输出连续有界。

太阳敏感器异常时,有可能出现如下征兆:

① SP 丢失大于 16s;

② 滚动角 ϕ_{ss} 和俯仰角 θ_{ss} 输出不在正常值范围内;

③ 滚动角 ϕ_{ss} 和俯仰角 θ_{ss} 输出不连续;

④ 全开码输出不连续。

(2) 惯性姿态敏感器正常运行时,应满足:

① 陀螺电动机电流(IK3~IK6)在正常值范围内;

② 陀螺角速度输出(VK1~VK3,VK26)在正常值范围内;

③ 陀螺组件温度(TK16~TK19)在正常值范围内;

④ 陀螺角速度输出连续,变化率在正常值范围内。

惯性姿态敏感器异常时,有可能出现如下征兆:

① 陀螺电动机电流不在正常值范围内;

② 陀螺角速度输出不在正常值范围内;

③ 陀螺角速度输出不连续;

④ 陀螺组件温度不在正常值范围内;

⑤ 陀螺平衡方程残差不在设定值范围内。

5.4.2 定性故障模式的设置

利用定性表述方法将经验知识转换成为定性的故障判据,并将每种故障判据设置成定性故障模式。现以太阳敏感器 A 备份的模型为例,给出模型定性故障模式的设置细节。

以太阳敏感器 A 备份为例,从它的知识中可提取出一种正常模式和四种故障模式。每一种工作模式的产生式规则可以通过表5-1进行描述。

表 5-1   太阳敏感器 A 备份正常模式和故障模式设置

正常模式	if(export. SSAS4. SSA1 = zero)
	% 当太阳敏感器 A 备份不工作时
	　Export. SSAS4. SSB1 = one；
	　% 太阳敏感器 B 备份工作
	　if(export. SSAS4. SSA1 = one)
	　% 当太阳敏感器 A 备份工作时
	　　｛export. SSAS4. SSB1 = zero；
	　　% 太阳敏感器 B 备份不工作
	　　Export. SP1 = one；
	　　% 太阳信号输出为 1
	　　Export. SSAS3. FEss1 = small；
	　　% 滚动角 ϕ_{ss} 输出在正常值范围
	　　Export. SSAS3. QEss1 = small；
	　　% 俯仰角 θ_{ss} 输出在正常值范围
	　　Export. SSAS3. FEssC1 = continuous；
	　　% 滚动角 ϕ_{ss} 输出连续
	　　Export. SSAS3. QEssC1 = continuous；
	　　% 俯仰角 θ_{ss} 输出连续
	　　Export. SSAS4. VK161 = continuous；
	　　% 探头 1 全开码输出在正常值范围
	　　Export. SSAS4. VK171 = continuous；｝；
	　　% 探头 2 全开码输出在正常值范围

故障模式　故障模式 1	if((export. SSAS4. SSA1 = one)&(export. SSAS4. SSB1 = zero)) % 当太阳敏感器 A 备份工作、B 备份不工作时 　Export. SP1 = zero； 　% 太阳信号输出为 0
故障模式 2	if((export. SSAS4. SSA1 = one)&(export. SSAS4. SSB1 = zero)) % 当太阳敏感器 A 备份工作、B 备份不工作时 　｛(export. SSAS3. FEss1 = big) ‖ (export. SSAS3. QEss1 = big)；｝； 　% 滚动角 ϕ_{ss} 或俯仰角 θ_{ss} 输出超出正常值范围
故障模式 3	if((export. SSAS4. SSA1 = one)&(export. SSAS4. SSB1 = zero)) % 当太阳敏感器 A 备份工作、B 备份不工作时 　｛(export. SSAS3. FEssC1 = discrete) ‖ (export. SSAS3. QEss1 = discrete)；｝； 　% 滚动角 ϕ_{ss} 或俯仰角 θ_{ss} 输出曲线不连续、不平滑
故障模式 4	if((export. SSAS4. SSA1 = one)&(export. SSAS4. SSB1 = zero)) % 当太阳敏感器 A 备份工作、B 备份不工作时 　｛(export. SSAS4. VK161 = discrete) ‖ (export. SSAS3. VK171 = discrete)；｝； 　% 探头 1 或探头 2 全开码输出不连续

　　由表 5-1 可以看出,当太阳敏感器 A 备份不工作、B 备份工作时认为 A 备份部件工作正常。当太阳敏感器 A 备份工作、B 备份不工作时,存在正常的太阳信号,且滚动角 ϕ_{ss} 和俯仰角 θ_{ss} 输出在正常值范围内且连续,全开码输出连续有界,则判定太阳敏感器 A 备份在正常状态下工作。

当 A 备份在加电状态下,长时间失去太阳信号,判为太阳敏感器发生故障 1;滚动角 ϕ_{ss} 和俯仰角 θ_{ss} 输出超出正常值范围,判为太阳敏感器发生故障 2;滚动角 ϕ_{ss} 和俯仰角 θ_{ss} 输出曲线不连续、不平滑,判为太阳敏感器发生故障 3;全开码输出不连续,判为太阳敏感器发生故障 4。

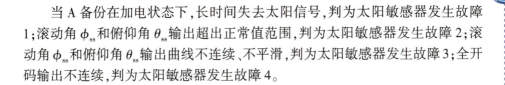

[1]　蔡自兴,约翰·德尔金,龚涛. 高级专家系统:原理、设计及应用[M]. 北京:科学出版社,2005.

[2]　敖志刚. 人工智能与专家系统导论[M]. 合肥:中国科学技术大学出版社,2002.

[3]　王永庆. 人工智能原理与方法[M]. 西安:西安交通大学出版社,1998.

[4]　Buchanan B G,Feigenbaum E A,Lederberg J. Heuristic DENDRAL:A program for generating explanatory hypotheses in organic chemistry[J]. Machine Intelligence Meltzer,1969,4.

[5]　Shortliffe E H. Computer-based medical consultation:MYCIN[M]. New York:American Elsevier,1976.

[6]　Duda R O. Development of a computer-based consultant for mineral exploration Annual Report[R]. [S. l.]:SRI Project,1977:5821-5824.

[7]　许化东. 基于故障树分析法的汽车故障诊断专家系统的研究[D]. 合肥:合肥工业大学,2002.

[8]　Howlin K,Weissert J,Krantz K. A prototype expert system for diagnosing spacecraft problems[C]. NASA Goddard Space Flight Center. The 1988 Goddard Conference on Space Applications of Artifical Intelligence. N88-30343:88-92.

[9]　荣吉利. 空间飞行器在轨智能故障诊断技术研究[J]. 哈尔滨:哈尔滨工业大学,1996.

[10]　Li Q,Li F,Doi K. Computerized detection of lung nodules in Thin-section CT images by use of selective enhancement filters and an automated rule-based classifier[J]. Academic Radiology,2008,15(2):165-175.

[11]　Akbarzadeh T M R,Moshtagh K M. A hierarchical fuzzy rule-based approach to aphasia diagnosis[J]. Journal of Biomedical Informatics,2007,40(5):465-475.

[12]　Palmero G S,Santamaria J J,Moya E J,et al. Fault detection and fuzzy rule extraction in AC motors by a neuro-fuzzy ART-based system[J]. Engineering Applications of Artificial Intelligence,2005,18(7):867-874.

[13]　Weisbin C R,Saussure G D,Barhen J,et al. Minimal cut-set methodology for artificial intelligence applications[J]. Iaea Org,1984.

[14]　Narayanan N,Viswanadham N. Methodology for knowledge acquisition and reasoning in failure analysis of systems[J] IEEE Transactions on System,Man,and Cybernetics,1987,17(2):274-288.

[15]　Sugumaran V,Ramachandran K I. Automatic rule learning using decision tree for fuzzy classifier in fault diagnosis of roller bearing[J]. Mechanical Systems and Signal Processing,2007,21(5):2237-2247.

[16]　Sun W X,Chen J,Li J Q. Decision tree and PCA-based fault diagnosis of rotating machinery[J]. Mechanical Systems and Signal Processing,2007,21(3):1300-1317.

[17]　Yang B S,Lim D S,Tan C C. VIBEX:an expert system for vibration fault diagnosis of rotating machinery using decision tree and decision table[J]. Expert Systems with Applications,2005,28(4):735-742.

[18]　沈庆根,郑水英,等. 设备故障诊断[M]. 北京:化学工业出版社,2006.

第6章 基于案例的卫星在轨故障诊断

6.1 概 述

6.1.1 基本原理

基于案例的推理(Case-Based Reasoning,CBR)又称基于事例的推理,是人工智能领域的一种问题求解方法。CBR以其独特的推理方式和成功的应用,引起了国际人工智能界的广泛重视。

CBR方法与传统的基于因果规则链的推理方法不同,是一种基于过去实际经验或经历的推理。采用CBR方法求解问题,不是通过链式推理进行,而是通过查找案例库中与当前问题相似的案例,并根据当前问题的需要对案例做适当修改来实现的。CBR实质上是一种类比推理方法,它相信世界是有规律的,相似的问题会有相似的解,类似的问题会有多次发生的可能。

CBR方法与神经网络和基于规则的推理等问题求解方法不同,它不是一项具体技术方法,而是一种问题求解方法论。CBR一方面是模拟人类推理和思考过程的方法论,另一方面是建造智能计算系统的方法论。它只提供了一些新的有关知识的表示、组织和处理的思想与原则,并没有提供具体的实现方法。因此,在建造CBR系统时,需要根据应用领域的具体情况研究和选择合适的案例表示及案例推理方法。

CBR方法不仅代表了一种推理方法,而且代表了一种机器学习方法。CBR系统自身具有很强的学习功能,它能在系统的应用过程中,通过保存新案例、修正案例和归纳学习等方式,从成功和失败的案例中学到更多的新知识,使其问题求解能力和学习能力得到提高。

CBR方法与传统的基于规则的专家系统相比具有很多优点,如易于获取知识、知识库维护方便,适应性强,可以得出创新的解答等。同时,CBR虽然有效地解决了传统的基于规则的专家系统存在的知识获取的瓶颈问题,但在开发CBR系统的过程中,案例知识获取的工作量也很大。

基于案例的卫星在轨故障诊断方法则是 CBR 技术在故障诊断领域的应用,它克服了基于规则的诊断专家系统存在的知识获取困难及诊断推理的脆弱性等问题,是一种具有实用价值的诊断方法,对推动故障诊断专家系统的进一步发展具有重要作用。CASSIOPEE 故障诊断系统由 AcknoSoft(Paris)在 KATE-TOOLS 的基础上为 CFM-Internation 而设计。CFM-Internation 使用 CASSIOPEE 来维护波音 737 飞机上的 CFM56-3 引擎动力系统,它的案例库包含 23000 多个案例,涉及所有这些动力部件的历史信息。案例的结构简单,约含有 80 个属性。系统使用的一些方法如可以归纳学习的决策树、根据环境询问额外的信息、服务手册部分内容的集成等,还有一个包含 25000 张图片的注释部件目录。该系统的应用,减少了一半的故障诊断时间,从而显著减少飞机晚点时间。

6.1.2　基本步骤

基于案例的诊断流程如图 6-1 所示。通过分析该流程可知,CBR 系统可以分解为如下五个步骤:

(1)案例获取。对实际故障情况的各种特征进行对比,选取有代表性的特征,整理出所需信息,并以案例的形式记录,积累得到初始案例。

(2)案例表示。采用一定的表示方法与格式对初始案例以及用户输入的故障进行规范,从而形成符合知识库或者案例库的索引案例或者检索案例。整个推理系统以案例表示为基础建立初始案例库。

(3)案例检索与匹配。案例检索的作用是检查出与当前案例在特征上相似,并对当前故障的诊断有指导性意义的案例,形成候选案例集;通过对候选案例进行匹配,计算相应的成功率指标,最终选择出最有价值的案例。

(4)案例修正。通过运用专家经验知识和人为干预对检索出的案例进行调整与修改,形成适合于当前故障的新案例,得出诊断结论。

(5)案例学习。将新案例的诊断结果及评价(包括人为操作后的诊断结果)添加到案例库中成为新的案例,保存过程就是一个学习的过程。

其中每个过程都包含具体的实现方法和实现步骤。如案例检索过程需要选择合适的检索模型,按照一定的检索策略和相似度评价标准,从案例库中检索出与当前案例最相似的案例或案例集。

采用 CBR 方法求解问题时,首先要对问题进行分析,提取问题的特征,规范的表示问题,并将其定义为一个新案例;根据这个新案例的特征,从案例库中检索出一个相似的案例;通过复用相似案例,得到新案例的解答部分,即待求解问题的一个解答建议。然后通过评价函数测评,或应用到具体任务领域对解答建议进行验证,如果验证失败,则依据一定的原则对解答建议进行修正,再进行测试,得到验证后的解答建议。最后,将得到的新案例连同验证后的解答建议一起存入案例库。这样,通过不断学习新案例和修改案例库中的旧案例,使案例库不断得到完善和扩充。

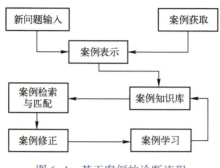

图 6-1　基于案例的诊断流程

6.2　卫星故障案例的获取和表示

在 CBR 系统的应用过程中,有效的故障案例获取和表示是诊断成功的关键之一。然而实际故障往往包含很多相对不重要的知识和不宜比较的表述方式,因此需要通过对典型故障案例的各种特征之间的对比,选取有代表性的特征,用规范化描述形式将实际故障表示为便于组织和比较的案例知识。同时,在案例推理过程中运用专家经验知识和人为干预对检索出的案例进行调整与修改,形成适合于当前故障的新案例,并加入案例库,这也是一种案例获取方法。下面分别介绍故障案例获取、故障案例表示、案例修正和案例学习的基本内容。

6.2.1　故障案例获取

在基于案例的推理系统中要获取一个案例,首先应明确什么是案例,它包含哪些内容?对于这个问题目前还没有一个公认的答案。Barletta 认为:就最简单的形式来说,案例是能导致特定结果的一系列特征;就最复杂的形式来说,案例就是形成问题求解结构的子案例的关联集合。例如,一架飞机的设计由许多子设计组成,组成整个设计问题的每一部分对整个问题来说可以认为是一个案例。Kolodner 对案例的定义:案例是一段带有上下文信息的知识,该知识表达了推理机在达到其目标的过程中能起关键作用的经验。

通过上面的分析可以看出,案例的描述是一个与领域密切相关的问题。对

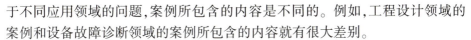
第6章 基于案例的卫星在轨故障诊断

于不同应用领域的问题,案例所包含的内容是不同的。例如,工程设计领域的案例和设备故障诊断领域的案例所包含的内容就有很大差别。

卫星的结构非常复杂,发生的故障形式多种多样,根据卫星运行维护管理和故障诊断的需要,对于每次发生的故障,专业技术人员都要建立相应的故障档案,详细记录故障发生的经过、故障原因、特征、处理措施和处理后卫星运行效果等信息。这些档案资料为故障案例库的获取提供了必要的资源。人类专家也经常根据记录故障发生过程的原始文献资料,对实际发生的故障案例进行整理、归纳和分析,提取出故障诊断特征规律,积累诊断知识和经验,用于指导日后故障诊断工作。通过对这些档案资料进行分析,并结合基于案例的诊断过程的需要,可以归纳总结出一个合理的故障案例获取的基本要素,主要包括如下信息:

(1) 基本信息:故障案例名称、故障模式、设备型号、异常等级、造成的损失等。

(2) 故障背景:故障发生的时间、地点和现象描述,是否首次发生等。

(3) 故障征兆:故障发生前和发生时,观测到的主要故障现象,包括主因参数、波及参数、定性征兆和定量征兆等。

(4) 故障原因:引发故障的根本原因,包括设计、安装和运行维护等各方面原因。

(5) 故障对策:处理故障采取的具体措施。

(6) 效果评价:采取相应的故障处理措施后设备的运行效果。

在建造基于案例的故障诊断系统的过程中,知识工程师的主要任务是确定合理的故障案例特征,如领域专有名词的定义。同时,收集领域专家解决问题时经常借用的典型故障案例,并对收集到的故障情况进行分类整理,提取相关的信息,填写故障案例表。但是,在故障案例的收集和整理过程中也会遇到一些实际问题,如设备发生故障时有些特征数据记录不完全或不准确。随着设备状态监测和故障诊断系统的应用和推广,这种情况将会很快得到改变。

6.2.2 故障案例表示

CBR系统是以案例知识为核心的,是一个案例处理系统,包括案例的获取、表示、存储、检索和调整等过程。其中,案例的表示是建立CBR系统需要解决的核心问题,案例表示方法的优劣将直接影响系统的推理效率。案例表示涉及如下一些问题:选择哪些信息存储在案例中;如何选择合适的案例内容描述结构;案例库如何组织和索引等。当系统中案例达到几千个时,案例库的组织和索引就非常重要了。

161

一个案例主要包括问题和问题的解两部分内容,可以通过图6-2所示的问题空间和解空间的结构来形象地描述。根据该结构,一个问题的描述属于问题空间,案例检索过程通过匹配案例的特征,找到最相似的案例。在解空间中通过调整相似案例的解决方案,得到适合新问题的解决方案。

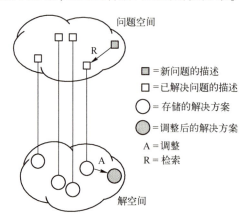

图6-2　问题空间和解空间

1. 故障案例规范化描述

案例表示是案例的形式化过程。案例表示方法就是研究如何设计各种存储结构,以便将获得的案例以计算机内部代码的形式加以合理地描述和存储。在CBR的研究和开发过程中,研究人员提出了很多案例表示方法,如Kolodner等提出的情景记忆组织包(Episodic Memory Organization Packets,E-MOP)的案例的表示和存储方法、Macedo提出的基于嵌套的图结构的案例表示方法和史忠植等提出的记忆网模型等,其中应用最早、影响最大的是E-MOP模型。

E-MOP模型是最早提出的案例表示和存储方法,并在CYRUS等基于案例的推理系统中得到应用和验证。E-MOP是一个层次结构的存储模型,它是在Schank提出的动态记忆模型的基础上发展而来的。E-MOP的基本思想是将具有某些相似特征的案例组织成一个更通用的结构—泛化情景(Generalized Episode,GE)。GE包括规范、案例和索引三个对象。规范是在该情景索引下的所有案例的公共特征。索引是识别不同情景案例的特征。一个索引可以指向更具体的情景,也可以指向一个案例。一个索引由索引名和索引值组成。

E-MOP建立的案例存储结构是一个可识别的网络,其中的节点可以是GE、索引名、索引值或案例。每个索引从一个GE指向另一个GE或是一个案例。检索一个案例首先要找到与之最匹配的GE,然后通过该GE的索引查找最相似的案例。存储一个新案例的过程与检索案例的过程基本相同,所不同的是当新案例的一个特征与一个已存在的案例特征相匹配时,就创建一个GE,在该

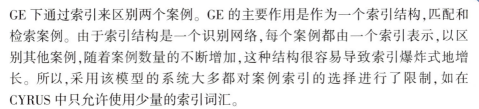

GE 下通过索引来区别两个案例。GE 的主要作用是作为一个索引结构,匹配和检索案例。由于索引结构是一个识别网络,每个案例都由一个索引表示,以区别其他案例,随着案例数量的不断增加,这种结构很容易导致索引爆炸式地增长。所以,采用该模型的系统大多都对案例索引的选择进行了限制,如在 CYRUS 中只允许使用少量的索引词汇。

案例作为一种知识,也可以采用人工智能中常用的知识表示方法来表示,如框架、语义网络和脚本等。对于特定的领域来说,一个好的案例表示方法应满足以下四点要求:

(1) 能够完整地表示案例的描述内容;

(2) 便于案例知识的形式化;

(3) 便于案例的组织和维护;

(4) 有利于案例的快速检索。

2. 面向对象的故障案例表示方法

案例知识的表示方法有很多种,如 E-MOP 模型、规则、语义网络和框架等。对于同一种案例,可以采用不同的案例表示方法,但在解决某一问题时,不同的表示方法可能会产生完全不同的效果。因此,对于不同领域的求解问题,选择合适的案例表示方法是非常重要的。

卫星故障诊断是一个比较复杂的问题,故障案例包含的内容较多,数量较大,采用单一的案例表示方法很难满足实际需要。而面向对象的知识表示方法能够将规则和过程等多种知识表示集成在一起,这样可以充分利用各种表示方法的优点;而且使用该方法还可以利用类的继承关系,建立案例之间的层次结构,便于案例库的组织和检索。因此,采用面向对象方法表示故障案例可以提高基于案例的诊断系统的知识表达能力和推理效率。

1) 面向对象方法概述

面向对象方法起源于面向对象的编程(Object-Oriented Programming, OOP)技术。20 世纪 70 年代,以结构化方法为基础的软件工程技术在软件系统的开发方面得到了广泛应用,对整个计算机学科和计算机工程领域产生了重大影响。但由于结构化方法是基于功能抽象和面向过程的,其描述问题的问题空间和解决问题的方法空间在结构上不一致。因此从系统分析、设计到软件模块结构之间需要经过多次转换,在开发大型复杂软件系统的过程中遇到了很多困难。另外,基于功能抽象的软件系统难以添加新的功能和数据结构,从而阻碍了软件的重用和扩展。

为了解决结构化方法存在的问题,从 20 世纪 80 年代开始,计算机领域的研究人员逐渐开始重视面向对象编程技术的研究,并推出了一系列描述能力较强、执行效率较高的面向对象的编程语言,如 Smalltalk-80、Ada 和 C++语言等。其中以美国 Xerox 公司的 Smalltalk-80 最著名,它的特点是强调在整个系统设计中应用统一的对象概念,并且比较完整地定义了一些概念和术语,如对象、消息、方法、类和实例等,这些概念相继被其他面向对象的语言所引用。面向对象语言的使用表明,面向对象方法开始走向实际应用。

进入 20 世纪 90 年代,随着研究和应用的不断深入,人们对面向对象方法的研究与运用不再局限于编程阶段,而是从系统分析和系统设计阶段就开始采用面向对象方法,提出了面向对象的分析(Object-Oriented Analysis,OOA)方法和面向对象的设计(Object-Oriented Design,OOD)方法。这标志着面向对象方法已经发展成一种完整的方法论和系统化的技术体系。

2)面向对象方法的基本概念

自面向对象方法产生以来,一直受到研究人员的普遍关注,目前已广泛应用于各种领域的设计中。面向对象方法的基本思想:世界上的一切事物都可以看成对象,世界是由各种层次、具有各种属性的相互联系的对象组成的,对象的不同属性描述了对象本身的特性,其间的相互联系描述了世界的静态结构,而对象间的相互作用则描述了世界的动态行为。面向对象方法的本质,就是强调从现实世界中固有事物出发来构造系统,用人类在现实生活中常用的思维方式来认识、理解和描述客观事物,使所建立的系统能映射问题空间。此外,面向对象的方法还为人们在认识论和方法论上提供了一种认识现实世界的有效方法。面向对象方法涉及对象、类、消息和方法等一些基本概念,说明如下:

对象是面向对象方法的核心概念,在不同的论域中有不同的定义。在问题空间(问题域)中,对象是指客观世界的实体。客观世界中的任何事物都是对象,复杂的对象可由相对比较简单的对象以某种方法组成,因此可以把整个客观世界视为一个最复杂的对象。在问题解空间(求解域)中,对象是指计算机实体,它是客观世界实体的抽象或映射。在 OOP 中,对象是系统中的基本实体,它由属性(数据)和作用于属性之上的方法(操作)集组成。其中,属性反映对象当前的状态;而方法主要是通过改变对象的某些属性值来改变对象的状态。

类实质上是一种对象类型,它描述了属于该类型的所有对象的共同特性,包括属性和方法。类是对一组对象的抽象概括,而每个对象都是某个类的一个具体的实例。对象是在执行过程中由其所属的类动态生成的,一个类可以生成多个不同的对象。因此,对象是一个动态的概念,而类是一个静态的概念。在 OOP 中,开发人员的主要任务就是说明和定义各种类,类中包括数据变量和操作函数。在程序的执行过程中,通过类创建相关的对象。类具有继承性,在类

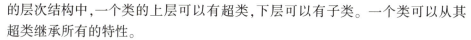

的层次结构中,一个类的上层可以有超类,下层可以有子类。一个类可以从其超类继承所有的特性。

消息是对象之间相互请求或相互协作的方法,是要求某个对象执行其中某个功能的说明。对象间的联系只能通过消息的传递来进行。某一对象在执行相应的操作时,又可以请求其他对象完成某种操作。面向对象程序的执行是通过在对象间传递消息来完成的。

方法是对对象实施各种操作的说明,也就是消息的具体实现。消息中只包含发送对象的操作要求,而不包含如何完成操作的具体方法。在面向对象程序设计中,方法就是函数的定义。

3) 面向对象方法的形式化定义

如上所述面向对象方法定义了很多新的概念,利用这些概念可以将面向对象方法简单地定义为

$$面向对象=对象+类+继承+消息通信$$

各主要部分的形式化定义如下:

(1) 对象:

对象 $::=<\text{ID},\text{OP},\text{DS},\text{MI}>$

其中:ID 为对象的标识或对象名;OP 为对象的操作集合;DS 为对象的数据结构;MI 为对象的外部接口。

由此可见,对象是把数据和操作该数据的代码封装在一起的实体。

(2) 类:

类 $::=<\text{ID},\text{INH},\text{DD},\text{OI},\text{ITF}>$

其中:ID 为类的标识或类名;INH 为类的继承性描述;DD 为数据结构描述;OI 为操作结构描述;ITF 为外部接口。

(3) 继承:

继承是类的特性,即类可以继承其超类的特性,继承可用一个偏序关系来定义:

$$\text{INH}::=(\text{C},>=)$$

其中:C 为具有继承关系的所有类;">="表示继承关系。

显然继承关系具有传递性,即

$$\text{IF}(\text{C2}>=\text{C1})\&(\text{C3}>=\text{C2}) \quad \text{THEN} \quad \text{C3}>=\text{C1}$$

4) 面向对象方法的特点

面向对象方法是按人们通常的思维方式来建立求解问题的系统模型,将软件开发的中心由过程转移到包含属性和方法的对象。它具有如下特点:

(1) 封装性。封装是一种信息隐蔽技术,即将对象的属性(数据)和方法

（操作）封装在对象结构中,对象的属性和方法的实现细节对用户是隐蔽的。用户只能通过对象提供的消息来访问该对象。

封装的基本单位是对象,封装的对象有点类似于集成电路芯片,用户不知道,也不关心其内部电路的具体实现,只要知道芯片引脚的电气参数和功能即可使用它。因此,软件工程师可以像硬件工程师使用集成电路芯片那样将各种封装的对象组装在一起,构成一个具有特定功能的软件系统。封装本身具有很强的模块性,它将模块的定义和使用分开,提高了软件系统的可靠性和可维护性。

（2）继承性。继承性是表示类之间的相似性的机制,是类的一个特点,它在类与类之间建立了一种层次结构。在这种层次结构中,一个类可以继承其超类的所有特性(属性和方法),而且这种继承具有传递性。所以一个类实际上继承了层次结构中在其上的所有类的全部特性。

通过继承重用类,可以实现代码共享,减少代码冗余,提高软件开发效率。这种继承性有助于开发快速原型。继承性是实现利用可重用成分构造软件系统的最有效特征,它不仅支持系统的可重用性,还能促进系统的可扩展性,便于实现软件的演化和增量式的扩充。

（3）多态性。多态性是指同一个名字可具有多种语义。在 C++语言中,多态性是利用虚函数来实现的。虚函数允许在一个类层次中使用函数的多个版本,至于使用哪个特定版本则取决于运行时函数入口参数的类型。

面向对象方法的这些特点使得所开发的系统结构稳定、可重用性好、便于维护和扩充,大大提高了软件的开发效率。

5) 面向对象的故障案例表示

面向对象方法是一种认识和描述客观世界的有效方法,它提供了从一般到特殊的演绎手段(如继承),同时提供了从特殊到一般的归纳形式(如对象类的表达等),是一种很好的认知模式。面向对象的案例表示就是用面向对象方法中的对象和类来表示案例。对象的属性用于表示案例的各种特征信息;对象的方法用于表示案例的检索、调整和存储等操作过程。对象的属性部分也可以是相关的启发式规则,这样就可以将规则和过程等集成在统一的对象中,提高了案例的表示能力。面向对象的案例表示方法具有面向对象方法的许多特征,如封装性、继承性等。

根据故障案例的规范化描述信息框架,一个典型的故障案例可以定义为一个四元组:

$$C = <D,S,M,E> \tag{6-1}$$

其中:D 为非空有限集合,$D = \{d_1, d_2, \cdots, d_m\}$,表示故障案例的描述信息,包括

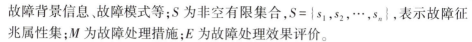

故障背景信息、故障模式等;S 为非空有限集合,$S = \{s_1, s_2, \cdots, s_n\}$,表示故障征兆属性集;$M$ 为故障处理措施;E 为故障处理效果评价。

因此,一个故障案例可定义为如下结构的对象:

```
Class Case{
    CaseID;              // 案例编号
    FaultModel;          // 故障模式
    SymptomSet;          // 故障征兆集,定性征兆和定量征兆
    BackgroundSet;       // 故障背景信息集
    Causation;           // 故障原因
    Action;              // 故障处理措施
    Evalution;           // 效果评价
    AdaptionRuleSet;     // 案例调整规则集
    Similarity;          // 相似度
    Restore( );          // 案例存储函数
    Match( );            // 案例相似性匹配函数
}
```

CaseID:故障案例的标识符,用于索引和识别故障案例。

FaultModel:故障案例所属的故障模式,通过它可对案例进行分类。

SymptomSet:包括故障发生时检测和观察到的各种特征信息,如振动幅值、温度、现场能听到的声音等,其中,每个征兆属性用一个二元组<属性名,属性值>表示。不同类型的故障案例包含不同的征兆属性。同类型的故障案例含有相同的征兆属性,只是征兆属性的取值不同。

BackgroundSet:一组有关故障设备和故障发生经过的信息。

AdaptionRuleSet:包含一组用于调整故障案例的规则,在案例推理中,当没有检索到相同的故障案例时,系统即调用调整规则,对找到的相似案例进行调整,以满足当前问题的需要。

Similarity:表示该案例与目标案例之间的相似程度,其初始值为 0,实际值由相似性匹配函数在系统推理过程中填写。

故障案例的对象表示可用 BNF 范式描述如下:

<FaultCase> :: = (<CaseID>,<FaultModel>,<SymptomSet>,<Background>)

<CaseID> :: =<字符串>

<FaultModel> :: =<字符串>

<SymptomSet> :: = (and{Symptom }+)

< Symptom> :: =<AttrName,AttrValue>

<AttrName>∷=<字符串>

<AttrValue>∷=<字符串>|<数值>

<BackgroundSet>∷=<字符串>

<AdaptionRuleSet>∷=(and{Rule}+)

<Rule>∷=(Rn,Premise,Action)

<Rn>∷=<字符串>

<Premise>∷=<字符串>

<Action>∷= <字符串>

面向对象的知识表示方法是以领域对象为中心来组织知识库的系统结构的,能够将事实性知识、经验性知识和对知识的处理过程封装在相对独立的知识实体中,使系统的存储结构易于扩展和维护。

随着面向对象技术的发展,很多专家系统都采用面向对象技术进行设计和实现。如果系统的知识表示方法也采用面向对象方法,则知识表示和推理系统在形式上完全一致,易于构成一个有机的整体。

传统的知识系统一般是作为一个独立的系统来开发的,但目前的发展趋势是将知识系统与数据库系统、图形用户界面和信号处理等工程系统集成在一个统一的环境下,实现无缝连接。以面向对象方法为基础的组件技术是实现上述设计思想的有力工具,因此采用面向对象的案例表示方法将有助于基于案例的诊断系统与其他系统的结合。

6) 卫星典型故障案例

故障案例描述如表6-1所列,它是根据上述要求对某卫星的一个原始故障资料进行分析整理后得到的。

表6-1 故障案例描述

项 目	内 容 描 述
案例名称	姿控进入安全模式
异常等级	Ⅱ级
是否首次	首次
故障背景	卫星过境时,发现整星进入姿控安全模式,载荷区被断电。卫星过境期间,姿控分系统处于正常运行模式,电源和姿态均正常
故障征兆	+X红外地球敏感器弦宽异常,−X红外弦宽异常、三轴姿态角异常、动量轮转速异常
故障原因	根本原因是+X红外地球敏感器故障,最终导致姿控进入安全模式、载荷一区断电
故障对策	切除+X红外,按预案处理
效果评价	采取上述措施后,姿控恢复正常

6.2.3　案例修正

CBR 系统通过案例检索匹配从案例库中找到与输入情况最类似的旧案例,该旧案例通常会与新情况有很大差异,这时就需要将旧案例作为新情况的参考解,对该参考解做适当的修正以适合于被求解的问题,从而得到新情况的解,以便适应新的情况。案例的修正分为对案例内容的修正和对案例结构的修正。对案例内容的修正主要是针对案例的各个特征属性值及其特征权值进行修改和调整,对案例结构的修正是针对案例的结构进行调整。修正后的案例是否符合新的情况,需要有一定的评价检验,如果发现不符合实际情况,则还需要进行修正,最后将新的案例按一定的策略加入到案例库中,因此案例修正也是一种案例自动获取方式。应当指出的是,这种修正不是针对案例库中已存在的旧案例本身进行修正,即旧案例在案例库中仍然存在,对旧案例的修正结果是产生一个新的案例,并将其存储到案例库中,这就是案例修正过程。总之,案例的修正比较复杂,是 CBR 系统中的重要环节和难点,主要原因是案例的多样性和案例在修改时具有领域依赖性,往往需要结合领域知识和专家的经验,在专家的指导下完成并达到预期的修正效果。下面对案例修正的具体过程进行介绍。

CBR 系统中,案例修正是应用修正知识对不满足设计约束的重用案例特征按特定次序进行一系列的修改操作,如添加、删除和替换,使其成为新问题的解。案例修正往往依赖于具体的应用领域,其目标是通过最小的改变将重用案例修正成目标案例。案例修正过程模型如图 6-3 所示,重用案例 C 为初始状态,目标案例 C′ 为最终状态。

图 6-3　案例修正过程模型

案例修正时,修正操作应根据领域修正知识和修正对象的不一致进行适当调整。修正操作没有通用的模式,一种设计情况通常对应一种修正方法,设计情况不同时,修正方法差别很大,需要针对具体情况采取相应措施。在修正过程中,必须遵循一定的修正次序,修正操作不满足交换律。

案例修改过程的一般步骤如下:

(1) 对重用案例进行评价,如果完全满足设计要求,则不需进行修改,退出案例修改阶段;否则,检测和诊断出不满足设计约束和设计目标的功能特征,以及需要添加的功能。

(2) 查找和推理出需要修改、删除和添加功能特征对应的结构特征。

（3）根据修改知识对需要修改和不满足设计要求的结构特征进行替换、删除和修改，并根据设计需要添加所需的结构特征。

（4）对修改后的案例进行评价，确定是否完全满足设计要求。若不满足，则重新进行步骤（1）~（4）的操作。若已经满足了设计约束，则表明重用案例 C 已修改为目标案例 C′，案例修改过程结束。

6.2.4 案例学习

初始案例库中的案例数量是有限的，需要在系统投入运行后不断学习，加入新案例以进行知识的积累，以求获得更好的案例检索结果。但并不是所有的新案例都可以不加选择地加入案例库，这样会导致过多的类似案例甚至是重复的案例，导致案例检索效率下降。

每次经过案例修正后，即可得到一个新的案例，对它的处理有两种方式：一是新案例很有使用价值，并且在今后会使用到，这时可将其纳入案例库；二是新案例没有使用价值，并且现有的系统很容易会生成它，这时应选择舍弃它。一旦进行了新案例的纳入，就意味着系统进行了知识的扩充，即实现了系统的案例学习。案例的学习过程即案例库不断获取新知识和改进旧知识的过程，它可以动态扩充案例知识，解决知识获取的瓶颈，是案例推理方法智能性的直接体现，是保证案例库质量的一个重要手段。

案例学习不仅包括案例库的维护，而且包含案例评价。案例评价是案例学习的一个前提条件，案例评价是对新案例的应用效果做一个评述：若新案例的解决方案应用效果极好，则要对新案例进行存储；若新案例的解决方案应用效果不佳，则不再将其添加到案例库，并考虑为其寻找新的解决方案。

案例的维护主要包括向案例库中添加新的案例（案例存储）或删除一些不常用的案例，若案例库中不存在解决目标案例的方案，则可以考虑将解决新问题的方案添加到案例库中，使得案例库更加完备，系统具有解决新问题的能力。将一个新的解决方案加入案例库中，案例库中可用的成功案例将会增加，从而提高了案例复用的可能性以及案例推理的准确性。若案例库中的一些案例基本上无法与任何案例匹配，这些案例就没有必要存在，可以考虑删除这些案例，提高案例推理时案例检索的效率。案例的维护不仅包括案例存储或删除一些不常用的案例，而且包括调整和修改一些不成功的案例或有关参数的过程，将这些调整或修改的信息存储起来，以便为以后解决类似的问题提供解决方案。案例的学习是对案例库不断更新与扩充的一种手段，同时是确保所建案例库长期有效的一个重要条件。

在基于案例的卫星在轨故障诊断中，可采取如下的案例学习策略：

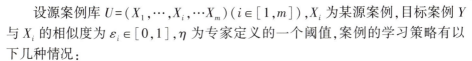

设源案例库 $U=(X_1,\cdots,X_i,\cdots X_m)$ $(i\in[1,m])$，X_i 为某源案例，目标案例 Y 与 X_i 的相似度为 $\varepsilon_i\in[0,1]$，η 为专家定义的一个阈值，案例的学习策略有以下几种情况：

（1）$\forall\varepsilon_i=0$ $(i\in[1,m])$，新案例与案例库中的所有案例都不匹配，这时新案例可以加入到案例库。

（2）$\exists\varepsilon_i=1$ $(i\in[1,m])$，新案例与某源案例完全相似，则新案例不加入到案例库。

（3）$\forall\varepsilon_i<\eta$ $(i\in[1,m])$，这时新案例可以加入到案例库。

（4）$\forall\varepsilon_i>\eta$ $(i\in[1,m])$，把具有 $\max(\varepsilon_i)$ 的源案例的解决方案改写为新案例的解决方案。

案例的评价、修正、学习过程是一个反复迭代的过程，如果案例评价过程证明案例的效果不理想，则可以进入案例修正阶段，如此循环直到案例评价过程证明案例匹配效果良好，然后进入案例学习阶段。这一步决定了案例库中案例的质量，因此至关重要。

6.3　基于案例的推理

基于案例推理是类比推理的一种。在基于案例推理中，最初是由于目标案例的某些（或某个）特殊性质使人们能够联想到记忆中的源案例。但它是粗糙的，不一定正确，在最初的检索结束后，需要进一步检索两个类似体的更多的细节，探索它们之间更进一步的可类比性和差异。案例推理主要包括案例检索和案例匹配两大步骤，而相似性度量则是案例检索和案例匹配都不可或缺的部分。

6.3.1　案例检索

案例检索时，首先对当前待求解问题的已知条件进行描述，形成目标案例索引；然后在案例库中对目标案例和库存案例进行比较，综合计算案例的结构、功能、用途和特征等相似元的相似度，快速、准确地从案例库中查找出与新问题要求贴近的相似案例形成候选案例集；最后选择一个或者多个相似案例进行重用。案例检索是案例推理的关键步骤，其常用的相似度计算方法主要是传统的属性距离函数。传统案例检索的重点是检索出与目标案例最相似的案例，并不考虑相似案例能否修改或怎样修改为目标案例。

1. 故障案例组织结构

在基于案例的故障诊断系统中，系统求解问题所使用的知识单元就是具体的故障案例,相关的故障案例的集合就构成了系统的案例知识库。案例知识库的组织与索引是设计基于案例的故障诊断系统的一个重要环节,其策略的优劣直接影响案例推理的效率。故障案例的组织形式可分为平面模式、树形模式和网状模式三种。平面模式结构简单,但它是非结构化的,当案例数量较大时不便于案例库的查询、管理和维护。因此,对于大型故障案例库系统应采用树形模式或网状模式。

将案例表示成层次结构是一种比较流行的实现案例重用的方法。在基于案例的诊断系统中,故障案例可以按故障模式进行分类,属于相同故障模式的案例一般都含有共性特征,为了表示这样的故障案例类,引入了抽象案例的概念。抽象案例不是一个具体的实际故障案例,它不提供具体的故障处理措施。它是一组相关案例的抽象和概括,含有相关案例的共性知识,相当于面向对象方法中的对象类。面向对象方法中通过类的继承性建立了类与类之间的层次结构,相应地可以通过抽象案例将案例库组织成一个树形的层次结构,如图6-4所示。

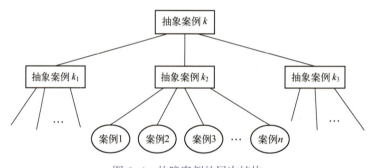

图6-4　故障案例的层次结构

故障案例是层次结构中最底层的叶节点,它是实体知识,不仅包括故障案例的特征属性,而且包括故障原因及故障对策,基于案例的故障诊断系统主要是依靠它们解决实际问题。案例层次结构中的中间节点是抽象案例,它是概念性知识,包含属于同一故障模式的案例的共性特征。每个抽象案例都包含指向下一层案例的一个(组)索引指针。

为了统一案例知识的表示形式,便于案例的检索,系统中的抽象案例也采用对象的形式来表示,结构如下:

```
Class AbstractCase{
    CaseID;              // 案例编号
    SymptomSet;          // 共性征兆属性集
    SubCaseSet;          // 子案例集
```

Similarity；　　　　　　　// 相似度

}

其中 SubCaseSet 是一组案例编号构成的集合,可以是抽象案例的编号,也可以是具体案例的编号,它表示该抽象案例所包含的子案例。案例之间的层次结构就是通过子案例集连接起来的。

从抽象案例的对象结构可以看出,抽象案例不含有具体的故障原因和故障对策,因此它不能用于具体的故障诊断。抽象案例主要用于对故障案例进行分类和索引。它可以使每个具体案例的知识量减少(可以通过继承获得部分知识),有利于知识库结构的优化,减少了诊断过程的复杂性。知识的共享与重用是构造大型知识库的有效手段。

通过抽象案例建立了故障案例之间的组织关系,对于一个具体的故障案例,其内容的存储组织形式分为两种情况:一种是集中存储,即故障案例的所有内容,包括故障背景、故障征兆、故障对策等信息都集中存储在一个结构中;另一种是分散存储,将故障案例的内容分为若干部分,分别存于不同的结构中,各部分可单独使用。集中存储结构简单、存取操作方便,但案例的应用缺乏灵活性差,所以故障案例一般采用分散存储方式。

2. 故障案例索引

故障案例组织好以后,可以根据诊断问题的实际需要建立相应的索引机制。实际上,故障案例库的组织包括两部分内容,即故障案例和案例索引。不同的案例组织形式对应不同的索引机制。索引是一个可计算的数据结构,它能存储在内存中帮助快速搜索。建立案例索引的主要目的是提供一个案例库的搜索机制,当给定一个新的案例时,能够根据索引快速找出相关的案例或案例集。当案例库的规模较大时,案例索引的作用就更加突出。

一个案例的索引是这个案例的重要关键字的集合,这些关键字可以将这个案例与其他案例区分开来。案例库的索引可以借鉴数据库的索引技术,但是二者建立索引的原则是不同的,主要体现在以下两个方面:

(1) 索引关键字的选择标准不同。数据库索引是通用的,关键字选择的主要指导思想是保持存储结构平衡,从而提高检索速度。所以如果一个属性特征能够帮助平衡数据的组织结构,那么它就是一个好的索引。而案例库的索引是与具体领域相关的,它关心的是如何把案例库划分为概念上有用的片断,以便区分每一个案例。

(2) 索引关键字的匹配方式不同。在数据库系统中,数据记录的检索一般是对关键字段进行精确匹配,找出满足约束条件的数据记录;而案例的检索比较复杂,一般很难找到属性特征完全相同的两个案例,因此案例检索采用的是相似性匹配。

建立案例索引的方法有手工索引和自动索引两种方式。系统一般采用自动索引方式,这样当案例库发生变化时,可以快速地重新建立索引。但在有些系统中案例是手工索引的,例如当案例非常复杂,正确选择索引所需的具体知识无法获得时手工索引是需要的。

3. 案例检索方法

目前比较常用的案例检索算法有知识引导法、神经网络法、归纳索引法和最近相邻法。

知识引导法是根据已有的知识来决定案例的特征属性在案例检索时的重要程度,赋予其属性一定的权值,并根据权值大的属性特征对案例进行检索。由于知识是在不断累积和增加的,因此这种检索方式具有一定的动态性,若应用于领域知识比较完善的 CBR 系统,该检索方法会相对稳定一些。该检索方法通常与其他检索方法结合使用。

神经网络法是根据案例的特征属性将案例库分为若干个子案例库,在每个子案例库中建立一个神经网络系统,对子案例库中的案例进行检索。运用这种方法进行检索时最主要的一个方面是对数据进行训练,即对案例的问题描述和解决办法这些数据进行训练,得到输入与输出的关系。运用神经网络法检索案例的过程:将目标案例的特征属性输入神经网络系统,由神经网络系统对子案例库进行检索,从而检索出与目标案例最为相似的案例。神经网络检索法具有快速和自适应的特征。

归纳索引法是根据最能将案例与其他案例区分开来的特征属性对案例进行分类,并利用这些特征属性重新对案例划分组织结构。归纳索引法又分为群索引法和案例结构索引法。群索引法是根据案例的特征属性将案例进行聚类,分为若干个案例群。在案例检索中,群索引法一般与最近相邻法结合使用,首先根据目标案例的特征属性,运用群索引法将案例库中的案例划分为两个案例群(与目标案例属性相似和不相似案例群),然后用最近相邻法对与目标案例属性相似的案例群中的案例进行相似度计算,找出与目标案例最为匹配的案例。结构索引法是根据案例的内容及其特征属性,对其进行分类,将案例库组织成树形、链状、网状等结构,其案例检索的过程就是对案例库组织结构模型划分和搜索的过程。

最近相邻法是比较常用的一种案例检索方法,是一种基于距离的相似性的度量方法。这种方法首先给出案例间距离的定义,将目标案例视为空间中的一个点,找出与这个点最近的点,即为相似案例,利用这种方法不仅计算案例属性之间的距离,由距离得出相似度,而且要给出属性的权值。即将目标

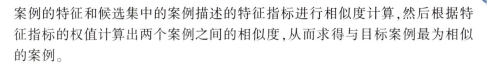

案例的特征和候选集中的案例描述的特征指标进行相似度计算,然后根据特征指标的权值计算出两个案例之间的相似度,从而求得与目标案例最为相似的案例。

6.3.2 案例相似性度量

案例相似性度量是检索的关键步骤,下面以基于距离的相似性度量方法,最近邻法为例进行介绍:

$$SIM(n,P_k) = NN(n,P_k) = \frac{\sum_{i=1}^{m}(\omega_i \times SIM(a_i^n \times a_i^{P_k}))}{\sum_{i=1}^{m}\omega_i} \qquad (6-2)$$

式中:n、P_k 分别为新案例和第 k 个旧案例;a_i^n、$a_i^{p_k}$ 分别为对应新旧案例的第 i 个特征值;ω_i 为第 i 个特征的权重,$\sum_{i=1}^{m}\omega_i = 1$;$SIM(\cdot)$ 是一个用于确定某两个特征相似度的函数。

最近邻法把输入的案例与案例库中的案例进行比较,求出案例间的相似度,将相似度最大的案例返回给用户。它的原理是,最近邻法假定所有案例的特征向量是 n 维空间的点,在这些点上建立一个特殊的近邻查找结构,使得当给定一个问题描述(也是空间一个点)时,能迅速找到与之取得最佳匹配的点。最近邻法是基于距离量度的相似性方法,利用特征和加权来评价新案例与旧案例的相近度。最近邻法检索认为两个案例的特征集是相同的,且同一特征在不同的案例中具有相同的权重。根据相似度在相似算法中的级别不同,相似可以分为两种:

局部相似度,即属性级相似度,两个案例的相似是以局部相似度为基础的,局部相似度的计算依赖属性的类型与属性的取值范围;

全局相似度,即案例级的相似度,根据属性间的关联和属性的案例总体特征的贡献不同计算。

其常用的相似度计算方法主要是传统的属性距离函数。两个状态之间的相似度在本质上是两个状态中对应属性变量之间的相似度的合成。为了衡量两个属性变量之间的相似度,学者们设计了一些距离函数来解决这个问题。

讨论距离函数前,需要先讨论属性的数据类型。不同的数据类型在计算中可用于描述不同类型的对象信息,这使得不同对象都能参与相应的数学计算。通常把数据类型分为以下四类:

(1)Nominal 类型:此类变量用以描述特定领域内的一些名称或者类标签,只能参与"相同"或者"不相同"的运算。

（2）Ordinal 类型：此类变量的值可用于表述具有顺序类型的数据，除用于"相同"或"不相同"的运算外，还可参与比较大小和先后的运算。

（3）Interval 类型：此类变量含有所有加法和减法的运算。

（4）Ratio 类型：此类变量含有所有 Ordinal 类型的特性，可以描述一定的区间集合，可用于描述 Interval 类型的特性，而且可使用乘法和除法运算。

Nominal 类型的属性也称为 Categorical（独立型或离散型）属性，而 Ratio 型属性有时简化成 Numerical（数值型）属性。在故障案例领域，常使用的是 Nominal、Ordinal 和 Ratio 类型的数据。设 X_i 和 X_j 是数据集中的两个数据对象，则常见的距离度量公式可以归纳如下：

（1）数值型数据之间的距离

曼哈顿（Manhattan）距离为

$$d(X_i, X_j) = \sum_{k=1}^{n} |x_{ik} - x_{jk}| \tag{6-3}$$

式中：X_i、X_j 为 n 维曼哈顿空间 R_n 中的两个对象，也称绝对（值）距离，且有

$$X_i = (x_{i1}, x_{i2}, \cdots, x_{in})^T, X_j = (x_{j1}, x_{j2}, \cdots, x_{jn})^T$$

欧几里得（Euclidean）距离为

$$d(X_i, X_j) = \sum_{k=1}^{n} |x_{ik} - x_{jk}|^2 \tag{6-4}$$

式中：X_i、X_j 为 n 维欧几里得空间 R_n 中的两个对象，且有

$$X_i = (x_{i1}, x_{i2}, \cdots, x_{in})^T, X_j = (x_{j1}, x_{j2}, \cdots, x_{jn})^T$$

相关系数是指 X_i 和 X_j 之间的关联程度，相关程度越大，相似度越大；相关程度越小，相似度越小。相关系数为

$$r_{X_i, X_j} = \frac{\sum_{k=1}^{n} (x_{ik} - \overline{x_i})(x_{jk} - \overline{x_j})}{\sqrt{\sum_{k=1}^{n} (x_{ik} - \overline{x_i})^2} \sqrt{\sum_{k=1}^{n} (x_{jk} - \overline{x_j})^2}} \tag{6-5}$$

式中：X_i、X_j 为 n 维欧几里得空间 R_n 中的两个对象，且有

$$X_i = (x_{i1}, x_{i2}, \cdots, x_{in})^T, X_j = (x_{j1}, x_{j2}, \cdots, x_{jn})^T$$

（2）离散型变量的距离。设对象 X_i 和 X_j 为离散型变量，$X_i = (x_{i1}, x_{i2}, \cdots, x_{in})$，$X_j = (x_{j1}, x_{j2}, \cdots, x_{jn})$，变量的状态有 $\{a_1, a_2, \cdots, a_M\}$，即 $x_{ik}, x_{jk} = a_z, a_z \in \{a_1, a_2, \cdots, a_M\}, k \in \{1, 2, \cdots, n\}$。若 X_i 和 X_j 间不同状态的个数为 m，则它们之间的距离为

$$d(X_i, X_j) = \frac{m}{n} \tag{6-6}$$

二进制变量之间的距离也可以看作一种特殊的离散型变量的距离，设对象

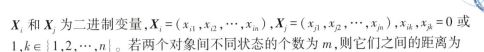

X_i 和 X_j 为二进制变量，$X_i = (x_{i1}, x_{i2}, \cdots, x_{in})$，$X_j = (x_{j1}, x_{j2}, \cdots, x_{jn})$，$x_{ik}, x_{jk} = 0$ 或 $1, k \in \{1, 2, \cdots, n\}$。若两个对象间不同状态的个数为 m，则它们之间的距离为

$$d(X_i, X_j) = \frac{m}{n} \tag{6-7}$$

（3）混合型变量间的距离。设对象 X_i 和 X_j 为混合型变量，$X_i = (x_{i1}, x_{i2}, \cdots, x_{in})$，$X_j = (x_{j1}, x_{j2}, \cdots, x_{jn})$，则它们之间的距离为

$$d(X_i, X_j) = \frac{\sum_{k=1}^{n} \delta_{X_i X_j}^{(k)} d_{X_i, X_j}^{(k)}}{\sum_{k=1}^{n} \delta_{X_i X_j}^{(k)}} \tag{6-8}$$

式中：x_{ik}, x_{jk} 有一个为默认值或 $x_{ik} = x_{jk} = 0$ 时，$\delta_{X_i X_j}^{(k)} = 0$；否则，$\delta_{X_i X_j}^{(k)} = 1$。$d_{X_i, X_j}^{(k)}$ 为 X_i 和 X_j 中第 k 个变量对距离函数 $d(X_i, X_j)$。若 k 为类别型数据变量，当 $x_{ik} = x_{jk}$ 时，$d_{X_i, X_j}^{(k)} = 0$；否则，$d_{X_i, X_j}^{(k)} = 1$。当 k 为数值型变量时，有

$$d_{X_i X_j}^{(k)} = \frac{\sum_{k=1}^{n} \delta_{X_i X_j}^{(k)} d_{X_i X_j}^{(k)}}{\max_h x_{hk} - \min_h x_{hk}} \quad (h = 1, 2, \cdots, n) \tag{6-9}$$

式中：$\max_h x_{hk}$ 为 k 变量的最大取值；$\min_h x_{hk}$ 为 k 变量的最小取值。

6.3.3　案例匹配

　　故障案例的匹配是在旧案例或现有的故障案例中找出一种可以与新案例中比较相似或相近的故障案例。为了能够在数值上进行比较，相似度是新故障案例与历史案例之间相似性的一种度量，它是案例匹配的基础，目前大多数采用最近邻法计算案例间的相似度。

　　案例匹配是 CBR 系统的中心环节。匹配质量关系着整个系统的质量。因此，案例匹配是基于案例推理的一个关键技术。案例匹配最终要达到两个目标：一是匹配出来的案例应该尽可能少；二是匹配出来的案例应尽可能与目标案例相关或相似。案例匹配一般可以分为三个步骤：一是特征辨别，对目标案例进行分析，提取目标案例有关的特征属性；二是初步匹配，从案例库中找到一组与目标案例相关的源案例；三是最佳选定，从初步匹配得到的源案例中选取一个或若干个与目标案例最相似的源案例。

　　根据相似度计算找到案例库中许多相似的案例后，最佳选定就是要更仔细地评价初始匹配到的结果，从一系列相似的案例中选择出若干个最佳的匹配方案。这时候需要专家介入交互，调整权重参数以获得较好的检索结果。

参 考 文 献

［1］ 刘大有,赵宇霆,艾景军.基于事例的推理[C].世纪之交的知识工程与知识科学研讨会论文集,
北京,2001.

［2］ 史忠植.知识发现[M].北京:清华大学出版社,2002.

［3］ 郑佩.基于案例推理的故障诊断技术研究[D].武汉:华中科技大学,2008.

［4］ Barletta R.基于事例的推理导论[J].计算机科学,1993,20(1):10−14.

［5］ Kolodner J. Case−based reasoning[M]. Morgan Kaufmann Publishers Inc.,1993,8−32.

［6］ Macedo L,Cardoso A. Nested graph−structured representations for cases[C]. European Workshop on Advances in Case−Based Reasoning. Springer,Berlin,Heidelberg,1998:1−12.

［7］ Lee K H,Lee D,Han S H. Object−oriented approach to a knowledge−based structural design system[J]. Expert Systems with Applications,1996,10(2):223−231.

［8］ Coad P,Yourdon E. Object−oriented analysis[M].1991.

［9］ Jobling C P,Grant P W,Barker H A,et al. Object−oriented programming in control system design:a survey [J]. Automatica,1994,30(8):1221−1261.

［10］ Diaz O. Object−oriented systems:a cross−discipline overview[J]. Information & Software Technology, 1996,38(1):47−57.

［11］ 汪成为,郑小军,彭木昌.面向对象分析、设计及应用[M].北京:国防工业出版社,1992.

［12］ Bose R. Strategy for integrating object−oriented and logic programming[J]. Knowledge−Based Systems, 1994,7(2):66−74.

［13］ Walczak S. Knowledge acquisition and knowledge representation with class:the object−oriented paradigm [J]. Expert Systems with Applications,1998,15(3,4):235−244.

［14］ Peng Y,Reggia J A. A probabilistic causal model for diagnostic problem solving part I:integrating symbolic causal inference with numeric probabilistic inference[J]. IEEE Transactions on Systems Man & Cybernetics,1987,17(2):146−162.

［15］ 汤延孝,刘勇,黄翔,等.CBR系统中的实例修改研究[J].机械科学与技术,2006,25(4):390−393.

［16］ 倪志伟,蔡庆生.范例推理系统中的范例库维护[J].小型微型计算机系统,2003,24(10):1825−1828.

［17］ 沈庆根,郑水英,等.设备故障诊断[M].北京:化学工业出版社,2006.

［18］ Kolodner J,William M. Case−Based Reasoning[J]. IEEE Expert,1992,7(5):5−6.

［19］ Simoudis E. Using case−based retrieval for customer technical support[J]. IEEE Expert,1992,7(5):7−12.

［20］ 侯玉梅,许成媛.基于案例推理法研究综述[J].燕山大学学报(哲学社会科学版),2011,12(4):102−108.

［21］ 黄彧.相似性度量的研究及其在数据挖掘中的应用[D].福州:福建师范大学,2009.

第7章　数据驱动的卫星在轨故障诊断

7.1　概　　述

7.1.1　基本原理

数据驱动的故障诊断是以概率统计、机器学习等为基础,通过随机过程模型、机器学习模型等理论,诊断卫星故障的方法。数据驱动方法主要包括人工智能方法和数理统计方法(基于随机模型建模的方法)。人工智能方法一般利用得到的数据,通过机器学习建立输入数据与故障类型之间的映射关系。数理统计方法以概率统计等理论为基础,通过统计或随机模型,评价不同类型故障发生的概率,并进行比较后判断发生的故障。

一般来说,卫星在轨故障诊断具有多变量、强耦合、强非线性、环境条件变化复杂、动态特性随工作模式变化、难以用数学模型描述等综合复杂性,建立卫星故障机理模型是非常困难的,而数据驱动方法是从数据出发,为解决卫星故障诊断问题提供了可行的途径。

数据驱动的故障诊断方法借鉴了数据挖掘的理论和处理方法。通常,数据挖掘是从不同角度对数据进行分析,并将它总结形成各种有用信息的过程。这些信息可以用于性能评估、使用寿命预测等方面。应用数据挖掘方法,可以根据设备运行数据的变化情况得到故障诊断领域的专家知识。这正是传统的基于模型的故障诊断方法所欠缺的能力。可以说,数据驱动的故障诊断即是从数据中提取信息并将信息转化为知识的过程。这里的数据包括:卫星状态观测数据,如卫星姿态角度、飞轮转速;卫星工作模式的操作数据,如太阳帆板展开、卫星对某一目标跟踪、卫星备份系统切换指令;衍生数据,即通过直接遥测数据计算得到的间接数据,如动量轮系统的能量、电源系统的输出功率等。信息是通过数据分析得出的有关卫星工作模式、变量间的关联关系、故障因果关系等客观事实。知识则是通过数据和信息处理得到的可用于故障诊断的特征量或诊断规则。例如,通过对航天飞机机翼温度、海拔高度、压强等变量历史数据的分析,可以得到其间存在的关联关系,该关联关系可用于检测其以后任务中的机翼温度异常事件。

7.1.2 实施步骤

数据驱动的在轨卫星故障诊断包括以下步骤:

(1)数据窗口化。卫星遥测数据是时间序列数据,数据量大、时间跨度长。利用数据进行故障诊断,一般不能使用所有数据。目前常用的办法是通过窗口化处理提取某段时间窗口内的数据,并将其与正常窗口内的数据进行比较,判断发生了什么类型的故障。在对数据进行窗口化处理时,窗口范围的选择起着重要作用,窗口划分过宽将会导致数据特征不敏感,窗口划分过窄将会导致特征失真。通过对卫星原始遥测数据进行初步分析,卫星数据中的轨道相关数据具有周期性,而传感器数据波动性较强,周期较难确定。在处理卫星遥测数据窗口化问题时,可以卫星轨道周期为参考,其他数据按照时间节点(如按天)为参考,采用固定窗口对数据进行划分。

(2)特征提取。特征提取即对数据在时域、频域、信息域进行分析,并提取相关特征组成特征向量。卫星遥测数据种类和数量繁多,应从多角度对数据进行分析和提取特征,主要包括时域、频域、信息域等。典型的时域特征包括均值、方差、最小二乘斜率,以及波形因子、微分裕度等,典型的频域特征包括频率、功率谱方差、功率谱熵、均方频率等,典型的信息域特征包括排列熵、样本熵、能量熵等。但是应该注意,实际问题中特征提取问题是非常灵活的,需要根据问题特点选择特征量,有时需要定义新的特征。利用得到的数据特征可以建立相应的数据特征向量,对数据状态进行表征。

(3)特征约简和降维。卫星遥测数据量大、维数高,从海量数据中获取状态信息困难。卫星遥测数据往往包含多个部件的状态信息,当其中某个或某几个部件故障时往往会出现数据冗余,因此,需要研究测控数据的特征提取和选择方法,消除冗余特征。

卫星实测数据分为数字量和模拟量两大类。数字量反映星上被测量单元的功能状态,如单元的开/关机,其意义明显、直接,且数值通常在几个固定值中变化。模拟量是被测量单元的数值测量值,通常反映被测单元的性能状态,一些模拟量输出平稳,如果出现显著变化,则表明出现了异常,因此容易判别。但是有一些模拟量输出数值不断变化,且变化范围在阈值内,这类动态变化参数对异常状态的反映不同。在卫星的分系统或部件组成中,不同工作模式下模型描述的结构和参数都不尽相同,在故障发生时的可选特征参数较多,如姿控系统稳定性检测中,可以选取滚动红外地球敏感器输出、滚动陀螺仪输出、X 轴分量输出等,而不同特征集的建模效果不同,需要对实测数据中的参数进行约简选择。需要分别从特征矩阵的角度和复杂性角度,根据不同的实测数据类型,选择相应的技术方法来实现特征降维和约简。

(4) 数据驱动建模。一旦确定了特征量或特征向量,就可以利用遥测数据计算这些变量的数据,用于拟合数据模型,如神经网络模型、支持向量机模型、概率图模型等,这些模型统称为数据驱动的故障诊断模型。故障模型建模涉及模型结构确定和模型参数估计两个方面,前者一般指模型的阶数,后者通常采用数据统计方法。本章将介绍几种典型的数据建模方法。

(5) 基于数据模型的诊断。数据驱动的故障诊断实际上采用的是分类的思想,即通过某种途径量化当前待分类数据与各个模板数据(表示不同故障模式)之间的关系,并根据这一量化的关系来确定待分类数据所属的类型。目前数据驱动的诊断方法在衡量这种关系时,根据所建立的诊断模型的不同,可以从距离、似然以及通常的分类方法进行衡量。

基于距离的诊断是对给定的距离量度函数,定义当前待分类数据与模板数据的距离,并以距离最小的模板类作为所确定的故障。聚类分析是基于距离的诊断的典型方法。

基于似然的诊断首先假设当前正常或故障的类型,然后计算特征出现的概率,并以概率的大小作为判断正常或故障的依据。有时根据所建立的概率模型,可以直接计算产品发生各种类型故障的概率,此时可以直接通过比较概率来确定故障。典型的包括似然比方法、Fisher 判别、概率图模型等。

基于分类的诊断直接通过分类模型的输出作为诊断的结果,在神经网络、支持向量机等机器学习模型中,模型可以将输入数据映射到各种标签,每个标签就是一种故障。

7.2　特 征 提 取

7.2.1　时域特征

时域以时间为自变量描述物理量的变化,是信号最基本、最直观的表达形式。时域信息描述了真实物理信息与时间的对应关系。在时域内对信号进行滤波、放大、统计特征计算、相关性分析等处理,统称为信号的时域分析。因数据信息是在时域中测量的,故时域分析通常具有直观和准确的优点。对数据信息进行分析时,时域分析一般是必不可少的部分。

1. 有量纲特征参数

有量纲参数包括方根均值、标准差、均方根值(RMS)、峰-值等。

(1)均值:又称均数,是指在一组数据中所有数据之和再除以这组数据的个数。其数学公式为

$$\overline{X} = \frac{1}{n}\sum_{i=1}^{n}|x_i| \tag{7-1}$$

式中:$\overline{X}$为均值;n为样本总数。

均值反映数据集中趋势的一项指标。在时域分析中,均值用来反映数据的一般情况和平均水平,通过将不同组数据的均值进行比较,可直观得出组与组之间的差别。

(2)标准差:又称为均方差,是总体各单位标准值与其平均数离差平方的算术平均数的平方根。其数学公式为

$$\sigma = \sqrt{\frac{1}{n}\sum_{i=1}^{n}(x_i - \overline{X})^2} \tag{7-2}$$

标准差为 σ 非负数值,反映了个体间的离散程度。标准差大,代表组内数值和其平均值之间存在较大差异;标准差小,代表组内数值比较接近其平均值。标准差同时可以作为不确定性的一种测量,或者说,标准差可以反映数据的稳定程度。

(3)均方根值:也称为方均根值或有效值,其数学公式为

$$X_{\text{rms}} = \sqrt{\frac{1}{n}\sum_{i=1}^{n}x_i^2} \tag{7-3}$$

对于波形函数(一般是正弦波),虽然能求得均值,但存在波动导致正、负相抵,使均值实际意义不大,均方根值因其先将数据进行平方,消除了符号影响,所以可以更好地反映波形数据的离散性。

(4)峰-峰值:是指一个周期内信号最高值和最低值之间差的值,就是最大和最小之间的范围。其数学公式为

$$X_{\text{p}} = \max(X) - \min(X) \tag{7-4}$$

峰值描述了信号值的变化范围的大小。峰值是以 0 刻度为基准的最大值,有正,有负。而峰-峰值是最大值和最小值的差值,只有正值。

2. 无量纲参数

无量纲参数通常指不具有直接物理意义的参数,例如:

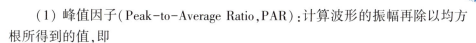

（1）峰值因子（Peak-to-Average Ratio，PAR）：计算波形的振幅再除以均方根所得到的值，即

$$C_f = \frac{X_p}{X_{rms}} \tag{7-5}$$

峰值因子适用于检测波形的尖峰度，是一个相对值的比率，它不受整体均值变化的影响，同时能恰当的反映尖峰的相对大小。

（2）峭度：是反映振动信号分布特性的数值统计量，是归一化的 4 阶中心矩。其数学公式为

$$K = \frac{\frac{1}{n}\sum_{i=1}^{n}(x_i - \overline{X})^4}{X_{rms}^4} \tag{7-6}$$

峭度系数表示故障形成的大幅值脉冲出现的概率。由于峭度系数表达式中分子为样本均差 4 次方的均值，而分母为均方根值的 4 次方，也就是说分母是一个平均量，这就必然导致分子变化的增加快于分母，K 上升很快，反映了故障已出现。峭度系数是振动幅值概率密度函数陡峭程度的量度，计算时，采样频率及采样点数对计算结果有一定的影响。

（3）裕度：反映数据的变化范围与数值大小之间的关系。其数学公式为

$$L = \frac{X_p}{X_r} = \frac{X_p}{\left| \frac{1}{n}\sum_{i=1}^{n}\sqrt{|x_i|} \right|^2} \tag{7-7}$$

（4）波形因子：定义无量纲的波动大小，为均方根值与绝对均值之比，即

$$W_s = \frac{X_{rms}}{X} \tag{7-8}$$

无量纲时域参数与有量纲参数相比，在趋势形态上具有更好的适用性。对无量纲参数进行特征提取时，需要考虑各类型参数的敏感性和稳定性，对上述介绍的无量纲参数进行比较，得到各参数敏感性与稳定性的比较结果，如表 7-1 所列。

表 7-1　无量纲参数敏感性与稳定性比较

参 数 类 型	敏 感 性	稳 定 性
峰值因子	一般	一般
峭度	好	差
裕度	好	一般
波形因子	差	好

7.2.2　频域特征

频域分析能够从频率角度对系统进行分析,将时域信号分解成多个不同频率的虚指数信号函数,当明确系统对一个虚指数信号函数的响应函数时,就能够求出系统对于整个信号的响应情况。当信号在时域上较为复杂难以处理时,可采用频域对数据进行分析。

常用的频域特征参数有重心频率、功率谱方差、均方频率、谱熵等。

重心频率(FC)描述信号功率谱的中心位置变化,其数学公式为

$$FC = \frac{\sum\limits_{i=1}^{N} f_i p_i}{\sum\limits_{i=1}^{N} p_i} \tag{7-9}$$

式中:f_i、p_i 分别为频率值与相应的功率谱幅值。

功率谱方差(VF)反映谱能量的分散程度,功率谱的分散程度越大,其值越大。其数学公式为

$$VF = \frac{\sum\limits_{i=1}^{N} (f_i - f_{cx})^2 p_i}{\sum\limits_{i=1}^{N} p_i} \tag{7-10}$$

式中:f_i、p_i 分别为频率值与相应的功率谱幅值;f_{cx} 为重心频率。

均方频率(MSF)表征功率谱中信号主频带的位置变化。其数学公式为

$$MSF = \frac{\sum\limits_{i=1}^{N} f_i^2 p_i}{\sum\limits_{i=1}^{N} p_i} \tag{7-11}$$

7.2.3　信息域特征

信息域的特征可由信息熵表征。熵的概念来自于统计热力学,它表达一个系统混乱的程度,其中系统越混乱,熵值就越高;系统越有序,熵值就越低。在信息理论中,熵通常也称为信息熵或香农熵,主要采用数值形式表达随机变量取值的不确定性程度,目的是描述信息含量的多少。

假定 X 是随机变量,$p(x)$ 表示变量 X 取值为 x 的概率,那么它的不确定性程度可以表示为信息熵 $H(X)$ 形式,其中:

$$H(X) = -\int_x p(x)\log p(x)\,\mathrm{d}x \tag{7-12}$$

由定义可知,信息熵 $H(X)$ 只与变量 X 的概率分布有关,而与其具体取值无关。这在某种程度上说明信息熵能够有效地避免噪声数据的干扰。随机变量 X 的不确定性的程度越高,其信息熵就越大,信息量也相应增多。当 X 的所有取值具有相同概率时,即每个值出现的概率相同,此时变量 X 的不确定性程度达到最高,其熵值也最大。

1. 样本熵

20 世纪 90 年代,Pincus 从衡量非线性时间序列复杂性的角度提出了近似熵的概念,在时间序列复杂性测度中所需数据较短,具有较好的抗干扰能力,并将其成功应用于生物时间序列的复杂性研究;但该方法存在向量自身匹配计入统计量而导致其计算结果产生偏差的缺陷。为克服近似熵计算中存在的缺陷,Richman 和 Moorman 沿袭 Grassberger 的研究,发展了一种有别于近似熵的不计数自身匹配的统计量——样本熵。样本熵与近似熵的物理意义相同,具备相对一致性。

在实际应用中,样本熵不依赖于序列的长度,仅需较短的数据就能得出稳健的估计值,具有较好的抗干扰的能力,也可以用于由随机成分和确定性成分组成的混合信号,并且分析效果优于简单的统计参数(如均值、方差、标准差等)。序列越复杂,其样本熵值越大,序列的自我相似性就越低;序列的自我相似性越高,其样本熵值越小。

在样本熵的计算过程中需要设定相似容限和嵌入维数,它们对样本熵的计算结果具有很大影响,只有选取了恰当的两个参数才能够让获得的样本熵的统计特性比较合理。然而到目前为止,并没有一个确切的理论作为这两个参数选取的标准,这两个参数通常是依据应用需求人为预先选定。从几何的角度看,相似容限 r 实质上是 m 维超球体的半径,为了使得样本熵与其所要反映的时间序列的关联性更大,r 的取值一般会参照时间序列的标准差设定,r 一般取 $0.1 \sim 0.25$ 序列标准差(用 δ 表示)。嵌入维数 m 是样本熵计算时的窗口长度,它可以取 1 或 2。当 $m>2$ 时,一方面为了与之对应得到好的估计结果,选取的 r 值就会比较大,而 r 值过大会导致信息流失;另一方面为了保证样本熵刻画的序列的状态有着同样的特性,需要用到的数据点数多,这样一来运算量就会增加,相应的效率也就降低了,故通常情况下 $m=1$ 或 $m=2$。除了对这两个参数有一定的要求外,运算时输入的数据点数也不易过大,数据点数 N 通常为 $100 \sim 5000$。

长度 N 的时间序列 $x = \{x(1), x(2), \cdots, x(N)\}$ 的样本熵可按如下步骤求得:

(1)对时间序列设定模式维数 m,据原始时间序列数据构造 m 维向量为

$$X_i^m(i) = \{x(i), x(i+1), \cdots, x(i+m-1)\} \qquad (7\text{-}13)$$

式中：X_i^m 为从第 $i(i=1,2,\cdots,N-m+1)$ 个点开始的连续 m 个的 x 值。

（2）定义向量 X_i^m、X_j^m 的距离 d_{ij}^m 为两者对应元素差值绝对值最大值，即

$$d_{ij}^m = d(X_i^m, X_j^m) = \max_{k \in (0,m-1)} \{|x(i+k) - x(j+k)|\} \qquad (7\text{-}14)$$

式中：$i,j=1,2,\cdots,N-m+1$ 且 $i \neq j$。

（3）对于给定的 X_i^m，统计 X_i^m 与 X_j^m 之间距离小于或等于 r 的 $j(1 \leq j \leq N-m$ 且 $i \neq j)$ 的数目，并记作 B_i。对于 $1 \leq i \leq N-m$，$B_i^{(m)}(r)$ 定义

$$B_i^m(r) = \frac{1}{N-m-1} B_i \qquad (7\text{-}15)$$

（4）$B^{(m)}(r)$ 定义为

$$B^{(m)}(r) = \frac{1}{N-m} \sum_{i=1}^{N-m} B_i^m(r) \qquad (7\text{-}16)$$

（5）模式维数增加 1，即对 $m+1$ 维重复步骤（1）～（4），计算 X_i^{m+1} 与 $X_j^{m+1}(1 \leq j \leq N-m$ 且 $i \neq j)$ 距离小于或等于 r 的个数，记为 A_i。$A_i^m(r)$ 定义为

$$A_i^m(r) = \frac{1}{N-m-1} B_i \qquad (7\text{-}17)$$

（6）$A^{(m)}(r)$ 定义为

$$A^{(m)}(r) = \frac{1}{N-m} \sum_{i=1}^{N-m} A_i^m(r) \qquad (7\text{-}18)$$

这样，$B^{(m)}(r)$ 是两个序列在相似容限 r 下匹配 m 个点的概率，而 $A^{(m)}(r)$ 是两个序列匹配 $m+1$ 个点的概率。样本熵定义为

$$\text{SampEn}(m,r,N) = \lim_{N \to \infty} \left\{ -\ln\left[\frac{A^m(r)}{B^m(r)}\right] \right\} \qquad (7\text{-}19)$$

当 N 为有限值时，可以用下式估计：

$$\text{SampEn}(m,r,N) = -\ln\left[\frac{A^m(r)}{B^m(r)}\right] \qquad (7\text{-}20)$$

2. 能量熵

香农提出信息熵的理论以解决确定信息包含信息的复杂度，随着信息研究的深入，单纯的信息熵过于关注每一个幅值从而导致信息复杂度的紊乱情况，但信息能量反映了信息复杂程度的同时，避免熵的紊乱振荡。能量熵 $H(X)$ 只与变量 X 的能量概率分布有关，而与其具体取值无关。这在某种程度上说明能量熵有效地避免噪声数据的干扰。注意到，如果随机变量 X 的不确定性的程度越高，即概率分布越大，其能量熵就越大。当变量 X 的所有取值具有相同概率时，即每个值出现的概率相同，此时变量 X 的不确定性程度达到最高，其熵值也

最大。这种情况下,X 的具体取值无法确定,只能依靠随机猜测选取任意一个值。如果变量 X 只取一个值 x 时,那么该值的概率分布 $p(x)$ 为 1,此时 X 是完全确定的,其熵值达到最小。

能量熵基于信息熵理论,以信号的能量为样本,提取信号的熵特征。能量熵避免负值对数据分析的影响,更能反映信号的变化趋势。

对于长度 N 的时间序列 $x=\{x(1),x(2),\cdots,x(N)\}$,能量熵可按如下步骤求得:

(1) 求时间序列 $x=\{x(1),x(2),\cdots,x(N)\}$ 的能量,即

$$E_k = \frac{1}{\Delta k}\sum |x(k)|^2 \Delta k \tag{7-21}$$

(2) 可将能量信号 $E=\{E_1,E_2,\cdots,E_L\}$ 看作对原始信号的一种划分,则第 k 个功率谱在整个谱中所占的百分比为

$$P_k = \frac{E_k}{\sum\limits_{k=1}^{L} E_k} \tag{7-22}$$

(3) 能量熵定义为

$$H = -\sum_{k=1}^{L} P_k \log P_k \tag{7-23}$$

3. 排列熵特征

排列熵算法是一种新的动力学突变检测算法,能够较好地反映时间序列数据的微小变化,其应用领域也正从医学、生物、图像处理等领域延伸到机械故障诊断中。排列熵是由 Christoph Bandt 等提出的新兴的熵算法,用来研究非线性系统信号的不规则性与混乱程度。它可以将以前不能定量描述或是很难定量描述的复杂系统用一种较为简便的方法描述出来。排列熵可以将自然界中不规则性以及非线性系统用一种十分简便的方法呈现出来。排列熵在刻画一维时间序列的复杂度方面与李雅普诺夫指数相似,能反映出一维时间序列的复杂性,能够敏锐地感知信号的微小变化,将其放大后,使复杂系统的动力学突变易于检测。并且与李雅普诺夫指数等特征相比,排列熵计算简单,且抗噪能力强,对突变信号的敏感性较强。因此,将排列熵作为数据特征是可行的。

排列熵算法受自身参数的影响比较大,参数的选择仍然仅凭经验或直觉,从而使计算结果存在很大的不确定性。排列熵的确定方法采用相空间重构的方法为基础。相空间重构方法是由 Takens 于 1981 年提出,其基本思想:系统中任一分量的演化都是由与之相互作用着的其他分量所决定的,因此单一变量的时间序列应该隐含整个系统的运动规律,考查一个分量,测量它在某些固定的时间延迟点上的数值,然后将其重构为多维状态空间中的高维向量,并使得重构

坐标从低维到高维转换时保持较强的独立性,最终的重构相空间具有较低的冗余度。相空间重构有导数重构法和延迟重构法两种方法。

在延迟重构法中,关于 τ 和 m 的选取,主要有两者互不相关和两者相关两种观点:一是通常应用互信息法和伪邻近法相结合的方法,先利用互信息法确定 τ,然后在 τ 已知的情况下运用伪邻近法选取 m;二是关联积分(C-C)算法,该方法是通过构造统计变量和时延的关系来确定最佳时延和嵌入窗宽,再根据嵌入窗宽确定嵌入维数。

对于不同运行状态下的时间序列信号,采用相同参数对不同状态下的时间序列进行相空构,所得出的时间序列排列熵值将会不同。因此,对设备在某一运行状态下的时间序列进行相空间重构所确定式的算法参数,可用于设备运行全过程时间序列的排列熵特征提取,并以排列熵值的变化来反映设备的不同伪近邻法运行状态,从而达到故障诊断的目的。基于该思路,提出构建最佳相空间为目标的算法 τ 和 m 的联合确定方法。

关联积分法是一种能够同时确定最佳时延和嵌入维数的算法。关联积分法主要是通过嵌入时间序列的关联积分来构造统计量,统计量代表非线性时间序列的相关性。对于时间序列 $x = \{x(1), x(2), \cdots, x(N)\}$,根据重构相空间中的相点记为 $y(i) = \{x(i), x(i+\tau), \cdots, x(i+(m-1)\tau)\}$。则嵌入时间序列的关联积分方程为

$$C(m, N, r, \tau) = \frac{2}{M(M-1)} \sum_{1 \leq i \leq j \leq M} \theta(r - d_{ij}) \tag{7-24}$$

式中: $M = N - (m-1)\tau$; m 为嵌入维数; N 为原时间序列长度; τ 为时延; r 为参考半径; $d_{ij} = \| y(t_i) - y(t_j) \|$; $\theta(\cdot)$ 为赫维塞德(Heaviside)函数,具有

$$\theta(u) = \begin{cases} 1, & u \geq 0 \\ 0, & u < 0 \end{cases} \tag{7-25}$$

对于给定的任意阈值 r,检查相空间中点对之间的距离小于 r 的点对数量,它占所有点对总数的比例称为关联积分。对于时间序列 $\{x(t), t = 1, 2, \cdots, N\}$,将其分成 τ 个不相交的时间序列(τ 为时间延迟),再由这 τ 个不相关的时间序列计算 $S(m, N, r, \tau)$。

如 $\tau = 1$ 表示单个时间序列本身,则 $S(m, N, r, \tau) = C(m, N, r, \tau) - C_m(1, N, r, 1)$。$\tau = 2$ 表示 $\{x(1), x(3), \cdots, x(N-1)\}$ 和 $\{x(2), x(4), \cdots, x(N)\}$,长度为 $N/2$,则

$$S(m, N, r, \tau) = \frac{1}{2}\left\{\left[C_1\left(m, \frac{N}{2}, r, 2\right) - C_1^m\left(1, \frac{N}{2}, r, 2\right)\right] + \left[C_2\left(m, \frac{N}{2}, r, 2\right) - C_2^m\left(1, \frac{N}{2}, r, 2\right)\right]\right\} \tag{7-26}$$

对于一般的自然数 τ,将原时间序列分解成 τ 个不相交的时间子序列,然后

定义每个子序列的 $S(m,N,r,\tau)$ 为

$$S(m,N,r,\tau) = \frac{1}{\tau} \sum_{s=1}^{\tau} \left[C_s\left(m,\frac{N}{\tau},r,\tau\right) - C_s^m\left(1,\frac{N}{\tau},r,\tau\right) \right] \qquad (7-27)$$

令 $N \rightarrow \infty$，则有

$$S(m,N,r) = \frac{1}{\tau} \sum_{s=1}^{\tau} \left[C_s\left(m,\frac{N}{\tau},r\right) - C_s^m\left(1,\frac{N}{\tau},r\right) \right] \qquad (7-28)$$

如果相空间中的点是独立分布且 $N \rightarrow \infty$，则 $S(m,N,r)$ 对于所有 r 将等于 0，真实数据序列是有限长度，且序列元素间可能相关，因此一般 $S(m,N,r) \neq 0$，从而局部最佳时间可确定为 $S(m,N,r)$ 的首次过零点或表现出对不同变化最小点。这意味着，点的分布最接近均匀分布。对于所有 r 定义变量为

$$\Delta S(m,\tau) = \max\{S(m,r_j,\tau)\} - \min\{S(m,r_j,\tau)\} \qquad (7-29)$$

Brock 等模拟研究了各种类型的分布后指出，对有限时间序列长度，当 $N \geqslant 500$ 时，m、r 的取值一般为 $2 \leqslant m \leqslant 5$，$\sigma/2 \leqslant r \leqslant 2\sigma$，可以通过有限序列对渐近分布进行近似。

7.2.4　反作用轮异常掉电时的多层次征兆建模

反作用轮异常掉电及其加热器状态跳变均会在摩擦力矩、电动机电流、壳温、驱动线路壳温、偏航角组传感器输出上，而这些征兆均在频域、时域、图形域上特征明显。以姿态角为例分析，如图 7-1 和图 7-2 所示。

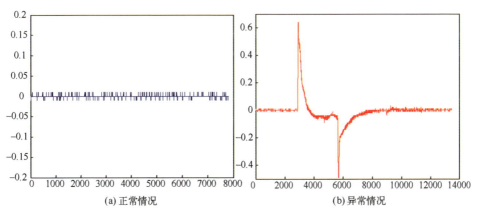

(a) 正常情况　　　　　　　　　　　　　(b) 异常情况

图 7-1　反作用轮异常掉电故障俯仰角时域分析

通过计算得出，正常运行情况下卫星的俯仰角均值为 3.3286×10^{-5}，峭度为 37.5241，而发生故障时俯仰角均值为 0.02766，峭度为 8.0879，时域征兆明显。

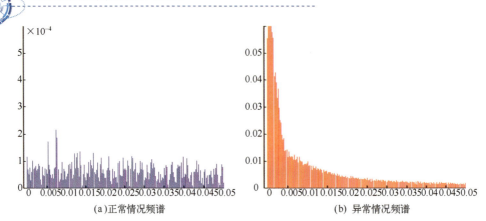

(a)正常情况频谱　　　　　　　　　　(b)异常情况频谱

图7-2　反作用轮异常掉电故障俯仰角频域分析

卫星正常运行情况下俯仰角的谐振峰值为 2.154×10^{-4},发生故障的情况下明显增大,为 0.1473,幅频特性变化明显。

7.3　特征约简和降维

7.3.1　基于粗糙集的卫星特征约简

1. 基本概念

用于诊断卫星系统的各种数据,其作用的重要程度不同,包含的信息量也不相同,其中的某些数据可能是冗余的或与故障诊断决策过程无关的。粗糙集(Rough Set,RS)理论作为一种刻画不完整和不确定性信息的数学工具,其研究的一个核心内容就是属性约简。属性约简是在保持信息系统分类能力不变的前提下,基于不可分辨关系和知识简化方法,去除其中不重要的或冗余的属性,从而简化信息空间的表达维数。为便于叙述,首先对 RS 的相关概念进行简要介绍。

定义 7.1(知识表示系统)　形式上,称四元组 $S = (U, A, V, f)$ 为一个知识表示系统。其中:U 为对象的非空有限集,称为论域;A 为属性的非空有限集合;$V = \cup V_a$,V_a 是属性 a 的值域;$f : U \times A \rightarrow V$ 是一个信息函数,它为 U 中每个对象的每个属性赋予一个属性值,即 $\forall a \in A, x \in U, f(x, a) \in V_a$。知识表达系统也称为信息系统,通常 S 也可以简化地定义为 $S = (U, A)$。

定义 7.2(决策表)　设 $S = (U, A)$ 是一个信息系统,$A = C \cup D, C \cap D = \varnothing, C$ 称为条件属性集,D 称为决策属性集,具有条件属性和决策属性的信息系统称

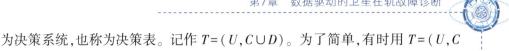

为决策系统,也称为决策表。记作 $T=(U,C\cup D)$。为了简单,有时用 $T=(U,C\cap\{d\})$ 表示决策表,即决策属性集只包含一个元素。

定义 7.3(区分矩阵)　设 $T=(U,C\cup D)$ 是一个决策表,$U=\{x_1,x_2,\cdots,x_n\}$,$C=\{a_i\mid i=1,2,\cdots,m\}$ 为条件属性集,$D=\{d\}$ 为决策属性,$a(x_i)$ 为对象 x_i 在属性 a 上的取值,则决策表 T 的区分矩阵 $\boldsymbol{M}(T)$ 是一个 $n\times n$ 矩阵,其任意元素 C_{ij} 为

$$C_{ij}=\begin{cases}(a\in C\mid a(x_i)\neq a(x_j)),d(x_i)\neq d(x_j)\\1,a(x_i)=a(x_j)\text{ 且 }d(x_i)\neq d(x_j)\\\varnothing,\text{其他}\end{cases} \tag{7-30}$$

区分矩阵可以很方便地计算决策表的核属性。由区分矩阵的定义可知,当矩阵中某一元素的值为单个属性时,表明该属性对于区分决策表中决策不同的两个对象是必要的,因此决策表的相对核 $\mathrm{core_D}(C)$ 是区分矩阵中所有单个元素组成的集合,即

$$\mathrm{core_D}(C)=\{a\in C\mid c_{ij}=\{a\},i,j=1,2,\cdots,n\} \tag{7-31}$$

2. 基于粗糙集的故障诊断原理

利用区分矩阵可以求出条件属性的所有约简,决策表的属性约简虽然不是唯一的,但决策表的核属性具有唯一性,因此可以利用它作为求解属性约简的基础。下面给出一种利用核属性来求属性约简的简便方法。

设 $\boldsymbol{M}$ 是决策表 T 的区分矩阵,$A=\{a_1,a_2,\cdots,a_n\}$ 是 T 中所有条件属性的集合,S 是 $\boldsymbol{M}$ 中所有属性组合的集合,且 S 中不包含重复项。令 S 中包含有 s 个属性组合,每个属性组合为 B_i,B_i 中每个条件属性表示为 $b_{ik}\in B_i(i=1,2,\cdots,s;k=1,2,\cdots,m)$。则属性约简算法可按以下步骤进行:

(1)利用区分矩阵求决策表的核属性集 C_0;

(2)在区分矩阵中找出所有不包含核属性的属性组合:

$$Q=\{B_i\mid B_i\cap C_0=\varnothing,i=1,2,\cdots,s\} \tag{7-32}$$

(3)将属性组合 Q 表示为合取范式,即

$$P=\cap\{\cup b_{ik}\mid i=1,2,\cdots,s;k=1,2,\cdots,m\} \tag{7-33}$$

(4)将 P 转化为析取范式形式;

(5)据需要选择满意的属性组合,若需要属性数最少,可选择合取式中属性数最少的组合;若需要规则最简,则需要进行值约简。

为了基于粗糙集理论进行故障诊断,采用传统的二值逻辑进行监测,并利用 Deb 博士首先提出的算法(Deb 算法)进行实时诊断,首先对多信号模型的形式化进行描述。形式上,多信号模型的基本组成:$C=\{C_1,C_2,\cdots,C_n\}$ 为系统 n 个可能发生故障元件的集合;$T=\{t_1,t_2,\cdots,t_n\}$ 为 n 个可用测试的有限集,其中设 FT 为报警测试的集合,PT 为未发生报警测试的集合;$D=[d_{ij}]$ 为系统元件与测试的依赖

矩阵或称为决策表,当 $d_{ij}=1$ 时,意味着若元件 C_i 发生故障则测试 t_j 报警,当 $d_{ij}=0$ 时,表示测试 t_j 不能检测到元件 C_i 是否发生故障;$C(t_i)$ 为测试 t_i 能检测到故障元件的集合;$F=\{f_j\}$ 为从 $C(t_i)$ 中移除正常元件后的可能故障元件集合。

设故障诊断必要的信息存储在以下集合中:A 为所有元件的集合;B 为已知发生故障元件的集合;S 为可能故障的集合;U 为未知元件的集合;G 为已知正常元件的集合。Deb 算法的诊断推理的基本步骤如下:

（1）初始化,设置系统所有元件的状态为未知;即

$$U=A,B=\varnothing,S=\varnothing,G=\varnothing,F=\varnothing \tag{7-34}$$

（2）处理通过的测试(未报警的测试):

① 求通过测试它们测试信号的并集,即

$$\cup_{t_i \in \mathrm{PT}} C(t_i) \tag{7-35}$$

② 根据通过测试它们测试信号的并求新的正常元件集,即

$$\Delta G \leftarrow \cup_{t_i \in \mathrm{PT}} C(t_i) - G \tag{7-36}$$

③ 更新可能故障集合—从可能故障集合与未知的元件集合中移除正常元件,即

$$G \leftarrow G \cup \Delta G, S \leftarrow S-\Delta G, U-\Delta G \tag{7-37}$$

（3）处理未通过的测试(报警的测试):

① 存储要求解问题故障的子信号集,即

$$F=\{f_k\} \leftarrow \{C(t_k)-G\} \tag{7-38}$$

② 把测试覆盖的状态未知的元件加入到可能故障集中,即

$$S \leftarrow S \cup \{f_k\}, U \leftarrow U-\{f_k\} \tag{7-39}$$

（4）处理没有解决的故障子信号集:

① 通过移除新的正常元件更新"未求解"没通过测试集 F,即

$$F=\{f_i\} \leftarrow \{f_i-\Delta G\} \tag{7-40}$$

② 通过识别故障元件更新故障元件列表 B,即

若 $|f_j|=1$,则 $B \leftarrow B \cup f_i, B \leftarrow \Delta B \cup f_i$

③ 移除能由新识别故障元件解释的子信号集,即

若 $f_k \cap \Delta B \neq \varnothing$,则从 F 中移除 f_k(因为它可以由 ΔB 解释)

Deb 算法在遥测数据完备和可靠时,具有建模简单、诊断速度快等优点;但是当由于传感器故障或者环境干扰使卫星遥测数据不完备和不可靠时,就会产生漏诊、错诊或诊断结果冲突等问题。为了克服这一问题,采用粗糙集理论去除 Deb 算法中不重要的或冗余的测试信号,简化 Deb 算法的依赖矩阵,从而使 Deb 算法在遥测数据不完备和不可靠时仍能够进行正确的诊断,减少了 Deb 算法可能产生漏诊、错诊或诊断结果冲突的情况,也就是说在某种程度上提高了

Deb 算法的诊断能力。设 $\mu(t_k)$ 为各波道报警可能性，$\gamma_p(C_i)$ 为元件 C_i 正常的可信度，$\gamma_f(C_i)$ 为元件 C_i 故障的可信度，$\xi(C_i)$ 为故障元件 C_i 的虚警折合系数。改进的多信号模型实时诊断算法如图 7-3 所示。

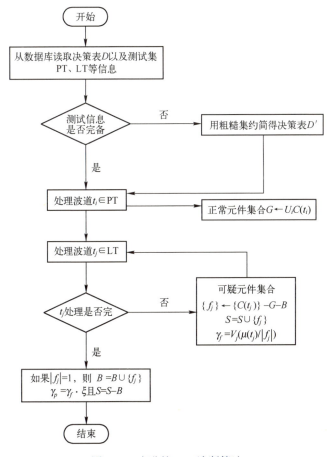

图 7-3 改进的 Deb 诊断算法

3. 示例分析

选择低轨卫星的实测数据。低轨卫星的实测数据包括长周期数据，典型过程数据以及典型异常数据的分类如图 7-4 所示。

对于典型异常数据中的单粒子数据，所提供的数据为参数关联样本，其特征属性主要包括了 9 个电源指标、8 个飞轮指标、4 个轨道指标、12 个姿态指标、6 个陀螺指标、4 个太阳翼指标等（表 7-2）。由于各个指标获取时选择的帧数不同，很难在同一帧下获得所有的指标，因此同一时刻下的某些指标会存在空值。存在空值的数据样本不利于后续处理，需要对数据进行补值处理。

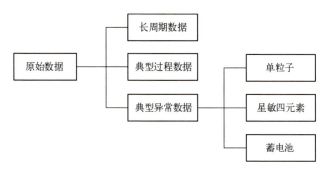

图 7-4　原始数据分类

在状态字发生跳变时,多个监测指标同时剧烈变化,甚至超出阈值。剔除掉 4 个重复特征后,剩余电源等 33 个监测指标,其原始样本长度为 21163 个监测数据点,以及 6 个陀螺指标,其原始样本长度为 5341 个监测数据点。为了对上述高维数据进行有效约简,将其共分为电源、飞轮、轨道、姿态以及陀螺这 5 个分系统(部件)进行分别处理。

表 7-2　特征属性

系统(部件)	属　性	名　　称
电源拼接(1~9)	属性 1	平台母线电流
	属性 2	平台太阳电池阵总电流
	属性 3	70A·h 蓄电池组温度 1
	属性 4	70A·h 蓄电池组温度 2
	属性 5	70A·h 蓄电池组温度 3
	属性 6	70A·h 蓄电池组温度 4
	属性 7	70A·h 蓄电池组当前电量
	属性 8	70A·h 蓄电池组充电量
	属性 9	70A·h 蓄电池组放电量
飞轮拼接(10~17)	属性 10	X 方向反作用飞轮转速
	属性 11	Y 方向反作用飞轮转速
	属性 12	Z 方向反作用飞轮转速
	属性 13	斜装反作用飞轮转速
	属性 14	X 方向反作用飞轮转速
	属性 15	Y 方向反作用飞轮转速
	属性 16	Z 方向反作用飞轮转速
	属性 17	斜装反作用飞轮转速

（续）

系统（部件）	属　性	名　　称
轨道拼接（18~21）	属性 18	纬度幅角
	属性 19	轨道倾角
	属性 20	升交点赤经
	属性 21	半长轴
姿态拼接（22~33）	属性 22	星敏 X 方向姿态角
	属性 23	星敏 Y 方向姿态角
	属性 24	星敏 Z 方向姿态角
	属性 25	磁强计 X 方向磁场强度
	属性 26	磁强计 Y 方向磁场强度
	属性 27	磁强计 Z 方向磁场强度
	属性 28	X 方向姿态角
	属性 29	Y 方向姿态角
	属性 30	Z 方向姿态角
	属性 31	X 方向姿态角速率
	属性 32	Y 方向姿态角速率
	属性 33	Z 方向姿态角速率
陀螺拼接（34~39）	属性 34	惯性基准单元 1 敏感元件组合温度
	属性 35	惯性基准单元 2 壳体温度
	属性 36	惯性基准单元 2 敏感元件组合温度
	属性 37	惯性基准单元 1 陀螺 1 角度增量
	属性 38	惯性基准单元 1 陀螺 2 角度增量
	属性 39	惯性基准单元 1 陀螺 3 角度增量

在电源等前四个分系统（部件）中，已知该故障从第 20361 个数据点开始发生，由于正常状态下的监测数据量很大且有周期性规律，因而对其正常数据每隔 10 个数据点进行抽样，故障数据因为较少而完全保留下来。最终获得的样本数据为 1821×33 的高维矩阵。在陀螺系统中，已知该故障从第 3396 个数据点开始发生，保留全部样本点，最终获得的数据为 5341×6 的高维矩阵。其中行为样本，列为特征属性。这些特征时域下的波形如图 7-5 所示。蓝色为正常状态，红色为故障状态。

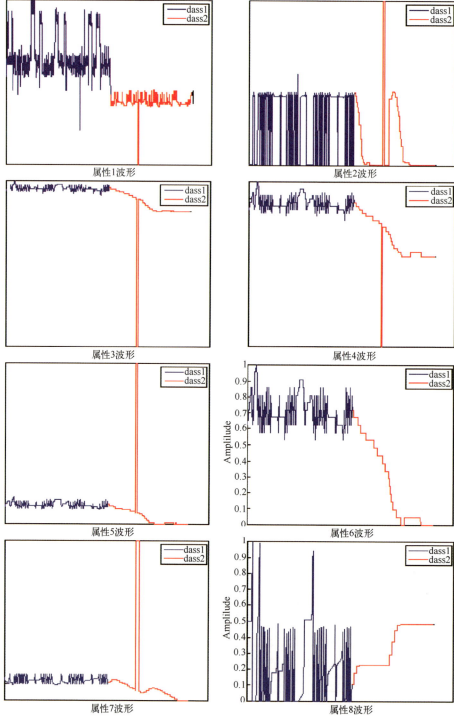

属性1波形

属性2波形

属性3波形

属性4波形

属性5波形

属性6波形

属性7波形

属性8波形

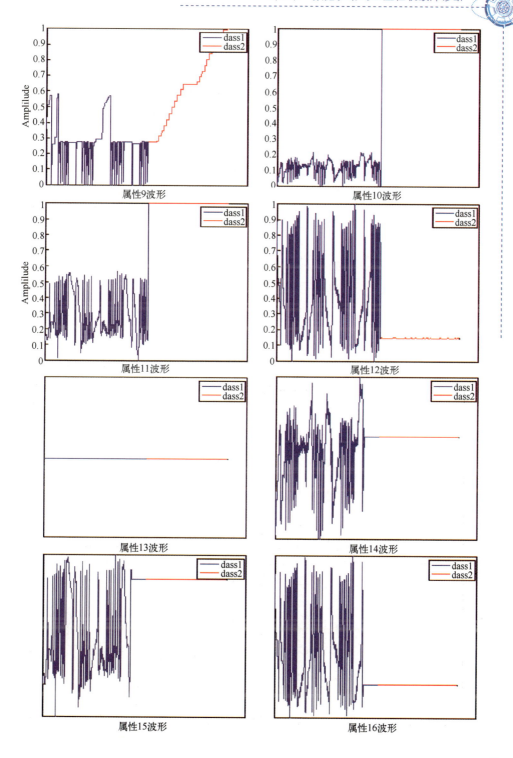

属性9波形

属性10波形

属性11波形

属性12波形

属性13波形

属性14波形

属性15波形

属性16波形

On-Orbit Satellite Fault Diagnosis Technology and Application

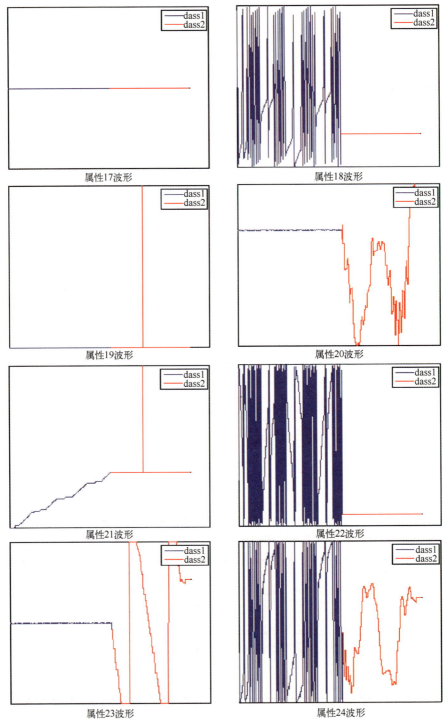

属性17波形

属性18波形

属性19波形

属性20波形

属性21波形

属性22波形

属性23波形

属性24波形

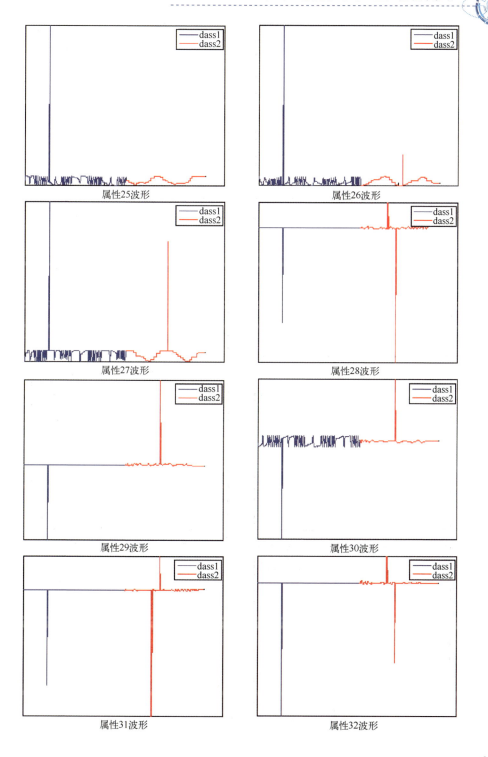

属性25波形　　　　　　　　属性26波形

属性27波形　　　　　　　　属性28波形

属性29波形　　　　　　　　属性30波形

属性31波形　　　　　　　　属性32波形

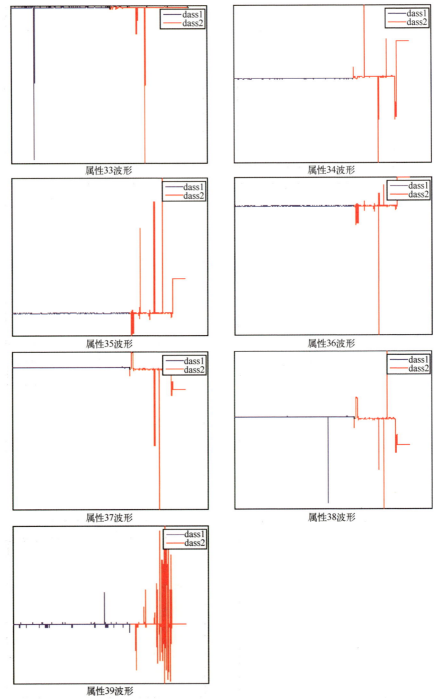

图 7-5　属性波形

利用前面所述粗糙集理论分别对实测数据五个分系统进行故障敏感特征的约简,剔除掉系统中的冗余成分,保留最具代表性的特征。将条件属性、决策属性以及决策表输入程序中,得到各分系统选择的结果如表7-3所列。

表7-3　约简属性

分系统	电　源	飞　轮	轨　道	姿　态	陀　螺
所选特征	特征1,特征5	特征11,特征12	特征18	特征23,特征33	特征34,特征35,特征38

注:1—平台母线电流;5—70A·h 蓄电池组温度1;11—Y 方向反作用飞轮转速;12—Z 方向反作用飞轮转速;18—平台母线电流;23—70A·h 蓄电池组温度4;33—星敏 Z 方向姿态角;34—惯性基准单元1敏感元件组合温度;35—惯性基准单元2壳体温度;38—惯性基准单元1陀螺2角度增量

7.3.2　基于非负矩阵分解的高维特征约简

1. 基本概念

常用的传统矩阵分解方法有主成分分析(PCA)、独立成分分析(ICA)、矢量量化(VQ)、奇异值分解(SVD)等,其共同点是允许分解后结果出现负值,从计算角度看这是正确的,但就应用角度看负值是没有实际意义的。比如,文档统计中文字数目不可能为负,卫星遥感数据中的负数难以解释等。而非负矩阵分解则通过添加"矩阵中所有元素均为非负数"的限制条件,保证了分解结果的可解释性。同时,它还具有实现简便和占用存储空间小的优点,从而更加贴近应用领域。目前它已广泛应用于诸多领域,如图像处理、生物医学、文本聚类和语音信号处理等。因此,探索矩阵的非负分解方法一直是非常有意义的。

传统的成分分析方法中提取的主分量涉及了全部的原始特征,使得主分量的可解释性非常困难,而实际异常表现中并不是和所有特征都有关系,并且数据测量值往往非负,因此,在矩阵分解理论的基础上,符合现实中数据的自然特性的非负矩阵分解方法成为一种新的特征提取有效手段,它的分解算法和相应结果都具备很好的可解释性和物理意义。

非负矩阵分解(NMF)已初步成功地应用于一些领域中。较系统的 NMF 理论由 Lee 和 Seung 在 1999 年 *Nature* 上提出并同时用于人脸识别,这引起了科学界的广泛关注。近十年来,有关 NMF 方面的算法和应用等理论研究也在不断深入和扩展。

2. 非负矩阵分解原理

非负矩阵分解是一种非负性约束下矩阵分解方法,问题模型可以描述为已知元素非负的矩阵 V,寻找两个元素非负的矩阵 W 和 H,使得 $V = W \times H$,如图7-6所示。

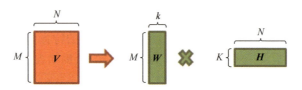

图 7-6　非负矩阵分解示意图

其中给定数据集 V 是 $M×N$ 维矩阵，M 是数据样本个数，N 是特征数，W 和 H 分别为分解后的投影矩阵和特征矩阵，k 为低维空间的维数。非负矩阵 W 的列向量可视作基向量，用于张成新的低维子空间；而矩阵 H 中的向量可理解为原矩阵 V 在低维子空间中投影系数，表征基向量对原矩阵的贡献程度。

通常情况下，k 的选择要满足 $(N+M)k<NM$，这样矩阵 W 的列数少于 V 的列数，H 的行数少于 V 的行数，从而得到一个原始数据的压缩模型。同时，可以将原始矩阵中的每一列数据样本 v_j 近似看作 W 的列向量的线性组合，系数就是 k_j，即 $v_j ≈ Wk_j$。因此，W 可以解释为对矩阵 V 线性逼近的一组基，而 H 就是 V 在 W 上的非负投影系数。

1）NMF 目标函数及迭代方法的选择

解决 NMF 问题的核心就是寻找尽可能逼近原始矩阵 V 的 W 和 H，这需要借助目标函数来衡量逼近的效果。目前常用的目标函数是基于欧几里得距离和 K-L 散度的目标函数：

欧几里得距离为

$$\min D_F(V \| WH) = \frac{1}{2} \| V-WH \|_F^2, W \geq 0, H \geq 0 \tag{7-41}$$

K-L 散度为

$$H \leftarrow \left[(W^T W)^{-1}(W^{-1}V + \alpha_{H_s} I_{I \times J}) \right]_+ \tag{7-42}$$

欧几里得距离目标函数主要是针对高斯噪声进行设定的，而 K-L 散度目标函数则是针对泊松噪声的。为了使得目标函数的适用性更广，人们又提出了 ∂ 散度、β 散度、Bregman 散度等改进算法，这些目标函数不局限于高斯、泊松噪声，但是参数设置复杂，对使用者要求高。对上述目标函数求解，需要通过迭代算法，常用的迭代算法有以下三种：

（1）乘性迭代（MI）法。2001 年，Lee 和 Seung 提出了乘性迭代法，其本质上是一种梯度下降法。乘性迭代法作为最早出现的优化方法，其原理简单易于理解，收敛速度较快。可是经过证明，其只具备了连续下降的特性，而且结果可能收敛至鞍点，稳定性差，并会出现"0 死锁"现象。其具体迭代步骤如下：

$W = \text{rand}(m,k), H = \text{rand}(k,n)$

for $i = 1:\text{maxiter}$

$$H = H. * (W^T A). / (W^T WH + 10^{-9})$$
$$W = W. * (AH^T). / (WHH^T + 10^{-9})$$

end

（2）梯度投影（PG）法。鉴于乘性迭代法分解结果并不理想（不能保证局部收敛,算法性能不稳定;在迭代过程中,会出现"0 死锁"现象）,Lin 于 2007 年提出用解决边界约束问题的梯度投影法来进行更新迭代,并采用 Armijo 步长规则来搜索确定每次迭代的步长 α_k。具体迭代步骤如下：

$$W = \mathrm{rand}(m,k), H = \mathrm{rand}(k,n)$$

for $i = 1 : \mathrm{maxiter}$

$$H^{(k+1)} = P\left[H^{(k)} - \alpha_H^{(k)} \nabla_H D_F(V \parallel W^{(k)} H) \mid_{H = H^{(k)}} \right]$$
$$W^{(k+1)} = P\left[W^{(k)} - \alpha_W^{(k)} \nabla_W D_F(Y \parallel WH^{(k+1)}) \mid_{W = W^{(k)}} \right]$$

set $W_{i,j} < 0$ and $H_{i,j} < 0$

end

梯度投影法与乘性迭代法相比有较好的收敛性,即用该算法产生的迭代点列 (W^*, H^*) 的极限点一定是稳定点。此外,梯度投影法有效避免了乘性迭代法所遇到的"0 死锁"现象。但是,梯度投影法比较耗时,没有乘性迭代法的收敛速度快。

（3）交替最小二乘（ALS）法。虽然梯度投影法顺利地解决了乘性迭代法的结果不稳定性,可是其步长构造方法复杂,且步长的选择会较大地影响分解速度与结果。同时,以上两种算法除了施加非负性限制外,没有施加另外的限制条件,有时很难获得唯一解,导致分解结果不理想,误差也较大。另外,对于大数据的处理,效率也较低。因此,出现了一种既快速且能在迭代过程中施加其他约束条件的灵活的迭代算法——交替最小二乘法。该算法组织简单,在处理高维数据时效率高于梯度投影法,但易获得次优解,对噪声敏感,一般需要添加约束条件以期获得稳定的局部最优解。具体迭代步骤如下：

$$W = \mathrm{rand}(m,k), H = \mathrm{rand}(k,n)$$

for $i = 1 : \mathrm{maxiter}$

$$W = VH^T(HH^T)^{-1}$$
$$H = (W^T W)^{-1} W^T V$$

set $W_{i,j} < 0$ and $H_{i,j} < 0$

end

交替最小二乘法的分解结果最稳定,分类成功率最高,并且耗费的时间最短,因此考虑到高维数据进行降维,数据处理量大,要求有较快的收敛速度、算法结果稳定、鲁棒性好。ALS 法不仅可以加快目标函数的收敛速度,还可以通过施加约束条件改善分解结果。

2）ALS 迭代中的约束条件

由于将 ALS 法作为特征选择的矩阵分解迭代规则,该方法虽然收敛速度快,算法组织简单,但是易获得次优解,对噪声敏感。因此,需对其增加约束条件,以获得更优解及唯一解。

常用的约束条件有光滑性约束、稀疏性约束、正交性约束、去相关性约束等,这些约束条件根据需求可同时对 W、H 或者其中某一个施加。对迭代过程优化的目的是获得唯一解、更优解,希望基矩阵 W 聚类效果尽可能好,基向量间的冗余性尽可能小,同时要求权矩阵 H 尽可能稀疏。选择对基矩阵 W 施加去相关性约束(正交性约束限制条件太强,会牺牲光滑性和准确性),对权矩阵 H 施加稀疏性约束。最终的目标函数和迭代公式为

$$\min D_{KL}(V \parallel WH) = \frac{1}{2}\left[\parallel V-WH \parallel_F^2 + \alpha_{W_r} \mathrm{tr}\{ WI_{J \times J} \} \right] + \alpha_{H_s} \parallel H \parallel_1 \quad (7\text{-}43)$$

相应的迭代规则转化为

$$W \leftarrow \left[(VH)^{\mathrm{T}}(HH^{\mathrm{T}} + \alpha_{W_r} I_{I \times J}) \right]_+ \quad\quad\quad (7\text{-}44)$$

$$H \leftarrow \left[(W^{\mathrm{T}}W)^{-1}(W^{-1}V + \alpha_{H_s} I_{I \times J}) \right]_+ \quad\quad\quad (7\text{-}45)$$

3)初始化方法及低维空间维数选择

NMF 算法对 W、H 的初始值很敏感,因为 NMF 很容易收敛到局部极小值,并且很难跳脱出来。对 W、H 的迭代初始值选择不当,会严重影响分解结果的精度和迭代效率,好的初始值意味着迭代速度快,可以获得最优局部解。目前,针对 NMF 初始化方法的研究很多,常用的初始化方法如下:

(1)随机初始化:通过随机生成元素在 $0 \sim 1$ 间的矩阵 W 和 H。该方法是目前应用最多、效率最高、原理最简单的方法。但是该方法由于其元素生成的随机性,导致 NMF 的分解结果不唯一,且结果良莠不齐。

(2)奇异值分解初始化:利用原始矩阵 V 奇异值分解后的低维逼近矩阵 U 作为 W 的初始值。该方法由于初始值本身具有较高的聚类性、密集度,因而迭代效率高,并且分解结果唯一;但利用该方法得到的分解结果往往不是最优值。

(3)随机 Acol 初始化:从原始矩阵 V 中随机选取 k 列数据进行均值化处理,将处理结果作为 W 的初始值。该方法简单实用,初始值来源于原始矩阵,有一定的稀疏性,但只能轻微减少迭代次数。

(4)CUR 分解法(random C):该方法类似于随机 Acol 法,但它是从原始矩阵"2 范数"最大的几列中来随机选择 k 列进行均值化处理。但是最终的实践证明,该方法分解效果一般。

(5)模糊 C 均值聚类法(FCM)初始化:即采用聚类技术将原始数据分类,然后将获得的聚类中心作为 W 的初始值。该方法对于噪点和类别模糊的数据适应性较强;获得的 W 有较高的聚类性、密集度,收敛快;但容易陷入局部极值。

研究表明,随机初始化方法很难提供一个有效的初始估计,而其他三种方

法的共同点是利用原始矩阵 **V** 分解后的低维逼近作为 **W** 的初始值。由于初始值本身具有较高的聚类性、密集度，因而迭代效率高，并且分解结果唯一。尤其是 SVD-centroid 初始化方法的结果最接近基向量，因此，选择其作为特征矩 **V** 的初始化方法。

低维空间维数 k 的选择同样是一个难题，目前尚无好的解决方法。NMF 分解的精髓是将原始高维数据空间分解为低维空间下的基向量的非负性叠加。原始数据有多少潜在的数据结构特征，基矩阵就应该刚好包含同等数目的数据结构特征，这时的分解结果是最精确的。但在实际操作中，往往很难获得先验知识，无法得知数据的内在结构数到底是多少，也就无法预先确定低维空间的维数 k，本书在处理后续的高维特征空间时，在类别数 C 的基础上，根据不同 r 下的基矩阵聚类效果选择最优的 r 值。

4）基于权矩阵的敏感特征选择方法

目前，大多数研究都是直接利用 NMF 分解后的基矩阵 **W** 的聚类效果实现对原始数据集 **V** 的分类，近年来也有学者利用权矩阵 **H** 进行特征选择，但是效果不是很好，原因在于人们的选择方案多是利用计算权矩阵 **H** 的熵并设定阈值来实现的，选择过程缺乏物理意义的支撑。

因此，如果找出基矩阵中聚类效果最好的基向量，则可以通过权矩阵的逆矩阵返回到 **V** 中找出对其贡献值最大的特征作为敏感特征。

5）实例验证

利用前述 NMF 算法对实测数据五个分系统分别进行故障敏感特征的约简，剔除掉系统中的冗余成分，保留最具代表性的特征。各分系统及其 NMF 分解结果的可视化表达如图 7-7～图 7-16 所示。

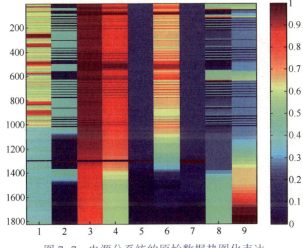

图 7-7　电源分系统的原始数据热图化表达

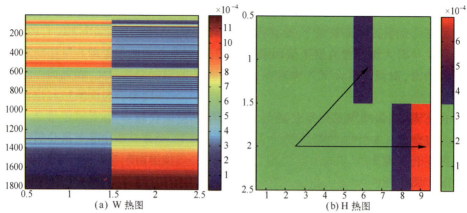

(a) W 热图　　　　　　　　(b) H 热图

图 7-8　电源分系统的 NMF 分解结果热图化表达

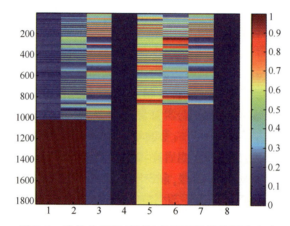

图 7-9　飞轮分系统(部件)的原始数据热图化表达

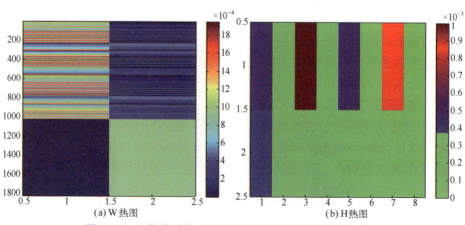

(a) W 热图　　　　　　　　(b) H 热图

图 7-10　飞轮分系统(部件)的 NMF 分解结果热图化表达

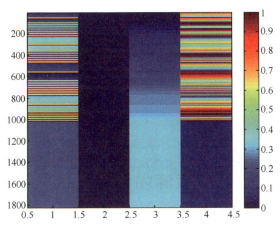

图 7-11 轨道分系统(部件)的原始数据热图化表达

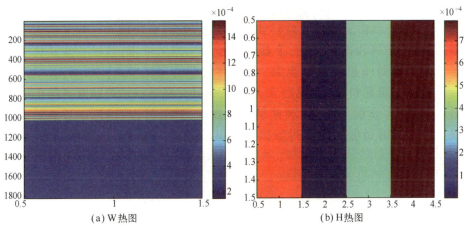

(a) W 热图　　　　　　　　　　(b) H 热图

图 7-12 轨道分系统(部件)的 NMF 分解结果热图化表达

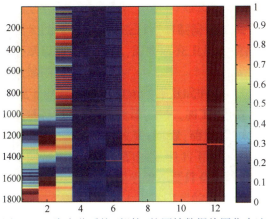

图 7-13 姿态分系统(部件)的原始数据热图化表达

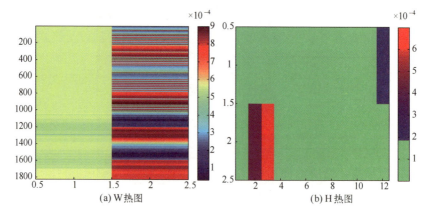

图 7-14　姿态分系统(部件)的 NMF 分解结果热图化表达

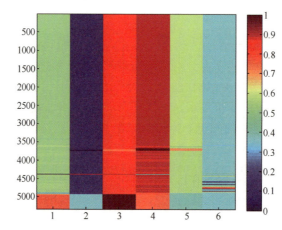

图 7-15　陀螺分系统(部件)的原始数据热图化表达

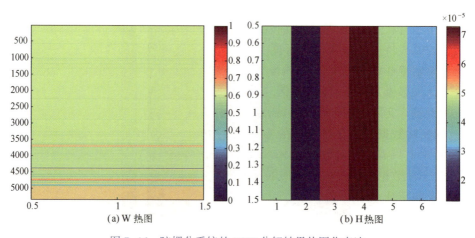

图 7-16　陀螺分系统的 NMF 分解结果热图化表达

由上述热图可知,各分系统所约简出的故障敏感特征如表7-4所列。

表7-4　故障敏感特征

分　系　统	电　源	飞　轮	轨　道	姿　态	陀　螺
所选特征	特征6,特征9	特征10	特征21	特征24,特征33	特征37

注:6—70A·h蓄电池组温度4(TMN304);9—70A·h蓄电池组放电量(TMN505);10—X方向反作用飞轮转速(TMK510);21—70A·h蓄电池组温度2(TMN302);24—70A·h蓄电池组当前电量(TMN503);33—星敏Z向姿态角(TMK631);37—惯性基准单元1陀螺1角度增量

对照粗糙集理论所约简出的特征子集,可以发现两种方法的结果有所差异。造成这种差异的原因归结如下:

(1)NMF利用数据的自适应聚类特点,依据数据集本身所蕴含的数据结构进行聚类,挖掘出的是数据的本质结构,拥有相似数据结构的特征被归为一类。利用NMF进行特征约简时,可根据所确定的基的个数选择敏感特征,因而提取的特征个数可控。

(2)粗糙集理论是建立在分类机制的基础上的,它将分类理解为在特定空间上的等价关系,而等价关系构成了对该空间的划分。粗糙集中的知识约简就是考察近似空间中每个等价关系是否都是必要的,能不能在保持原有的分类能力下尽可能地删去冗余的知识。因而提取的特征个数不具有可控性,与NMF的结果也不尽相同。

7.3.3　基于流形学习的复杂特征降维方法

1.基本概念

由于设备系统的复杂程度不断提高,导致了其信息耦合关系越来越多,表现形式不唯一,使得特征提取时往往带有很大的盲目性。为了更全面地描述设备运行状态,通常采用增加诊断信息量的策略,从而使得反映设备运行状态的模式特征空间变得非常庞大,而且由于设备系统的复杂性,在很多情况下原始特征之间的非线性耦合非常显著。虽然这些非线性数据提供了设备运行状态极其丰富、详细的信息,但是也给随后的信号处理工作带来了极大的困难。实际上,原始数据属性特征之间往往存在一定的规律性和相关性,即实际数据经常存在着外在与内在两个维数(特征约简)。在这样的情况下,理论上只需得到对数据的内在本质低维表示便可以从中提取出所需要的信息,即从数据集中提取出本质的(保持原有数据集的一些本质特征)或用户感兴趣的特征。

由于提取的数据之间存在非线性特性,因此现有的主分量分析、独立分量分析等线性约简方法已不再适用。因为这些基于线性方法的特征约简忽略了非线性数据集存在的凸性和凹性,所以不能找到真正的数据分布结构。

针对数据的非线性特性,近年来发展了非线性约简方法。到目前为止,已经出现了多种非线性降维方法,如核主分量分析、神经网络、遗传算法以及流形学习等。流形学习为基于数据分布的内在维数分析提供了一种新的研究途径,它的基本思想是高维观测空间中的点由少数独立变量的共同作用在观测空间张成一个流形,在尽可能地保证数据间的几何关系和距离测度不变的前提下,有效地展开观测空间卷曲的流形来发现内在的主要变量,从而实现了对该数据集的约简。这意味着,流形学习比传统的维数约简方法更能体现事物的本质,更有利于对数据的理解和进一步处理。

与线性约简方法相比,流形学习方法具有很多优势:对非线性流形结构数据具有自适应性;只涉及较少的参数选择问题;基于非常易于理解的模型构造方式,约简后的数据特征具有一定的可解释性。

流形学习方法的主要目的是找出数据集分布的内在规律性,其基本思想是高维空间内的流形都有一个低维空间内的流形与之相对应,从而通过保持源数据的某种拓扑结构完成数据降维的目的。

2. 流行学习方法原理

流形是微分几何学的基础,本质上是局部可坐标化的拓扑空间,可以看作欧几里得空间的非线性推广。流形内的坐标是局部的,本身没有意义,流形研究的主要目标是经过坐标卡变换而保持不变的性质。流形的一般定义如下:

定义 7.4(流形) 设 M 是 Hausdorff 空间。若对任意一点 $x \in M$,都有 x 在 M 中的一个邻域 U 同胚于 m 维欧几里得空间 R^m 的一个开集,则称 M 是一个 m 维流形(或拓扑流形)。

设定义 7.4 中提到的同胚映射是 $\phi_U : U \rightarrow \phi_U(U)$,这里 $\phi_U(U)$ 是 R^m 中的开集,则称 (U, ϕ_U) 是 M 的一个坐标卡。因为 ϕ_U 是同胚,对任意一点 $y \in U$,可以把 $\phi_U(y) \in R^m$ 的坐标定义为 y 的坐标,即令 $u^i = (\phi_U(y))^i (y \in U, i = 1, 2, \cdots, m)$,称 $u^i (1 \leqslant i \leqslant m)$ 为点 $y \in U$ 的局部坐标。

流形学习方法是基于流形理论提出的一种非线性数据降维方法,其维数约简过程可以概括如下:假设数据是均匀采样于一个高维欧几里得空间中的低维流形,流形学习就是从高维采样数据中恢复低维流形结构,即找出高维空间中的低维流形,并求出相应的嵌入映射,以实现维数约简或者数据可视化。流形学习是从观测到的现象中寻找事物的本质,找出产生数据的内在规律。用数学语言定义如下:

定义 7.5(流形学习) 设 Y 是 R^d 空间的 d 维域,$f : Y \rightarrow R^D$(其中 $D > d$)是一个光滑嵌入。数据点 $\{y_i\} \subset Y$ 由某个随机过程生成,经 f 映射形成观测空间的

数据 $\{x_i = f(y_i)\} \subset R^D$。流形学习的目标是从观测数据 $\{x_i\}$ 中重构 f 和 $\{y_i\}$。一般称 Y 为隐空间，$\{y_i\}$ 为隐数据。

流形学习方法的基本思想是每个高维空间内的流形都有一个低维空间内的流形与之相对应，并试图找出一个光滑映射，把高维源数据映射成其低维目标空间内的对应。其主要目的是在不依赖诸多先验假设（如观测变量之间的相互独立、分布近似正态等）的情况下，发现并学习数据集的内在规律与性质，完成或协助完成数据挖掘、机器学习、模式分类等各项任务。

1）LTSA：局部切空间排列算法

局部切空间排列（LTSA）算法的基本思想是利用样本点邻域的切空间来表示局部的几何性质，然后将这些局部切空间排列起来构造流形的全局坐标。给定一个样本集 $X = [x_1, x_2, \cdots, x_N]$，$x_i \in R^m$，同其他的流形学习方法一样，LTSA 算法的第一步是寻找每个样本点的邻域，设 $X_i = [x_{i_1}, x_{i_2}, \cdots, x_{i_k}]$ 为样本点 x_i 包括其自身在内的最近的 k 个领域点所构成的矩阵。接下来，计算一个 d 维的仿射子空间来逼近其中的点 X_i，即

$$\min_{x, \boldsymbol{\theta}, \boldsymbol{Q}} \sum_{j=1}^{k} \| x_{i_j} - (x + \boldsymbol{Q}\theta_j) \|_2^2 = \min_{x, \boldsymbol{Q}} \sum_{j=1}^{k} \| X_i - (xe^{\mathrm{T}} + \boldsymbol{Q}\boldsymbol{\Theta}) \|_2^2 \quad (7-46)$$

式中：e 为 k 维列向量，且其元素均为 1；$\boldsymbol{Q}$ 为 d 维正交矩阵；$\boldsymbol{\Theta} = [\theta_1, \theta_2, \cdots, \theta_k]$。

当式（7-46）取得最优解时，$x = \bar{x} = X_i e/k$，$\boldsymbol{Q} = \boldsymbol{Q}_i$（其中，$\boldsymbol{Q}_i$ 为 $X_i(i - ee^{\mathrm{T}}/k)$ 的最大 d 个特征值所对应的 d 个左特征向量所构成的矩阵），$\boldsymbol{\Theta} = \boldsymbol{\Theta}_i$，且 $\boldsymbol{\Theta}_i$ 定义如下：

$$\boldsymbol{\Theta}_i = \boldsymbol{Q}_i^{\mathrm{T}} X_i \left(I - \frac{1}{k} ee^{\mathrm{T}} \right) = [\theta_1^{(i)}, \theta_2^{(i)}, \cdots, \theta_k^{(i)}], \quad \theta_j^{(i)} = \boldsymbol{Q}_i^{\mathrm{T}} (x_{i_j} - \bar{x}_i) \quad (7-47)$$

下面基于局部坐标 $\theta_j^{(i)}$ 构造低维全局坐标 $\tau_i (i = 1, 2, \cdots, N)$。LTSA 算法认为全局坐标应能反映由局部坐标 $\theta_j^{(i)}$ 所决定的局部几何结构，即满足

$$\tau_{i_j} = \bar{\tau}_i + L_i \theta_j^{(i)} + \varepsilon_j^{(i)} (j = 1, 2, \cdots, k; i = 1, 2, \cdots, N) \quad (7-48)$$

式中：τ_i 为 τ_{i_j} 的中心；L_i 为待定的局部仿射变换矩阵；$\varepsilon_j^{(i)}$ 为局部的重构误差。记 $T_i = [\tau_{i_1}, \tau_{i_2}, \cdots, \tau_{i_k}]$，$E_i = [\varepsilon_1^{(i)}, \varepsilon_2^{(i)}, \cdots, \varepsilon_k^{(i)}]$，则式（7-48）的矩阵形式为

$$T_i = \frac{1}{k} T_i ee^{\mathrm{T}} + L_i \boldsymbol{\Theta}_i + E_i \quad (7-49)$$

则局部重构误差矩阵可以写成

$$E_i = T_i \left(I - \frac{1}{k} ee^{\mathrm{T}} - L_i \boldsymbol{\Theta}_i \right) \quad (7-50)$$

为了尽可能保持低维特征空间的局部几何信息，需寻找合适的 τ_i 和 L_i 来极小化重构误差 $\varepsilon_j^{(i)}$，即

$$\sum_i \| \boldsymbol{E}_i \|^2 = \sum_i \left\| \boldsymbol{T}_i \left(\boldsymbol{I} - \frac{1}{k} e e^{\mathrm{T}} - \boldsymbol{L}_i \boldsymbol{\Theta}_i \right) \right\|^2 = \min \qquad (7-51)$$

显然,对于一个确定的 $\boldsymbol{T}_i$,最小化局部重构误差 $\| \boldsymbol{E}_i \|_F$ 的最优排列矩阵为

$$\boldsymbol{L}_i = \boldsymbol{T}_i \left(\boldsymbol{I} - \frac{1}{k} e e^{\mathrm{T}} \right) \boldsymbol{\Theta}_i^+ \qquad (7-52)$$

因此

$$\boldsymbol{E}_i = \boldsymbol{T}_i \left(\boldsymbol{I} - \frac{1}{k} e e^{\mathrm{T}} \right) \left(i - \boldsymbol{\Theta}_i^+ \boldsymbol{\Theta}_i \right) \qquad (7-53)$$

式中:$\boldsymbol{\Theta}_i^+$ 为 $\boldsymbol{\Theta}_i$ 的 Moor-Penrose 广义逆函数。

令 $\tau = [\tau_1, \tau_2, \cdots, \tau_n]$,$\boldsymbol{S}_i$ 是 0-1 选择矩阵,即 $\boldsymbol{TS}_i = \boldsymbol{T}_i$。因此,需要寻找 $\boldsymbol{T}$ 以最小化全局重构误差:

$$\sum_i \| \boldsymbol{E}_i \|_2^F = \| \boldsymbol{TSW} \|_F^2 \qquad (7-54)$$

式中

$$\boldsymbol{S} = [\boldsymbol{S}_1, \cdots, \boldsymbol{S}_n], \boldsymbol{W} = \mathrm{diag} [\boldsymbol{W}_1, \cdots, \boldsymbol{W}_n], \boldsymbol{W}_i = \left(\boldsymbol{I} - \frac{1}{k} e e^{\mathrm{T}} \right) \left(\boldsymbol{I} - \boldsymbol{\Theta}_i^+ \boldsymbol{\Theta}_i \right)$$

为了得到唯一解,LTSA 将全局坐标 T 加上约束 $\boldsymbol{TT}^{\mathrm{T}} = \boldsymbol{I}_d$。记

$$\boldsymbol{S} = \boldsymbol{SWW}^{\mathrm{T}} \boldsymbol{S}^{\mathrm{T}} \qquad (7-55)$$

则全 1 矩阵 e 是 $\boldsymbol{B}$ 矩阵的 0 特征值所对应的特征向量,T 的最优解为矩阵 $\boldsymbol{B}$ 的第 2 到第 $d+1$ 个最小特征值所对应的特征向量 $u_1, u_2, \cdots, u_{d+1}$,即 $\boldsymbol{T} = [u_1, u_2, \cdots, u_{d+1}]^{\mathrm{T}}$。

LTSA 算法步骤如下:

(1) 选取邻域。计算每个样本点 x_i 的邻域。记 $\boldsymbol{X}_i = [x_{i_1}, x_{i_2}, \cdots, x_{i_k}]$ 为样本点 x_i 的包括自身在内的最近的 k 个领域点。

(2) 局部线性投影。对每个样本点的邻域,计算中心化矩阵 $\boldsymbol{X}_i - \bar{x}_i e^{\mathrm{T}}$ 的最大 d 个奇异值对应的左奇异向量,并将这 d 个左奇异向量组成矩阵 $\boldsymbol{Q}_i$。

(3) 局部坐标系的排列。构造排列矩阵 $\boldsymbol{B}$。计算 $\boldsymbol{B}$ 的第 2 到第 $d+1$ 个最小特征值所对应的特征向量 $u_1, u_2, \cdots, u_{d+1}$,即 $\boldsymbol{T} = [u_1, u_2, \cdots, u_{d+1}]^{\mathrm{T}}$ 为计算的嵌入结果。

从 LTSA 算法步骤中不难计算出它的计算复杂度:选取邻域的计算复杂度为 $O(mN^2)$;计算局部坐标系的计算复杂度为 $O(mk^2N)$;由于排列矩阵 B 很强的稀疏性,计算 d 维嵌入的计算复杂度 $O(dN^2)$。

2) 流形学习之等距特征映射算法

流形学习之等距特征映射(ISOMAP)算法对传统多维尺度分析算法进行了重要改进,Tenenbaum 等在 ISOMAP 算法中引入了"测地距离"的概念,通过保

持在高维空间中,两个数据点的测地距离到映射的低维空间中不变的目标,构造出低维流形结构。ISOMAP 算法通过对数据邻域图中最短路径的估计来逼近数据点间的测地距离。有文献证明,在均匀且充足的数据采样条件下,最短路径距离可以收敛于测地距离。

假设数据集 $X = \{x_1, x_2, \cdots, x_N\}$ 处于非线性流形 M 上,其中 $x_i \in R^m$。对于相距较远的数据点,需要计算两点间的测地线距离。图 7-17 分别展示了两点的测地距离和欧几里得距离(A 中虚线是欧几里得距离),可以看到,测地距离是沿着数据分布在高维空间中的流形计算的,它描述出了数据点之间的真实距离;而欧几里得距离是经典欧几里得空间中两点间的直线距离,对于相距较远的数据点,并不能反映它们之间实际的距离。

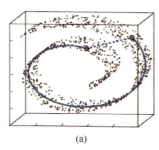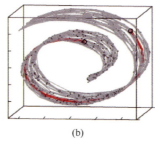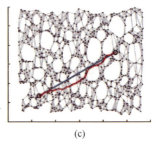

(a)	(b)	(c)

图 7-17　流形上距离与测地距离的近似

假设数据在高维空间中均匀分布,在局部流形上可以用欧几里得距离代替流形上的距离。因而 ISOMAP 算法用最短路径算法来近似数据相互之间在流形上的测地距离。定义 $G_{i,j} = x_i - x_j$ 为数据间的距离矩阵,用邻接矩阵的方式存储。通过迪杰斯特拉算法或者弗洛伊德算法计算每两个样本之间的最短距离得到 G'。然后通过经典的 MDS 算法得到数据的低维表达。MDS 算法通过寻找 d 个向量 $Y = \{y_1, y_2, \cdots, y_d\}$,使 $\| y_i - y_j \| = G'_{ij}$,对于 i、j 属于 d。这里 $\| \cdot \|$ 是向量的范数,在经典的 MDS,该规范是欧几里得距离,但广义地讲,这个规范可以是任意函数。

也就是说,MDS 试图找到一个子空间 R_n,d 个物体嵌入在这个子空间中,而彼此的相似度尽可能保留。如果这个子空间的维数 N 选择为 2 或 3,则可以画出向量 x_j 获得一个 d 个物体相似性的一个可视化的结果。注意向量 x_j 不是唯一的:对于欧几里得距离,可以被任意旋转和变换,因为这些变换不会改变样本间的距离。

有很多途径可以得到向量 x_j。通常 MDS 可以看作一个优化问题,寻找 $(x_1, x_2, \cdots, x_i)$ 看作最小化目标函数,例如:

$$\min_{x} \sum (\parallel y_i - y_j \parallel - G'_{i,j})^2 \tag{7-56}$$

算法　ISOMAP 算法

输入:数据矩阵 $X = \{x_1, x_2, \cdots, x_n\}$

输出:嵌入 $Y = \{y_1, y_2, \cdots, y_n\}$

步骤:

(1) 建立数据的邻域关系图 G:对于数据点 $x_i (i = 1, 2, \cdots, N)$,计算其在欧几里得距离下的 k 个近邻点 $x_i^1, x_i^2, \cdots, x_i^k$,以 x_i 为顶点,其与每个近邻点的欧几里得距离为边,构建邻域关系图 G。

(2) 计算测地距离 $d_G(i, j)$:寻找邻域关系图 G 中的最短路径作为测地距离。

(3) 构建低维映射:把测地距离矩阵 $\boldsymbol{D}_G = \{d_G(i, j)\}$ 代入经典的 MDS 算法,令 $a_{ij} = -\dfrac{1}{2} d_{ij}^2$,$\boldsymbol{B} = \boldsymbol{HAH}$,其中 $\boldsymbol{H} = \boldsymbol{I} - \boldsymbol{11}^T/N$ 是中心化矩阵,构造的低维映射即要找到一组最佳构造点 $Y = \{y_1, y_2, \cdots, y_n\}$,即

$$Y = \operatorname*{argmin}_Z \varepsilon_{\text{MDS}} = \operatorname*{argmin}_Z \parallel \boldsymbol{B} - \boldsymbol{Z}^T \cdot \boldsymbol{Z} \parallel_F \tag{7-57}$$

对矩阵 $\boldsymbol{B}$ 进行谱分解,即可以获得 Y 的最优解。

由于 ISOMAP 算法使用的是数据在流形上的测地距离,因此,它得到的映射可以更加有效地将高维空间中数据的流形结构反映出来。此外,ISOMAP 算法还能估计数据集的内蕴维数,这主要是通过降维过程中距离矩阵变化的"拐肘"现象获得。

7.4　基于支持向量机的故障建模与诊断

支持向量机是统计学习理论中所发明的近代实用方法。其核心内容是在 1992 年到 1995 年间提出的,目前仍处在不断发展阶段。统计学习理论建立于 20 世纪 60 年代至 80 年代,它提出机器学习的问题是依据经验数据选取所期望的依赖关系,也就是研究通过小样本的统计学问题寻找未知依赖关系所属的函数集的机器学习规律理论。该理论针对小样本统计问题建立了一套新的理论体系,在该体系下的统计推理规则不仅考虑了对渐近性能的要求,而且追求在现有有限信息的条件下得到最优结果。

假设学习系统观测到 N 个点对(训练集) $\{(x_1,y_1),(x_2,y_2),\cdots,(x_N,y_N)\}$，其中，$x_i \in R^d$，$y_i \in R$ 分别对应学习系统的输入和输出。学习系统需要通过对该训练集的学习，构造一个最佳的逼近函数 $f(x,w,\cdots)$，满足：输入 x 和输出 y 之间的依赖关系，而且能使其对与训练样本 x 同源的任意输入提供最佳的预测结果输出。若 $P(x,y)$ 为训练集的概率分布，$\xi(y,f(x,w,\cdots))$ 为给定的损失函数，则两者分别表示该最佳逼近函数 $f(x,w,\cdots)$ 应分别实现经验风险和期望风险的最小化。

支持向量机是建立在统计学习理论基础上的一种数据挖掘方法，能非常成功地处理回归问题(时间序列分析)和模式识别(分类问题、判别分析)等问题，并可推广于预测和综合评价等领域和学科。SVM 的机理是寻找一个满足分类要求的最优分类超平面，使得该超平面在保证分类精度的同时，能够使超平面两侧的空白区域最大化。理论上，支持向量机能够实现对线性可分数据的最优分类。

7.4.1　基本原理

支持向量机可看作一种广义的线性分类器，其基本思想是通过非线性变换将输入空间变换到一个高维的特征空间，并在新空间中寻找最优的线性分界面。对于线性可分的情况，可用图说明。图 7-18 反映的是支持向量机的两类问题模型，其中的"+"和"−"分别表示两类训练样本，x_1 和 x_2 为样本的两个特征项，H 为分界面，H_1 和 H_2 为分别过两类样本中离分界面最近的点且平行于分

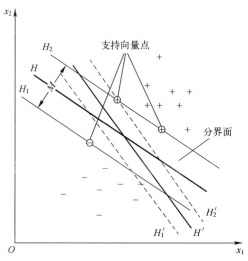

图 7-18　支持向量机分类原理图

界面的平面。在支持向量分类模型中,要确保经验风险最小,因此为取得最优分界线时不仅要求该分界线能正确地把两类数据分开,而且要使得它们之间的分类空隙或分类间隔(图 7-18 中 M)最大。因此,图中的 H' 虽然也能正确地分开两类数据,却得不到最大的分类间隔,因此不适合作为分界线使用。这样做的目的是使得支持向量机具有较好的泛化能力。

设两类问题的线性可分样本集为 $\{(x_1,y_1),(x_2,y_2),\cdots,(x_N,y_N)\}$,其中 $x_i \in R^d, y_i \in \{-1,1\}$。则该 d 维的输入空间中的线性判别函数的一般形式为

$$y(x) = \boldsymbol{w}^{\mathrm{T}}x + b \tag{7-58}$$

式中:$\boldsymbol{w}$ 为 d 维向量;b 为常量。

图 7-18 中的最大分类间隔为 M,所取得的分界面需要满足

$$\boldsymbol{w}^{\mathrm{T}}x + b \begin{cases} > \dfrac{M}{2} & (y_i = 1) \\ < \dfrac{M}{2} & (y_i = -1) \end{cases} \tag{7-59}$$

将上述不等式归一化,使所有样本都满足 $|y(x)| = 1$,并且距离分界面最近的样本满足,因此有

$$y_i(\boldsymbol{w}^{\mathrm{T}}x_i + b) \geqslant 1 \quad (i-1,2,\cdots,N) \tag{7-60}$$

据此得到的分类间隔 $M = 2/\|w\|$。因此,要使得分类间隔最大,就必须使得 $\|w\|$ 最小。同时,为了使目标函数成为二次规划问题,取 $\|w\|^2$ 最小,因此有

$$\begin{cases} \min\limits_{w,b} \dfrac{1}{2}\boldsymbol{w}^{\mathrm{T}}w \\ \text{s. t. } y_i(\boldsymbol{w}^{\mathrm{T}}x_i + b) \geqslant 1 \quad (i=1,2,\cdots,N) \end{cases} \tag{7-61}$$

利用拉格朗日方法,可以得到其对应的拉格朗日函数如下:

$$L(w,b,a) = \frac{1}{2}\boldsymbol{w}^{\mathrm{T}}\boldsymbol{w} - \sum_{i=1}^{N}\alpha_i(y_i(\boldsymbol{w}^{\mathrm{T}}x_i + b) - 1) \tag{7-62}$$

根据 Karush-Kuhn-Tucker 条件(KKT 条件),有

$$\begin{cases} \dfrac{\partial L(w,b,\alpha)}{\partial w} = 0, \dfrac{\partial L(w,b,\alpha)}{\partial b} = 0 \\ \alpha_i(y_i(\boldsymbol{w}^{\mathrm{T}}x_i + b) - 1) = 0 \quad (i=1,2,\cdots,N) \\ \alpha_i \geqslant 0 \quad (i=1,2,\cdots,N) \end{cases} \tag{7-63}$$

解得原目标函数的 Wolfe 的对偶问题:

$$\begin{cases} \max Q(\alpha) = \sum\limits_{i}^{N}\alpha_i - \dfrac{1}{2}\sum\limits_{i=1}^{N}\sum\limits_{j=1}^{N}\alpha_i\alpha_j y_i y_j \boldsymbol{x}_i^{\mathrm{T}}x_j \\ \text{s. t. } \sum\limits_{i=1}^{N}\alpha_i y_i = 0 (\alpha_i \geqslant 0; i=1,2,\cdots,N) \end{cases} \tag{7-64}$$

式中:α_i 为拉格朗日乘子。

求解该问题后得到最优解 $\boldsymbol{\alpha}^* = [\alpha_1^*, \alpha_2^*, \cdots, \alpha_N^*]^T$。计算最优权值向量 w^* 和最优偏置 b^*,分别为

$$\begin{cases} w^* = \sum_{i=1}^{N} \alpha_i^* y_i x_i \\ b^* = y_j - \sum_{i=1}^{N} y_i \alpha_i^* (x_i \cdot x_j) \end{cases} \tag{7-65}$$

式中:下标 $j \in \{j \mid \alpha_j^* > 0\}$;$y_j$ 对应于 $\boldsymbol{\alpha}^*$ 的任意的一个正分量 α_j^*。

因此,得到最优分类超平面 $(w^* \cdot x) + b^* = 0$,而最优分类函数为

$$f(x) = \text{sgn}\{(w^* \cdot x) + b^*\} = \text{sgn}\left\{\sum_{i=1}^{N} \alpha_i^* y_i (x_i \cdot x_j) + b^*\right\} (x \in R^d) \tag{7-66}$$

对于线性不可分情况,SVM 的主要思想是将输入向量映射到一个高维的特征向量空间,并在该特征空间中构造最优分类面。

将 x 做从输入空间 R^d 到特征空间 H 的变换 $\boldsymbol{\Phi}$,可得

$$x \rightarrow \boldsymbol{\Phi}(x) = (\boldsymbol{\Phi}_1(x), \boldsymbol{\Phi}_2(x), \cdots, \boldsymbol{\Phi}_N(x))^T \tag{7-67}$$

以特征向量 $\boldsymbol{\Phi}(x)$ 代替输入向量 x,则可以得到最优分类函数为

$$f(x) = \text{sgn}(w \cdot \boldsymbol{\Phi}(x) + b) = \text{sgn}\left(\sum_{i=1}^{N} \alpha_i y_i \boldsymbol{\Phi}(x_i) \cdot \boldsymbol{\Phi}(x) + b\right) \tag{7-68}$$

在上面的对偶问题中,无论是目标函数还是决策函数都只涉及训练样本之间的内积运算,在高维空间避免了复杂的高维运算而只需要进行内积运算。

7.4.2　SVM 实现问题

1. 核函数

根据模式识别理论,低维空间线性不可分的模式通过非线性映射到高维特征空间则可能实现线性可分,但是如果直接采用这种技术在高维空间进行分类或回归,则存在确定非线性映射函数的形式和参数、特征空间维数等问题,而最大的障碍则是在高维特征空间运算时存在的"维数灾难"。采用核函数技术可以有效地解决这样问题。

如图 7-19 所示,当分类问题在低维空间无法用线性分类方法解决时,可以通过 φ 将低维空间的数据映射到高维特征空间中,从而达到线性可分的目的。

从低维度向高维度转化关键在于寻找一个 φ 函数,但对目前没有一个系统的方法。对映射过程推导如下:

On-Orbit Satellite Fault Diagnosis Technology and Application

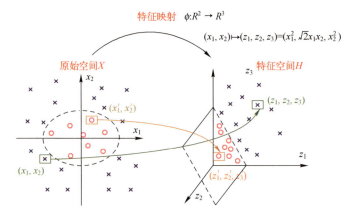

图 7-19　低维度向高维度空间映射

$$<\phi(x_1,x_2),\phi(\pmb{x}_1^{\mathrm{T}},\pmb{x}_2^{\mathrm{T}})>=<(z_1,z_2,z_3),(z_1^{\mathrm{T}},z_2^{\mathrm{T}},z_3^{\mathrm{T}})>$$
$$=<(x_1^2,\sqrt{2}x_1x_2,x_2^2),((x_1^{\mathrm{T}})^2,\sqrt{2}\pmb{x}_1^{\mathrm{T}}\pmb{x}_2^{\mathrm{T}},(x_2^{\mathrm{T}})^2)>$$
$$=x_1^2(x_1^{\mathrm{T}})^2+2x_1x_2x_1^{\mathrm{T}}x_2^{\mathrm{T}}+x_2^2x_2^{\mathrm{T}2}$$
$$=(x_1x_1^{\mathrm{T}}+x_2x_2^{\mathrm{T}})^2$$
$$=(<x,x^{\mathrm{T}}>)^2$$
$$=K(x,x^{\mathrm{T}}) \tag{7-69}$$

从上式可以得出，只关心高维空间里内积的值，而核函数就是接受低维空间的输入，并计算出在高维空间的内积值。$K(x,x^{\mathrm{T}})$ 就是要找的核函数，如图 7-20 所示。

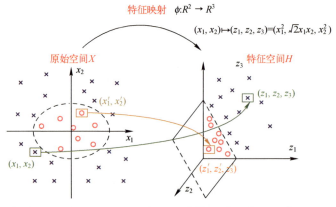

$$<\phi(x_1,x_2),\phi(x_1',x_2')>=<(z_1,z_2,z_3),(z_1',z_2',z_3')>=<(x_1^2,\sqrt{2}x_1x_2,x_2^2),(x_1'^2,2x_1'x_2',x_2'^2)>$$
$$=x_1^2x_1'^2+2x_1x_2x_1'x_2'+x_2^2x_2'^2=(x_1x_1'+x_2x_2')^2=(<x,x'>)^2=K(x,x') \leftarrow 核函数$$

图 7-20　在映射过程中的核函数

于是尽管给出的问题是线性不可分的,但凡是要求内积时就用选定的核函数来计算。这样求出来的 α 再与选定的核函数组合,就可以得到线性分类器。

2. 参数选择

在 SVM 做分类处理时需要对参数进行相应的调节,以使模型得到更精确的分类结果,其中主要调节参数为惩罚参数 c 和核函数 g,采用交叉验证(Cross-Validatio,CV)能够得到最优参数,可以有效地避免过学习和欠学习状态的发生,最终对测试集的预测得到较为理想的准确率。交叉验证的基本思想是在某种意义下将原始数据进行分组,一部分作为训练集,另一部分作为验证集,首先用训练集对分类器进行训练,再利用验证集来测试训练得到的模型,以此作为评价分类器的性能指标。常见的 CV 方法有如下三种:

(1) Hold-Out Method:将原始数据随机分为两组,一组作为训练集,另一组作为验证集,利用训练集训练分类器,然后利用验证集验证模型,记录最后的分类准确率为此 Hold-Out Method 下分类器的性能指标。此方法的好处是处理简单,只需把原始数据随机分为两组即可。严格意义来说,Hold-Out Method 并不能算是 CV,这种方法没有达到交叉的思想,由于是随机地将原始数据分组,因此最后验证集分类准确率的高低与原始数据的分组有很大的关系,这种方法得到的结果不具有说服性。

(2) K-fold Cross Validation(K-CV):将原始数据分成 K 组(一般是均分),将每个子集数据分别做一次验证集,其余的 $K-1$ 组子集数据作为训练集,这样会得到 K 个模型,用这 K 个模型最终的验证集的分类准确率的平均数作为此 K-CV 下分类器的性能指标。一般 $K \geq 2$,实际操作时一般从 3 开始取,只有在原始数据集合数据量小的时候才会尝试取 2。K-CV 可以有效地避免过学习以及欠学习状态的发生,最后得到的结果也比较具有说服性。

(3) Leave-One-Out Cross Validation(LOO-CV):如果设原始数据有 N 个样本,那么 LOO-CV 就是 N-CV,即每个样本单独作为验证集,其余的 $N-1$ 个样本作为训练集,所以 LOO-CV 会得到 N 个模型,用这 N 个模型最终的验证集的分类准确率的平均数作为此 LOO-CV 分类器的性能指标。相比于前面的 K-CV,LOO-CV 有两个明显的优点:一是每一回合中几乎所有的样本皆用于训练模型,因此最接近原始样本的分布,这样评估所得的结果比较可靠;二是试验过程中没有随机因素会影响试验数据,确保试验过程是可以被复制的。但 LOO-CV 的缺点则是计算成本高,因为需要建立的模型数量与原始数据样本数量相同,当原始数据样本数量相当多时,LOO-CV 计算量大,实际操作时需要考虑计算能力问题。

7.4.3 示例分析

对某卫星实际数据进行分析,图7-21为其各天数据。

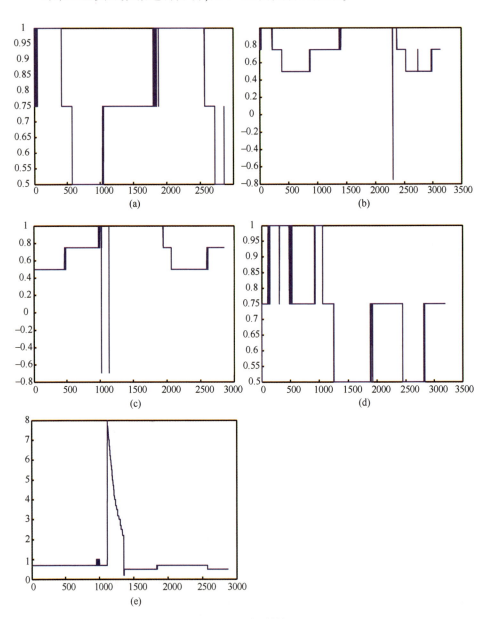

图 7-21 实测数据

通过观察,图 7-21(a)数据除少数位置出现野值点外,整体数据较为平稳,均处于 0.5~0.75~1 范围波动,应为正常数据。图 7-21(e)数据在 1100 点位置出现较大故障持续至 1400 点附近,此段应为异常数据。根据对数据分析,设定正常数据状态如图 7-22 所示。

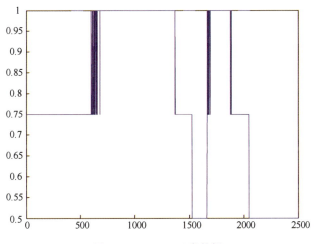

图 7-22　14481 正常数据

在正常数据基础上,加入 7 种典型故障后生成的故障模板数据,如图 7-23 所示。

取图 7-21(e)异常数据前 2500 个点数据作为实测故障样本数据,如图 7-24 所示。

将已生成的模板数据与异常数据中故障部分对应数据段进行同间隔划分,图 7-25 为异常数据等间隔划分。

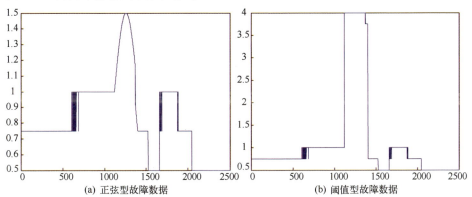

(a) 正弦型故障数据　　　　　　(b) 阈值型故障数据

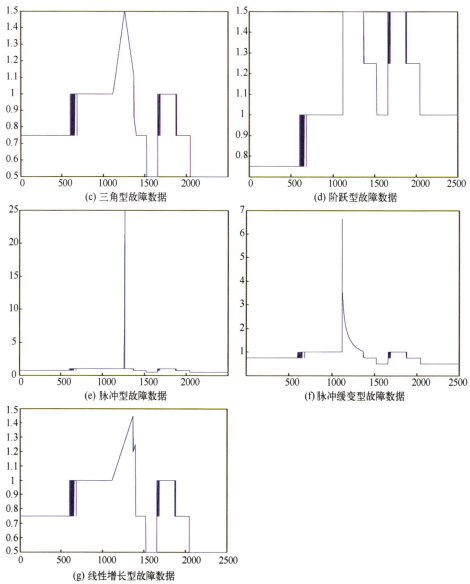

图 7-23　模拟的故障数据

对等间隔划分数据按时间先后顺序，以 1 为步长逐段增加划分数量，计算重新整理后的各窗口内实测数据与模板数据在时域、频域、信息熵域的分析结果，提取各域中各窗口特征，包括波形因子、均值、微分裕度、排列熵、样本熵、信息熵、功率谱方差、功率谱熵、均方频率等组成特征向量，得到各窗口特征向量如表 7-5 所列。

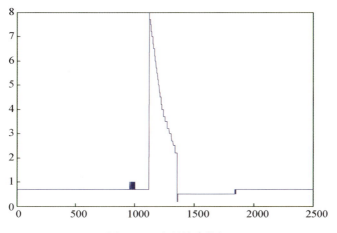

图 7-24 实际故障数据

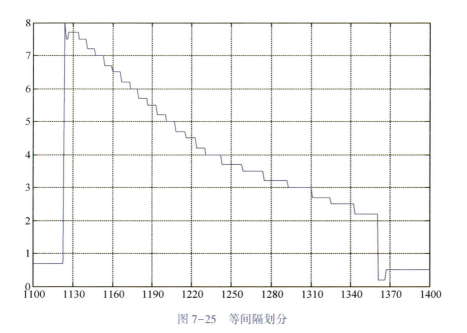

图 7-25 等间隔划分

　　分别采用模糊聚类方法、修正余弦相似度方法计算将模型特征向量与真实数据特征向量进行相似度匹配。模糊聚类方法（FCM）相似度计算结果如表 7-6 所列。修正余弦相似度方法相似度计算结果如表 7-6 所列。

　　通过对故障部分等间隔划分分析可知，实测异常数据第 1 窗口突变上升，第 2 窗口到第 5 窗口线性下降，第 6 窗口到故障结束曲线下降。与第 6 种类型相似度较高，将实际数据故障部分提取对比，方法计算结果与实际情况一致。

On-Orbit Satellite Fault Diagnosis Technology and Application

表 7-5 14481 数据各窗口特征计算结果

特征向量	特征数据	波形因子	均值	微分裕度	排列熵	样本熵	信息熵	功率谱方差	功率谱熵	均方频率
第1窗口各特征向量	Normal data	1	9.9972	0	0	0	0	1	9.9972	0
	Fault data1	1	5.499	0	0	0	0	1	5.499	0
	Fault data2	1	2.285486	0	0	0	0	1	2.285486	0
	Fault data3	1	5.499	0	0	0	0	1	5.499	0
	Fault data4	1	0.9972	0	0	0	0	1	0.9972	0
	Fault data5	1	1.183665	0	0	0	0	1	1.183665	0
	Fault data6	1	1.734839	0	0	0	0	1	1.734839	0
	Fault data7	1	5.744271	0	0	0	0	1	5.744271	0
	Real data	1	1.576923	0	0	0	0	1	1.576923	0
1~2窗口特征向量	Normal data	1	9.9972	0	0	0	0	1	9.9972	0
	Fault data1	1	5.499	0	0	0	0	1	5.499	0
	Fault data2	1	2.285486	0	0	0	0	1	2.285486	0
	Fault data3	1	5.499	0	0	0	0	1	5.499	0
	Fault data4	1	0.9972	0	0	0	0	1	0.9972	0
	Fault data5	1	1.183665	0	0	0	0	1	1.183665	0
	Fault data6	1	1.734839	0	0	0	0	1	1.734839	0
	Fault data7	1	5.744271	0	0	0	0	1	5.744271	0
	Real data	1.001403	1.599077	0.433221	0.275495	0.030241	0.343123	1.001403	1.599077	0.433221

（续）

特征向量	特征数据	波形因子	均值	微分裕度	排列熵	样本熵	信息熵	功率谱方差	功率谱熵	均方频率
1~3窗口特征向量	Normal data	1	9.9972	0	0	0	0	1	9.9972	0
	Fault data1	1.000003	5.500344	0.009163	0	2.92×10^{-5}	0.026828	1.000003	5.500344	0.009163
	Fault data2	1.066418	2.388343	3.279177	0	5.91×10^{-5}	0.102158	1.066418	2.388343	3.279177
	Fault data3	1.000001	5.499859	0.005891	0	0	0.026828	1.000001	5.499859	0.005891
	Fault data4	1.361526	1.1172	8.525655	0	5.91×10^{-5}	0.102158	1.361526	1.1172	8.525655
	Fault data5	1	1.183665	0	0	0	0	1	1.183665	0
	Fault data6	1.044721	1.786873	5.044923	0.037099	4.42×10^{-5}	0.026828	1.044721	1.786873	5.044923
	Fault data7	1	5.744727	0.002974	0	0	0.026828	1	5.744727	0.002974
	Real data	1.036376	1.616923	5.4586	0.272962	0.025808	0.026644	1.036376	1.616923	5.4586
1~4窗口特征向量	Normal data	1	9.9972	0	0	0	0	1	9.9972	0
	Fault data1	1.024499	6.206879	0.008207	0	1.48×10^{-3}	0.386518	1.024499	6.206879	0.008207
	Fault data2	1.273493	4.2912	2.047805	0	2.52×10^{-3}	0.826746	1.273493	4.2912	2.047805
	Fault data3	1.016395	6.038039	0.005405	0	0.001336	0.208383	1.016395	6.038039	0.005405
	Fault data4	1.548983	3.3372	3.693297	0	2.52×10^{-3}	0.826746	1.548983	3.3372	3.693297
	Fault data5	1	1.183665	0	0	0	0	1	1.183665	0
	Fault data6	1.075767	2.119026	4.331134	0.579511	1.54×10^{-3}	0.024581	1.075767	2.119026	4.331134
	Fault data7	1.004603	6.028641	0.00284	0	0.001289	0.208383	1.004603	6.028641	0.00284
	Real data	1.314344	3.033308	3.42154	0.458004	0.028132	0.258019	1.314344	3.033308	3.42154

On-Orbit Satellite Fault Diagnosis Technology and Application

（续）

特征向量	特征数据	波形因子	均值	微分裕度	排列熵	样本熵	信息熵	功率谱方差	功率谱熵	均方频率
1~5窗口特征向量	Normal data	1.000648	9.9684	0.903238	0.047713	2.09×10^{-5}	0.055845	1.000648	9.9684	0.903238
	Fault data1	1.032066	6.741979	0.677356	0.511751	3.65×10^{-3}	0.25593	1.032066	6.741979	0.677356
	Fault data2	1.219233	5.4288	1.751259	0.047713	3.07×10^{-3}	0.975438	1.219233	5.4288	1.751259
	Fault data3	1.024494	6.479375	0.702444	0.49877	0.002281	0.453716	1.024494	6.479375	0.702444
	Fault data4	1.378511	4.6404	3.836034	0.047713	3.07×10^{-3}	0.973347	1.378511	4.6404	3.836034
	Fault data5	1.119195	1.246555	8.126818	0.067104	0.003348	0.017335	1.119195	1.246555	8.126818
	Fault data6	1.06392	2.086232	4.378129	0.70398	7.09×10^{-3}	0.020707	1.06392	2.086232	4.378129
	Fault data7	1.019141	6.607529	0.724577	0.047713	0.002057	0.324988	1.019141	6.607529	0.724577
	Real data	1.248518	3.186954	3.792808	0.45538	0.030329	0.260525	1.248518	3.186954	3.792808
1~6窗口特征向量	normal data	1.01681	9.2232	0.985968	0.04072	1.06×10^{-3}	0.66226	1.01681	9.2232	0.985968
	Fault data1	1.051713	6.181546	0.747202	0.520761	5.08×10^{-3}	0.996852	1.051713	6.181546	0.747202
	Fault data2	1.247071	5.0652	3.513103	0.057363	4.48×10^{-3}	0.954188	1.247071	5.0652	3.513103
	Fault data3	1.043011	5.955019	0.77262	0.510077	0.003782	0.832432	1.043011	5.955019	0.77262
	Fault data4	1.307889	4.7832	3.5355	0.04072	4.33×10^{-3}	0.973347	1.307889	4.7832	3.5355
	Fault data5	1.105312	1.220767	8.275547	0.057363	0.002769	0.014777	1.105312	1.220767	8.275547
	Fault data6	1.06862	1.967217	4.652629	0.692246	8.16×10^{-3}	0.017238	1.06862	1.967217	4.652629
	Fault data7	1.034266	6.225365	1.167219	0.057363	0.003723	0.858981	1.034266	6.225365	1.167219
	Real data	1.275496	2.880154	4.217664	0.396792	0.028445	0.210525	1.275496	2.880154	4.217664

（续）

特征向量	特征数据	波形因子	均值	微分裕度	排列熵	样本熵	信息熵	功率谱方差	功率谱熵	均方频率
1~7 窗口特征向量	Normal data	1.068735	8.176629	1.172302	0.050216	1.89×10^{-3}	0.580814	1.068735	8.176629	1.172302
	Fault data1	1.099522	5.505468	0.873871	0.485662	6.25×10^{-3}	0.996486	1.099522	5.505468	0.873871
	Fault data2	1.302399	4.502792	4.069337	0.063628	5.50×10^{-3}	0.99079	1.302399	4.502792	4.069337
	Fault data3	1.089457	5.311302	0.901402	0.477286	0.005066	0.945192	1.089457	5.311302	0.901402
	Fault data4	1.344244	4.370914	3.918868	0.050216	6.62×10^{-3}	0.932385	1.344244	4.370914	3.918868
	Fault data5	1.096833	1.191852	8.46399	0.063628	0.00294	0.012907	1.096833	1.191852	8.46399
	Fault data6	1.08119	1.839523	5.009097	0.666277	8.92×10^{-3}	0.016185	1.08119	1.839523	5.009097
	Fault data7	1.081363	5.546468	1.365506	0.063628	0.005009	0.930817	1.081363	5.546468	1.365506
	Real data	1.292351	2.661011	4.566408	0.352552	0.021627	0.177716	1.292351	2.661011	4.566408
1~8 窗口特征向量	Normal data	1.079071	8.0082	1.209197	0.103885	7.97×10^{-3}	0.64535	1.079071	8.0082	1.209197
	Fault data1	1.106615	5.306659	0.921787	0.504145	1.43×10^{-2}	0.994495	1.106615	5.306659	0.921787
	Fault data2	1.325854	4.169057	4.409367	0.114276	1.21×10^{-2}	0.999916	1.325854	4.169057	4.409367
	Fault data3	1.096418	5.136764	0.944342	0.498064	0.013448	0.873598	1.096418	5.136764	0.944342
	Fault data4	1.318778	4.6782	3.632608	0.103885	1.02×10^{-2}	0.965202	1.318778	4.6782	3.632608
	Fault data5	1.086934	1.182747	8.513876	0.114276	0.004839	0.011478	1.086934	1.182747	8.513876
	Fault data6	1.078943	1.794099	5.131661	0.685779	1.65×10^{-2}	0.013948	1.078943	1.794099	5.131661
	Fault data7	1.089205	5.36238	1.4218	0.114276	0.013313	0.854013	1.089205	5.36238	1.4218
	Real data	1.302492	2.496654	4.857156	0.317862	0.015367	0.154379	1.302492	2.496654	4.857156

（续）

特征向量	特征数据	波形因子	均值	微分裕度	排列熵	样本熵	信息熵	功率谱方差	功率谱熵	均方频率
1~9 窗口特征向量	Normal data	1.069652	8.2292	1.16759	0.094016	0.006593	0.592444	1.069652	8.2292	1.16759
	Fault data1	1.09461	5.32803	0.910451	0.465272	0.01088	0.994495	1.09461	5.32803	0.910451
	Fault data2	1.330082	3.959771	4.603495	0.103464	0.009873	0.999916	1.330082	3.959771	4.603495
	Fault data3	1.085069	5.177013	0.929742	0.459868	0.010314	0.873598	1.085069	5.177013	0.929742
	Fault data4	1.272227	5.2692	3.166188	0.094016	0.009609	0.997439	1.272227	5.2692	3.166188
	Fault data5	1.077608	1.182849	8.498771	0.103464	0.004262	0.010348	1.077608	1.182849	8.498771
	Fault data6	1.071012	1.787514	5.133241	0.645207	1.31×10^{-2}	0.012281	1.071012	1.787514	5.133241
	Fault data7	1.078685	5.404812	1.399989	0.103464	0.010233	0.854013	1.078685	5.404812	1.399989
	Real data	1.305963	2.374769	5.085646	0.316114	0.014056	0.136853	1.305963	2.374769	5.085646
1~10 窗口特征向量	Normal data	1.071437	7.9884	1.199599	0.112116	0.007563	0.588991	1.071437	7.9884	1.199599
	Fault data1	1.09806	5.136327	0.943353	0.457591	0.012097	0.994495	1.09806	5.136327	0.943353
	Fault data2	1.346292	3.732686	4.883448	0.120298	0.011063	0.980585	1.346292	3.732686	4.883448
	Fault data3	1.087975	5.000412	0.961381	0.453147	0.011587	0.873598	1.087975	5.000412	0.961381
	Fault data4	1.245376	5.3244	3.064863	0.112116	0.01069	0.998218	1.245376	5.3244	3.064863
	Fault data5	1.071315	1.174408	8.549802	0.120298	0.003711	0.00943	1.071315	1.174408	8.549802
	Fault data6	1.069229	1.748144	5.243009	0.633756	1.40×10^{-2}	0.010987	1.069229	1.748144	5.243009
	Fault data7	1.082011	5.218555	1.448485	0.120298	0.011515	0.854013	1.082011	5.218555	1.448485
	Real data	1.3003	2.294985	5.226324	0.290914	0.013983	0.123163	1.3003	2.294985	5.226324

表 7-6　模糊聚类方法相似度计算结果

窗口 数据	1	1~2	1~3	1~4	1~5	1~6	1~7	1~8	1~9	1~10
Normal data	0.288259	0.268949	0.197877	0.29825	0.364032	0.359618	0.378458	0.369945	0.348696	0.348974
Fault data1	0.465099	0.411733	0.267741	0.406916	0.48038	0.436579	0.439781	0.424936	0.406446	0.40251
Fault data2	0.82797	0.663307	0.669955	0.667873	0.574802	0.686932	0.726532	0.746728	0.749146	0.771446
Fault data3	0.465099	0.411733	0.267502	0.41159	0.484692	0.450206	0.448973	0.434785	0.415005	0.410409
Fault data4	0.830006	0.631254	0.659871	0.823171	0.770701	0.702022	0.721316	0.660001	0.573991	0.552364
Fault data5	0.884684	0.67203	0.328677	0.322205	0.500702	0.535625	0.561806	0.591799	0.613356	0.626877
Fault data6	0.955743	0.740876	0.909016	0.760194	0.772913	0.800572	0.811369	0.83372	0.866832	0.873727
Fault data7	0.450045	0.40015	0.262431	0.410525	0.457083	0.447446	0.457847	0.453243	0.430894	0.431504
Real data	1	1	1	1	1	1	1	1	1	1

表 7-7　修正余弦相似度方法相似度计算结果

窗口 数据	1	1~2	1~3	1~4	1~5	1~6	1~7	1~8	1~9	1~10
Normal data	0.860358	0.876376	0.113149	0.575547	0.623306	0.527327	0.486368	0.43674	0.390756	0.374248
Fault data1	0.900604	0.905796	0.10288	0.56401	0.617833	0.509904	0.46457	0.420935	0.379714	0.366045
Fault data2	0.982868	0.955325	0.918072	0.863806	0.76293	0.885533	0.913894	0.927235	0.931832	0.946718
Fault data3	0.900604	0.905796	0.102283	0.567798	0.619042	0.521992	0.474849	0.433931	0.391736	0.378278
Fault data4	0.961746	0.882555	0.986895	0.982566	0.959826	0.899926	0.913452	0.847766	0.736619	0.703705
Fault data5	0.985543	0.91748	0.005002	0.414662	0.814165	0.875582	0.910413	0.932949	0.947698	0.95508
Fault data6	0.998648	0.95534	0.996878	0.942826	0.947934	0.966973	0.974349	0.981844	0.988797	0.99019
Fault data7	0.897042	0.903263	0.102848	0.567187	0.629167	0.580299	0.554348	0.520824	0.478269	0.471112
Real data	1	1	1	1	1	1	1	1	1	1

设定正常数据和 7 种典型故障数据分别对应类型为 1~8,将实测数据类型设定为 9,利用 SVM 对数据进行分类测试。首先采用随机组合的方法对基于 SVM 的故障分类效果进行检验。将各数据段特征向量及其对应分类类型进行随机组合,选用其中 60 组特征向量及其对应分类类型作为训练数据,将 30 组特征向量及其对应分类类型作为测试数据进行 SVM 分类检测,分类结果如图 7-26 所示。

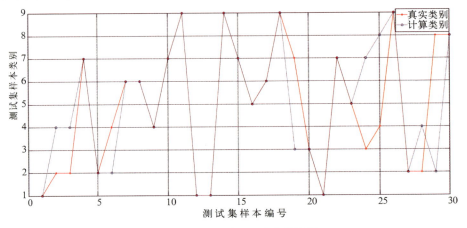

图 7-26　SVM 随机组合分类结果

经测试 14481 数据 SVM 随机组合训练结果训练准确度为 73.3%,说明此方法具有较好的分类效果。

利用正常数据和 7 种典型故障数据及其分类类型作为训练数据,将分段后实测数据作为测试数据进行 SVM 分类检测,实测数据分类结果如图 7-27 所示。

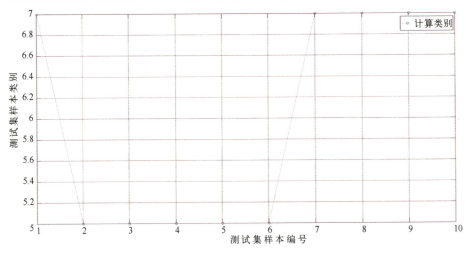

图 7-27　实测数据分类结果

分析分类结果,实测数据在第 1 窗口数据突然上升后下降趋势,在第 2 窗口至第 6 窗口呈线性下降,在最后 4 个窗口为曲线缓慢下降趋势,SVM 分类结果与采用模糊聚类、修正余弦相似度方法分类结果基本趋势一致。

将各段中实测数据与模板进行匹配,将出现的匹配结果所对应类型进行计数,生成实测数据的故障类型匹配矩阵如表 7-8 所列。

表 7-8　匹配矩阵

数据＼窗口	1	2	3	4	5	6	7	8	9	10
faultdata7	1						1	1	1	1
faultdata6										
faultdata5		1	1	1	1	1				
faultdata4										
faultdata3										
faultdata2										
faultdata1										
normaldata										

7.5　基于概率图的故障建模与诊断

7.5.1　贝叶斯网络基本概念

图 7-28 是一个简单的贝叶斯网络,其中节点集 $V=\{F,M,N,L,W\}$,节点(又称节点变量)W、L、G、M、N 分别表示"飞轮失效""转速失控""电机不转""电机本体坏""控制器坏"五个事件。每个事件有发生和不发生两种状态,通常用 0 表示事件不发生,用 1 表示事件发生,如对节点变量 M,$M=0$ 表示电机正常,$M=1$ 表示电机不转。有向边集合 $E=\{(M,F),(N,F),(N,L),(F,W)\}$,表示节点变量之间的直接影响关系。例如,电机不转可能由电机本体坏或者控制器坏导致,因而建立 M 至 F 和 N 至 F 的有向边表示这种因果关系。但这里的因果关系并不是确定性因果关系,即存在不确定性或概率相关关系。在贝叶斯网络中一般通过条件概率分布来描述这种关系的强度,图 7-28 以表格形式给出了节点 F 的条件概率分布。对于没有"输入边"的节点,只要给出节点变量的概率分布即可,例如节点 M、N 给出的就是节点变量的概率分布。

总结起来,一个具有 n 个节点的贝叶斯网络可用 $N=<<V,E>,P>$ 表示,其

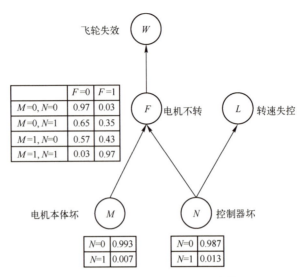

图 7-28　一个简单的贝叶斯网络模型

中包括两部分：

（1）<V,E>表示一个具有 n 个节点的有向无环图 G，即 G=<V,E>。图中节点集合 V={V_1,…,V_n} 的元素代表随机变量，它们可以是任何问题的抽象，如部件状态、观测值、人员操作等。节点间的有向边 E 代表变量间的关联关系或直接影响。对有向边 (V_i,V_j)，V_i 称为 V_j 的父节点，V_j 称为 V_i 的子节点。没有父节点的节点称为根节点，没有子节点的节点称为叶节点。V_i 的父节点集合和非后代节点集合分别用 $\mathrm{Pa}(V_i)$ 和 $A(V_i)$ 来表示。如图 7-28 所示，M 和 N 都是 F 的父节点，F 是 M 和 N 的子节点；M 和 N 都是根节点，W 和 L 都是叶节点（注意，这里仅限于图 7-28 的模型而不考虑实际工程背景）；F 的非后代节点是 {W}。

有向图 G=<V,E> 蕴含了条件独立性假设，即在给定 $\mathrm{Pa}(V_i)$ 条件下，V_i 与 $A(V_i)$ 独立：

$$P(V_i|\mathrm{Pa}(V_i),A(V_i))=P(V_i|\mathrm{Pa}(V_i)) \tag{7-70}$$

如图 7-28 所示，给定 N 的条件下，F 与 L 是独立的；给定 F 的条件下，N 与 W 是独立的。条件独立性是基于贝叶斯网络的建模、推理和学习的基础。

（2）P 表示与每个节点相关的条件概率分布（Conditional Probability Distribution，CPD）。由贝叶斯网络的条件独立性假设可知，条件概率分布可以用 $P(V_i|\mathrm{Pa}(V_i))$ 描述，它表达了节点与其父节点的定量关联关系。如果给定根节点先验概率分布和非根节点条件概率分布，可以得到包含所有节点的联合概率分布。如图 7-28 所示，在节点 F 上给出的就是其父节点集合 Pa(F)={M,N} 的节点变量状态组合之下节点事件发生的条件概率。

贝叶斯网络按组成网络的节点类型可分为离散节点贝叶斯网络、连续节点贝叶斯网络和混合节点贝叶斯网络。离散节点贝叶斯网络是指网络中所有节点的状态都是离散的、可数的,图7-28就是一个简单的离散节点贝叶斯网络。这类网络是常用的贝叶斯网络,有着成熟的推理和学习算法,而且有完善的工具软件进行建模与分析。连续节点贝叶斯网络是指网络中所有节点的状态都是连续的,一般利用正态分布来描述节点的状态,当正态分布不能描述时,利用混合高斯分布近似拟合。这类网络有通用的推理和学习算法可以利用,但是应用不广泛。混合节点贝叶斯网络是指网络中既有离散节点,又有连续节点。该类网络的理论还不是很成熟,没有通用的、高效的推理和学习算法可供使用,一般情况下,都是将连续节点离散化,将其转换为离散节点贝叶斯网络进行分析。对这种类型网络的建模与分析,要对具体问题做具体分析。

按网络节点与时间的关系贝叶斯网络可分为静态贝叶斯网络和动态贝叶斯网络。静态贝叶斯网络是指节点状态不随时间而变化的网络,这类网络主要用于故障诊断,可靠性评估,模式分类、软件测试等方面。动态贝叶斯网络是指节点的状态随时间点的推移而不断变化的网络,这类网络主要用于对系统进行时间序列分析,如对系统进行可靠性预计、寿命估计等。

7.5.2　贝叶斯网络建模

贝叶斯网络建模的主要任务包括确定网络的拓扑结构和确定网络中各个节点的条件概率分布。网络中所有节点的条件概率分布统称为网络的概率参数。贝叶斯网络建模包括:一个定性过程,即确定拓扑结构;一个定量阶段,即确定概率参数。贝叶斯网络建模主要有三种方式,一是由专家知识,手动建立模型拓扑结构,给出概率参数;二是通过对数据库的学习,自动获取贝叶斯网络;三是两阶段建模方法,综合前二者的优势,首先由专家知识手动建立贝叶斯网络,然后通过对数据库的学习修正先前得到的贝叶斯网络模型。

贝叶斯网络手动建模的一般步骤如下:

(1)节点/变量的选取和定义;

(2)网络拓扑结构的定义;

(3)节点状态空间的定义;

(4)构造每个节点的条件概率分布。

大型复杂贝叶斯网络建模和维护都非常困难。借鉴面向对象的思想,很多学者将类、继承、参考等概念引入到贝叶斯网络建模中,提高建模的效率。

贝叶斯网络学习建模包括结构学习和参数学习两个方面。结构学习是指利用训练样本集,尽可能综合先验知识确定最合适的拓扑结构。参数学习是指在给定拓扑结构的条件下,确定网络中的概率参数。

两阶段建模的第一阶段基于人们对场景的解释和对事件之间关系的理解建立初始贝叶斯网络,而第二阶段采用改进技术,使得贝叶斯网络的概率分布更接近实际。改进过程很自然的可以看成一个学习任务,该任务的源信息包括数据集合和初始贝叶斯网络,目标是基于这两个信息源建立更好的贝叶斯网络模型。

7.5.3 贝叶斯网络推理

贝叶斯网络推理是指利用贝叶斯网络的结构及其条件概率表,在给定证据后计算某些节点取值的概率。贝叶斯网络推理任务主要包括单个变量的边际概率、多个变量的联合概率分布、节点的条件概率、模型的最可能解释、最大后验概率、灵敏度分析以及信息价值等。概率推理和最大后验概率(MAP)解释是贝叶斯网络推理的两个基本任务。

对任意非根节点 V,设节点变量为 X,条件概率表示为 $P\{X \mid \mathrm{Pa}(X)\}$,则根据条件独立性,所有节点变量的联合概率分布为

$$P(X_1, \cdots, X_n) = \prod_{i=1}^{n} P\{X_i \mid \mathrm{Pa}(X_i)\} \tag{7-71}$$

此即贝叶斯网络的链式乘积法则。以此为例,节点变量的联合概率分布为

$$\begin{aligned}
&P(M, N, F, L, W) \\
&= P(M) P(N \mid M) P(F \mid M, N) P(L \mid M, N, F) P(M, N, F, L) \\
&= P(M) P(F \mid M, N) P(W \mid F) P(L \mid N) P(N)
\end{aligned} \tag{7-72}$$

为了计算某个节点变量的边际概率,只需按边际概率的定义即可,例如:

$$\begin{aligned}
P(F) &= \sum_{M, N, L, W} P(M, N, F, L, W) \\
&= \sum_{M, N, L, W} P(M) P(F \mid M, N) P(W \mid F) P(L \mid N) P(N)
\end{aligned} \tag{7-73}$$

可通过变量消去法简化边际概率计算。此外,在获得证据的情况下,可能通过对证据的处理降低对系统状态认识的不确定性。这也是贝叶斯网络优于目前其他建模方法之处。

贝叶斯网络的推理算法按精度的不同可分以下两类:一类是精确推理算法,即要求概率计算必须精确,主要有消息传递法、条件算法、联结树算法、符号概率推理算法、弧反向/节点缩减算法、微分算法等;另一类是近似推理算法,即在不改变计算结果正确性的前提下降低计算精度从而简化计算复杂性,主要有随机抽样算法、基于搜索的算法、模型化简算法、循环消息传递算法等。精确推理算法适用于结构简单规模较小的贝叶斯网络,近似推理算法主要用于结构复杂规模较大的贝叶斯网络。

贝叶斯网络的精确概率推理、近似概率推理、最大后验概率问题、最大后验

概率的近似算法等一般被证明是 NP 问题。在实际应用中,应该针对不同问题,选择不同的算法来解决。

7.5.4 示例分析

动量轮是长寿命卫星姿态控制系统的一种执行部件,它是一个由电机驱动的旋转体,通过支架安装在卫星星体内。其工作原理:当动量轮电机绕组按规律通入电流时,电机产生转矩,达到一定的转速,形成一定的动量。根据角动量守恒原理,该转矩或动量作用到卫星星体上时,抵消环境力矩的影响,实现对卫星姿态的控制。

动量轮由轴承组件、电机组件、轮体组件和壳体组件等构成。其中:轴承组件主要指动量轮的支撑以及润滑系统;电机组件主要指电机及其控制器,负责与上位机传递指令、执行指令和送出动量轮状态信息的任务;轮体组件是动量轮与卫星进行角动量交换过程中动量储存、释放的主体;壳体组件主要是为动量轮提供一个密封的运行环境,避免外界环境对动量轮的影响。

根据动量轮结构和故障模式与影响分析,获取动量轮本身的故障模式,包括停转、控制精度不足、功耗过大,以及动量轮轴承组件、壳体组件、轮体组件和电机组件的故障模式和各零部件的故障模式,并通过逻辑分析,建立动量轮故障模式与组件和零件故障模式之间的关系,最终建立动量轮贝叶斯网络结构如图 7-29 所示,其中所有网络节点变量都取正常和故障两个状态。

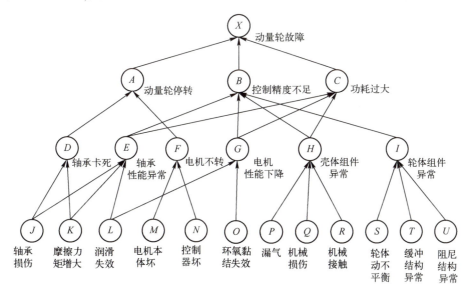

图 7-29　动量轮贝叶斯网络模型结构

动量轮在轨运行过程中,不能通过实地观测、解剖检验等方法来获取故障模式信息,只有通过遥测途径获得的电流、电压、轴承温度、转速等。因此研究利用这些遥测数据对动量轮进行可靠性评估是有工程意义的。

通过失效分析可知,影响动量轮功耗和控制精度的主要因素是轴承摩擦力矩,遥测数据中的电流和轴承温度均与轴承摩擦力矩有直接关系。电流与轴承摩擦力矩(或更一般的阻力矩)成正比,是表示动量轮性能的主要指标。轴承温度也是反映轴承组件工作状态的重要特征之一,在普通轴承故障诊断中已经得到广泛应用;对动量轮来说,其润滑的有效性与温度直接相关。

本节在动量轮离散贝叶斯网络模型基础上,添加轴温和电流性能节点。由于每个零部件故障与否都可通过轴温和电流反映出来,因此,建立电流和轴温作为父节点和上一层的节点全连通结构图,如图7-30所示。

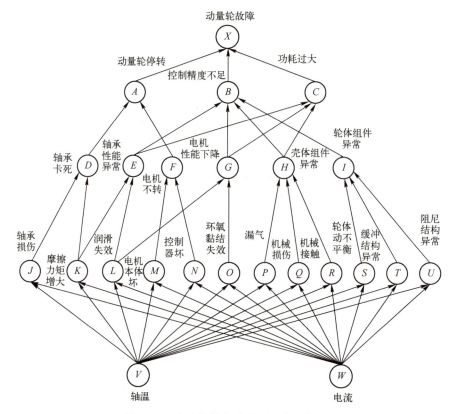

图7-30　包含性能节点的贝叶斯网络

轴温、电流等与动量轮各故障模式之间有着不确定性的对应关系,在观测到某个轴温、电流值的情况下,动量轮各故障模式发生与否并非确定,而是具有

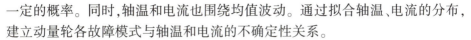

一定的概率。同时,轴温和电流也围绕均值波动。通过拟合轴温、电流的分布,建立动量轮各故障模式与轴温和电流的不确定性关系。

对轴温、电流数据首先画出直方图,如图 7-31 和图 7-32 所示,发现轴温、电流样本数据并非近似服从高斯分布,两个直方图均有两个明显的峰值,因而用两个高斯分布组成的混合高斯分布来对轴温和电流的分布进行拟合,即

$$f(x) = p_1 N(\mu_1, \sigma^2) + (1 - p_1) N(\mu_2, \sigma^2) \qquad (7\text{-}74)$$

该密度函数中共有 p_1、m_1、m_2、σ 四个未知参数,其中 μ_1、μ_2 分别表示两个正态分布的均值,σ 表示其方差(取两正态分布具有相同的方差),$p_1 (0 \leqslant p_1 \leqslant 1)$ 表示正态密度 $N(\mu_1, \sigma_2)$ 的权重,$1 - p_1$ 表示正态分布 $N(\mu_2, \sigma_2)$ 的权重。

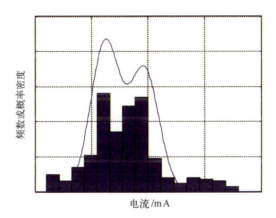

图 7-31　电流的拟合曲线和直方图的比较

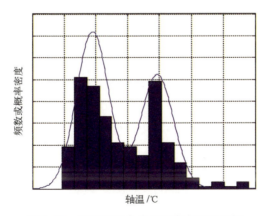

图 7-32　轴温的拟合曲线和直方图的比较

采用 Logistic 函数描述故障模式与性能之间的关系,它具有以下两个特点:

(1) 无论自变量取什么值,函数值均在 $[0,1]$ 区间内。

（2）自变量值和函数值之间是单调关系，并在自变量取值无穷大时，函数值趋近于 0 或 1。

由于动量轮可靠度随轴温、电流增大呈下降趋势，并且轴温、电流趋近于无穷大时，动量轮零部件故障概率可以认为趋近于 1，因而利用 Logistic 函数作为零部件故障模式的条件概率，即

$$p = p(N_i = 1 | v, w) = \frac{1}{1 + \exp(-av - bw - c)} \tag{7-75}$$

$$1 - p = p(N_i = 0 | v, w) = \frac{\exp(-av - bw - c)}{1 + \exp(-av - bw - c)} \tag{7-76}$$

式中：N_i 代表零部件故障模式节点；v 和 w 分别代表轴温和电流的取值；用最小二乘法来估计分布中的参数 a、b、c，得到各节点的条件概率分布。

以动量轮在轨运行中的一次故障为例说明单一故障诊断推理。某动量轮运行中有长时间功耗过大的情况发生，同时得到故障发生时动量轮的轴温和电流的遥测值分别为 $V = 22℃$，$W = 370mA$。以功耗过大和轴温电流的遥测值为证据，推理可得各根节点发生的后验概率，如表 7-9 所列。

表 7-9　动量轮功耗过大情况下根节点故障的后验概率

轴承损伤	0.0527	电机本体坏	0.0269	漏气	0.0253	轮体动不平衡	0.0721
摩擦力矩增大	0.1314	控制器坏	0.0386	机械损伤	0.0137	缓冲结构异常	0.0201
润滑失效	0.7004	环氧黏结失效	0.0175	机械接触	0.0362	阻尼结构异常	0.0333

由表 7-9 可见，该故障最可能的原因是润滑失效，其次是摩擦力矩增大、轮体动不平衡等。根据分析结果，可以对动量轮进行故障决策。

以动量轮停转为例，说明动量轮在轨状态复合故障诊断。根据贝叶斯网络的条件独立性，给定轴温 V、电流 W 的情况下，动量轮停转的发生与否，只与节点 J 轴承损伤、K 摩擦力矩增大、M 电机本体坏、N 控制器坏四个根节点事件有关，而与其他根节点事件无关。设动量轮停转的情况下，$V = 32$，$W = 354$，推理可得各故障原因组合状态的概率，如表 7-10 所列。

表 7-10　J、K、M、N 各组合状态的概率

J	K	M	N	$P\{J, K, M, N \mid A = 1, V = 32, W = 354\}$
0	0	0	0	0.04512
0	0	0	1	0.33302
0	0	1	0	0.20895
0	0	1	1	0.04430
0	1	0	0	0.17121

(续)

J	K	M	N	$P\{J,K,M,N\mid A=1,V=32,W=354\}$
0	1	0	1	0.05334
0	1	1	0	0.03527
0	1	1	1	0.00619
1	0	0	0	0.03907
1	0	0	1	0.01799
1	0	1	0	0.01169
1	0	1	1	0.00219
1	1	0	0	0.02475
1	1	0	1	0.00385
1	1	1	0	0.00268
1	1	1	1	0.00038

由表 7-10 可知：

（1）当 J、K、M、N 四个节点中仅有一个节点发生故障时，故障组合 $J=0,K=0,M=0,N=1$ 时概率最大，$P\{J=0,K=0,M=0,N=1\mid A=1\}=0.33302$。

（2）当 J、K、M、N 四个节点中有两个节点发生故障时，故障组合 $J=0,K=0,M=1,N=1$ 时概率最大，$P\{J=0,K=0,M=1,N=1\mid A=1\}=0.04430$。

（3）当 J、K、M、N 四个节点中有三个节点发生故障时，故障组合 $J=0,K=1,M=1,N=1$ 时概率最大，$P\{J=0,K=1,M=1,N=1\mid A=1\}=0.00619$。

对所有组合状态统一进行分析，当 $J=0,K=0,M=0,N=1$ 时，$P\{J,K,M,N\mid A=1,V=32,W=354\}=0.33302$ 取得最大值，是最可能的故障组合。因而，当动量轮停转发生时，"轴承损伤"未发生、"摩擦力矩增大"未发生、"电机本体坏"未发生、"控制器坏"发生这一组合的概率最大，这为动量轮停转提供了最可能的故障解释。

参考文献

［1］ 胡小平,韩泉东,李京浩. 故障诊断中的数据挖掘［M］. 上海:复旦大学出版社,2009.

［2］ 尹洪. 基于数据驱动的卫星故障诊断关键技术研究［D］. 长沙:国防科学技术大学,2015.

［3］ 彭喜元,庞景月,彭宇,等. 航天器遥测数据异常检测综述［J］. 仪器仪表学报,2016,37(9):1929-1945.

［4］ Goyal D, Pabla B S. Condition based maintenance of machine tools—A review［J］. CIRP Journal of Manufacturing Science and Technology, 2015, 10: 24-35.

［5］　Schwabacher M. A survey of data－driven prognostics［C］. Proceedings of the AIAA Infotech @ Aerospace Conference, AIAA, 2005：1-5.

［6］　Kolcio K, Breger L, Zetocha P. Model－based fault management for spacecraft autonomy［C］. Aerospace Conference, IEEE, 2014：1-14.

［7］　Qin, S J. Survey on data－driven industrial process monitoring and diagnosis［J］. Annual Reviews in Control, 2012, 36(2)：220-234.

［8］　Yin Z, Hou J. Recent advances on SVM based fault diagnosis and process monitoring in complicated industrial processes［J］. Neurocomputing, 2016, 174：643-650.

［9］　Dai X, Gao Z. From model, signal to knowledge：a data－driven perspective of fault detection and diagnosis［J］. IEEE Transactions on Industrial Informatics, 2013, 9(4)：2226-2238.

［10］　Yin S, Ding S X, Xie X, et al. A review on basic data－driven approaches for industrial process monitoring［J］. IEEE Transactions on Industrial Electronics, 2014, 61(11)：6418-6428.

［11］　Tsui K L, Chen N, Zhou Q, et al. Prognostics and health management：a review on data driven approaches［J］. Mathematical Problems in Engineering, 2015, 2015：1-17.

［12］　Yairi T, Kawahara Y, Fujimaki R, et al. Telemetry－mining：a machine learning approach to anomaly detection and fault diagnosis for space systems［C］. IEEE International Conference on Space Mission Challenges for Information Technology. IEEE Computer Society, 2006：466-476.

［13］　Gao Y, Tian S Y, Nan X, et al. Fault detection and diagnosis for spacecraft using principal component analysis and support vector machines［C］. Industrial Electronic and Applications Conference, 2012：1984-1988.

［14］　宋其江. 基于有向图模型的故障诊断方法研究及其在航天中的应用［D］. 哈尔滨:哈尔滨工业大学,2010.

［15］　程瑶. 卫星姿态控制系统的混合故障诊断方法研究［D］. 哈尔滨:哈尔滨工业大学,2016.

［16］　Pincus S M. Approximate entropy as a measure of system complexity［J］. Proceedings of the National Academy of Sciences, 1991, 88(6)：2297-2301.

［17］　Pincus S. Approximate entropy (ApEn) as a complexity measure［J］. Chaos An Interdisciplinary Journal of Nonlinear Science, 1995, 5(1)：110-117.

［18］　Richman J S, Moorman J R. Physiological time－series analysis using approximate entropy and sample entropy［J］. Ajp Heart & Circulatory Physiology, 2000, 278(6)：H2039-H2049.

［19］　Bandt C, Pompe B. Permutation entropy：a natural complexity measure for time series［J］. Physical Review Letters, 2002, 88(17)：174102.

［20］　Wang Q H, Li J R. A rough set－based fault ranking prototype system for fault diagnosis［J］. Engineering Applications of Artificial Intelligence, 2004, 17(8)：909-917.

［21］　Geng Z Q, Zhu Q X. Rough set－based heuristic hybrid recognizer and its application in fault diagnosis［J］. Expert Systems with Applications, 2009, 36(2)：2711-2718.

［22］　Zhang X Y, Zhou J Z, Guo J, et al. Vibrant fault diagnosis for hydroelectric generator units with a new combination of rough sets and support vector machine［J］. Expert Systems with Applications, 2012, 39(3)：2621-2628.

［23］　杨天社,杨开忠,李怀祖. 基于粗糙集理论的卫星故障诊断方法［J］. 空间科学学报,2003(4)：299-305.

［24］　柴敏,杨悦,徐小辉,等. 面向故障诊断的航天器遥测数据降维分析技术［J］. 弹箭与制导学报,

2014,34(1):150-153.

[25] Lee D D, Seung H S. Learning the parts of objects by non-negative matrix factorization[J]. Nature, 1999, 401(6755):788-791.

[26] Lee D D, Seung H S. Algorithms for non-negative matrix factorization[C]. Advances in Neural Information Processing Systems, 2001, 556-562.

[27] Lin C J. Projected gradient methods for nonnegative matrix factorization[M]. MIT Press, 2007.

[28] 陈维桓. 微分流形初步:第2版[M]. 北京:高等教育出版社,2001.

[29] 马天. 流行拓扑学——理论与概念的实质[M]. 北京:科学出版社,2010.

[30] 米先柯,福明柯. 微分几何与拓扑学简明教程(中译本)[M]. 北京:高等教育出版社,2006.

[31] Bengio Y, Courbille A, Vincent P. Representation learning: a review and new perspectives[J]. IEEE Transactions on Pattern Analysis and Machine Intelligence, 2013, 35(8):1798-1828.

[32] Silva V D, Tenenbaum J B. Global versus local methods in nonlinear dimensionality reduction[C]. International Conference on Neural Information Processing Systems. MIT Press, 2002:721-728.

[33] Zhang Z Y, Zha H Y. Principal manifolds and nonlinear dimensionality reduction via tangent space alignment[J]. SIAM Journal on Scientific Computing,2014, 26(1):313-338.

[34] Tenenbaum J B, De V S, Langford J C. A global geometric framework for nonlinear dimensionality reduction[J]. Science, 2000, 290(5500):2319-2323.

[35] Cortes C, Vapnik V. Support-vector networks[J]. Machine Learning, 1995, 20(3):273-297.

[36] 李航. 统计学习方法[M]. 北京:清华大学出版社,2012.

[37] 茆诗松. 贝叶斯统计[M]. 北京:中国统计出版社,1999.

[38] 张连文. 贝叶斯网引论[M]. 北京:科学出版社,2006.

第8章 卫星在轨故障融合诊断

8.1 概　　述

故障建模技术作为故障诊断技术的基础,直接关系到故障诊断的可靠性和准确性。因此,故障建模技术是故障诊断技术中的关键问题,需要进行深入的研究。特别是对于卫星这类复杂的航天器,虽然现在也有各种定性或者定量的故障建模方法,但在面对复杂的卫星系统和多层次的诊断任务时,依靠单一的定性或者定量方法很难解决这些问题,各种建模方法都存在一定的局限性。例如,基于定量模型的方法能够有效地利用系统的动力学、运动学等系统运行机理知识,可以获得系统有效的状态跟踪,判断系统的故障状态,但其判定系统详细的故障模式的性能较差。基于神经网络的故障建模方法能够有效地利用历史数据对系统的故障模式进行判断,但它难以充分利用系统的解析模型的信息。因此,学者们开始对如何用多种类型的诊断知识(如不同的描述方式所表达的诊断知识等)共同描述系统的故障行为,以便对系统行为更加完整、准确地进行研究,并在此基础上提出了多种故障融合诊断方法。融合诊断方法能够整合各种建模方法的优势,弥补它们的不足,有效地克服单一建模方法的局限性。

本章首先对融合诊断框架的构建思想和体系结构进行分析研究,提出一种卫星在轨故障融合诊断框架。在此基础上,通过分析卫星在轨故障诊断需求和现有方法的不足,给出三种融合诊断方法,即定量模型与神经网络融合诊断、残差分析与规则推理融合诊断以及定量模型与历史数据融合诊断方法。给出其理论基础、技术方法及故障诊断流程,并利用卫星姿态控制系统飞轮部件的故障仿真数据对于上述三种故障融合诊断方法的有效性进行验证。结果表明,融合诊断方法能够有效地弥补单一诊断模型的不足,克服其局限性,具有良好的故障识别效果。

8.2 融合诊断框架

随着卫星各系统复杂程度的不断增加以及对诊断要求的不断提高,单一诊断方法已经很难完成针对卫星的故障诊断任务。在这种情况下,综合利用各种诊断信息,结合多种诊断方法的优点取长补短,成为故障诊断技术发展的需要。针对这一问题,参考 NASA 提出的 BEAM 混合诊断框架。根据国内卫星在轨故障诊断的实际特点,本节提出一种卫星故障融合诊断框架,并对该融合诊断框架的功能、结构等内容进行详细说明。

8.2.1 融合诊断框架的基本要素

融合诊断框架应能够满足卫星在轨故障融合诊断的实际需求,在建立卫星故障融合诊断框架时,应考虑以下几个主要方面:

(1) 诊断信息的类型:首先从系统运行中可获得的数据类型的角度,对诊断系统的输入信息进行分类,主要包括随时间改变的离散状态量和实值传感器测量,并给出传感器连续测量值和系统离散状态值在诊断各环节中的处理流程。另外,除了这些系统运行数据作为显性输入外,诊断系统的建立还依赖于许多其他类型的诊断信息作为隐性输入,如测点信息、结构功能信息等。融合诊断框架中应尽量包含上述全部信息,将有利于解决复杂系统故障诊断问题。

(2) 诊断信息的处理流程:任何诊断工作必然要依赖于系统实时获得的运行数据,然而,对于数据的分析处理往往还要结合具体的诊断知识,据此才能确定相适宜的处理手段。因此,融合诊断框架中不但需要给出离散状态量和实值传感器测量的诊断处理流程,而且需要明确各种诊断知识如何作用于各子模块,这样才能最终建立完整的诊断流程,实现融合诊断目标。

(3) 诊断信息的处理方法:融合诊断框架应该尽可能地利用所有相关的诊断知识,由于诊断知识与诊断方法间往往存在一定的制约性关系,这就要求融合诊断框架不但能够综合现有的各种诊断方法,还需能够支持利用多种诊断知识的新型融合诊断方法,以便更好地实现冲突消解以及融合诊断。

根据以上分析,本节对卫星系统可用诊断信息进行梳理,并给出一个卫星在轨故障融合诊断框架。该框架能够根据不同类型诊断信息,应用相应的处理方法,最终实现卫星系统的在轨异常检测和故障诊断。

8.2.2 融合诊断信息分类

对于卫星等异常复杂的系统,需要充分利用各种诊断信息,如机理信息以及历史数据信息等,构建定性与定量相结合、模型与数据相结合的混合建模诊断框架。为实现这一策略,首先对卫星故障建模中可能获得的信息进行如下分类:

(1)测点信息:主要是指传感器分布位置、种类及可用情况,包括性能指示传感器或者专用诊断传感器。

(2)传感器数据:主要是指卫星上各种传感器的遥测数据。

(3)命令和状态字:代表了卫星工作模式和当前状态的信息,包括命令、模式、开关位置、健康字等。

(4)历史数据:包括历史正常数据和故障数据。

(5)物理模型信息:主要针对工作原理清晰的子系统,通过建立较精确的数学模型,获取相应子系统的物理模型信息。

(6)结构功能信息:主要针对工作原理不精确可知的子系统,虽然难以建立其精确的数学模型,但一些作用机理和变量间的响应关系可作为结构功能信息,在融合诊断中加以利用。

8.2.3 融合诊断框架模块设计

由于卫星结构复杂,由众多功能结构各异子系统组成,不同子系统的结构关系和可得知识类型不尽相同。对于不同的知识类型,以及可得的遥测数据,将分别经过不同的处理模块,最大限度地利用这些知识和数据,以实现故障诊断的各个任务要求,输出各种可能的诊断结果,如故障的检查、隔离、辨识和估计等。卫星融合诊断框架如图8-1所示。

各模块的功能如下:

(1)一致性冗余构建模块:卫星某些系统中的冗余配置,使得传感器之间存在冗余关系,通过传感器之间的冗余关系,可以进行故障的检测。这种冗余关系一般体现为直接冗余(或称硬件冗余),包括同一变量采用冗余传感器或多种功能相近的传感器进行测量,也包括采用不同传感器测量获得的不同变量,但输出彼此相关。例如,在姿控系统中对于三正交一斜装陀螺,可采用等价空间方法进行故障检测;利用多种光学敏感器在姿态测量中所提供的冗余信息进行一致性检测等。这些同构及异构传感器在抑制噪声、降低信息不确定性和故障检测方面均具有重要作用。

(2)动力学冗余构建模块:对于卫星的某些子系统或功能部件,如果输入

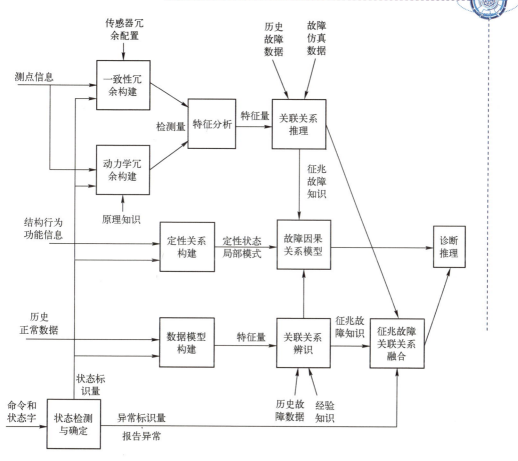

图 8-1　卫星融合诊断框架

与输出可测,并且可知其工作原理,即可以对其建立较精确的数学模型。此时,可以通过基于状态估计、参数估计的故障诊断方法,建立其定量模型完成故障检测。这里把任意一个具有动态时变特性的卫星子系统称为动力学系统,因为这样的系统都可以抽象成为具有输入、输出及状态变量的动态响应过程,描述成状态空间或传递函数的形式,并以微分代数方程表达输入、输出、状态变量间的动态响应关系。

（3）特征分析模块:通常一致性冗余构建模块和动力学冗余构建模块利用的是传感器间正常的冗余关系进行一致性检测或者对系统正常工作时的动力学特性进行建模,所以,诊断中得到的残差仅具有故障检测的能力,或者故障定位的能力,很难给出故障类型、大小以及时变特性。为进一步完成故障诊断工作,可以对以上两个模块得到的残差进行分析处理。残差是系统的实际输出与期望输出之差,不同的故障类型将导致残差曲线的不同,即不同残差中包含不同的故障信息。通过对残差进行分析,可以提取反映不同故障的特征变量(征兆)。采用何种处理方法分析残差是故障多层次征兆分析的一部分,需要研究适合于残差产生特点的处理方法,如定性趋势分析方法等。

(4) 关联关系构建模块:故障诊断可以看成征兆空间到故障空间的映射过程。关联关系构建模块就是要构建这种映射关系。它包括关联关系推理模块和关联关系辨识模块两部分,两者的区别在于故障数据是否完善以及征兆故障映射知识是否已知。征兆故障映射知识的获取,或者说这种映射关系的构建需要历史故障数据、故障仿真数据、经验知识作支撑。

对于关联关系推理模块(由残差分析得到的特征变量映射到故障空间这一过程),它属于映射关系相对已知的情况。因为残差是由定量模型得到的,定量模型已知,则故障机理的分析相对清楚,即映射关系较明确。并且,由于定量模型已经获得,因此可以通过在定量模型中注入故障的方式,获得大量的故障数据,用以弥补卫星故障数据缺少的客观事实,使得映射关系的构建相对简单。如果特征变量提取理想,可以通过因果网络或者故障字典来实现诊断推理,可以表达为 if-then 形式的产生式规则。

对于关联关系辨识模块(由数据处理得到的特征变量映射到故障空间这一过程),它属于映射关系相对未知的情况。由于定量关系甚至响应关系都不可得,征兆与故障的映射关系大多为未知的非线性关系,而且可以利用的故障知识也仅有较少的历史故障数据和经验知识,因此映射关系的构建相对困难。在这种映射关系较不明确的情况下,可以考虑运用神经网络、模糊聚类等机器学习方法进行关联关系的构建。

(5) 数据模型构建模块:对于卫星系统中的某些部分,精确机理模型可能很难建立,变量间的影响关系也不易确定。在这种情况下,建立定量模型和定性模型都存在困难。这时,可考虑从数据的角度进行建模。数据模型构建的实质是特征提取的过程,可以考虑通过两种方法对大量的卫星历史数据进行分析:一是基于信号处理的方法,包括傅里叶变换、小波变换、经验模态分解等;二是基于多元数据分析的方法,包括主成分分析、独立成分分析、偏最小二乘(PLS)回归等。此外,神经网络的方法也可以用于数据模型构建,即利用神经网络建立测量空间到特征空间的非线性映射关系。由于此处采用的数据构建方法所建立的模型通常是基于卫星正常工作的历史数据,因此完成的主要任务为故障检测功能,对于特征量与故障空间的映射关系,需要利用卫星历史故障数据在关联关系辨识模块中完成。

(6) 征兆故障关联关系融合模块:利用关联关系推理模块和关联关系辨识,进行定量建模和数据建模可得到征兆故障关联知识,它们是用于系统故障

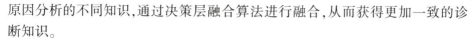

原因分析的不同知识,通过决策层融合算法进行融合,从而获得更加一致的诊断知识。

（7）定性关系构建模块:对于卫星中的某些子系统,建立其精确的定量模型存在困难,但其中的某些作用机理和变量间的某些响应关系是清楚的,在这种情况下,可以建立反映系统结构、功能、行为的定性模型。如符号有向图模型等。

（8）故障因果关系模块:综合定性关系构建模块所得到的定性状态和局部定性关系,以及征兆故障关联知识,形成完整的故障原因关联关系模型。例如采用传递系统模型的表示方式为诊断推理提供模型。

（9）状态检测与确定模块:接收状态和命令变量,以确定卫星当前所处的工作模式,不同的工作模式下,某些建立的故障模型可能会发生变化,通过这个模块可以控制切换诊断中所需要的正确模型,即对卫星系统的混合建模过程起指导作用。此外,卫星的某些状态变量,如健康字等可能直接表明了卫星当前工作状态是否异常,从而直接报警。这些量也可作为诊断知识与其他建模方法得到的诊断知识进行融合。

8.2.4 融合途径

在上述融合诊断框架中,对多种可能用于卫星故障诊断的知识进行了梳理,并考虑了与各诊断知识相匹配的诊断处理方法。该框架勾画了融合诊断任务的基本架构,明确了信息加工处理的诊断流程。该融合诊断框架中的每个子模块(特别是与各诊断知识直接相关的子模块),多为以某单一类型的知识作为输入的处理方法,虽然在具体应用时,这些模块可以选用各种现有的成熟故障诊断方法来完成知识的加工,但不同诊断知识的利用相对独立,诊断的集成主要体现在决策空间,而不是测量空间或者特征空间。为此,在该框架的基础上,进一步考虑模块间可能的融合以实现对于多种知识的同时利用。相应的融合途径如下:

（1）更新策略的融合诊断:它不引起方法层的融合。这种方式虽然不改变原有诊断方法的设计过程,但需要对具体诊断策略做出调整以适应新诊断知识的融入。例如,当在系统的原理知识中进一步考虑结构信息时,需要设计多个基于解析模型方法得到的观测器,并运用合理的设计策略完成故障诊断任务。

（2）更新设计的融合诊断:它不引起方法层的融合。这种方式需要对原方法做出一定的更新设计以解决新信息的加入。例如,在进行故障估计时,对于所考虑的具体故障预定义信息,需要对相应估计器的设计过程做出调整,才能用以实现准确的故障估计。

（3）并联方式的融合诊断：它引起方法层的融合，方法间以并联的方式结合。当无法通过某一种诊断方法的内部调整来处理多类型诊断知识时，就需要进行不同诊断方法的结合。并联的结合方式充分利用了不同诊断方法的通用性诊断能力，在诊断流程上体现为同步处理、相互补充，提高诊断性能。例如，相比于系统的原理知识，历史正常运行数据从另外的角度提供了系统的状态信息，因此适合于对基于解析模型方法进行补充。通过数据驱动的方法构建补偿模型与解析模型并联运行，能够增强诊断系统的诊断能力。

（4）串联方式的融合诊断：它引起方法层的融合，方法间以串联的方式结合。串联的结合方式充分利用了不同诊断方法的不同能力，表现在应用一种诊断方法处理后，对其结果再次利用其他诊断方法进行处理，在诊断流程中体现了方法间继承性的补充。例如，因为传统基于解析模型方法对于残差的评估并不充分，所以适用于采用其他方法对残差做进一步的加工处理以扩展其诊断能力。

在完成对融合诊断框架的构建后，可根据卫星在轨故障诊断的实际需要，选取适当的故障融合诊断方法，下面将介绍三种典型的故障融合诊断方法。

8.3　定量模型与神经网络融合诊断

传统的基于定量模型的故障建模方法在建模时利用了系统的机理知识，具有良好的故障检测能力，即判断系统是否处于正常状态，这一阶段称为故障检测。在故障检测的基础上，基于定量模型的方法通过一定的策略，可以进一步实现故障的定位，即区分系统中具体的故障部件；然而，对于故障部件具体的故障类型的判断，传统的定量模型方法有一定的局限性。另外，人工智能技术的日益发展，使得多项新的技术具有应用前景，其中研究较为活跃的是神经网络的方法。基于上述情况，本节提出基于定量模型和神经网络结合的定性定量融合故障建模方法。

8.3.1　理论基础

该方法包括两个主要阶段，第一阶段为基于定量模型的残差产生，第二阶段为基于神经网络的故障分类。该方法的流程图如图 8-2 所示。

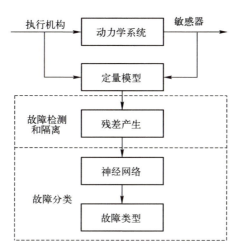

图 8-2　基于定量模型和神经网络结合的故障建模方法流程图

1. 基于定量模型的残差产生

对于系统的故障检测,一个单一的残差信号能够检测系统是否发生故障;但是,对于故障识别来说,则需要一组残差信号或者一个残差向量。对于故障识别残差产生的方式,可以采用结构残差集和方向残差集两种方式。就方向残差集而言,需要定义一个由残差向量张成的残差空间,并通过设计一个方向残差向量实现故障识别。为此,可以利用一组观测器(或滤波器)产生一组残差信号来实现故障识别。下面对这种故障识别策略进行说明。

采用一组观测器实现故障识别策略的核心思想是每一个残差信号仅对某个或某些故障敏感,而对剩余的故障不敏感。观测器设计过程主要分为两步:一是明确残差信号组与故障集之间的敏感与不敏感关系;二是根据确定好的关系设计观测器或滤波器产生残差信号。其方法主要有专用观测器策略与广义观测器策略,下面对这两种故障识别策略逐一进行说明。

1) 专用观测器策略

专用观测器的思想非常直观,即每一个残差信号仅对其对应的一个专门的故障敏感,而其他故障不足以引起观测器的反应。残差信号的决策评估可表示为

$$r_i(t) > J_{th}^i \Rightarrow f_i(t) \neq 0 \ (i \in \{1, 2, \cdots, n\}) \tag{8-1}$$

式中:$f_i(t)$ 为第 i 个可能的故障;$r_i(t)$ 为第 i 个残差信号;n 为可能发生的故障总数;J_{th}^i 为与第 i 个残差信号相对应的阈值。

如果满足式(8-1),则表示第 i 个故障发生。残差信号组与故障集之间的敏感与不敏感关系可以用图 8-3 表示。

2）广义观测器策略

广义观测器策略是通过设计一组观测器或滤波器产生一组残差信号，再对残差信号进行决策评估实现故障的识别。不同于专用观测器策略，这种策略设计得到的每一个残差信号仅对与之对应的故障不敏感，而对其他故障敏感。图 8-4 展示了广义观测器策略

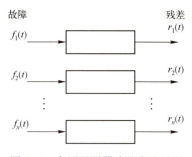

图 8-3　专用观测器残差产生过程

的残差信号组与故障集之间的敏感与不敏感关系。由此可得到基于广义观测器策略产生的残差信号用数学表达式为

$$\left.\begin{array}{l} r_i(t) \leqslant J_{\text{th}}^i \\ r_j(t) > J_{\text{th}}^j \end{array}\right\} \Rightarrow f_i(t) \neq 0 (j \in \{1, \cdots, i-1, i+1, \cdots, n\}) \qquad (8-2)$$

式中：$f_i(t)$ 为第 i 个可能的故障；$r_i(t)$ 为第 i 个残差信号；n 为可能发生的故障总数；J_{th}^i 为与第 i 个残差信号相对应的阈值。如果满足式(8-2)，则表示第 i 个故障发生。

2. 基于神经网络的故障分类

从映射角度分析，故障建模的实质是建立从征兆到故障类型的映射过程。神经网络的优点是具有高度非线性、高度容错性、分布并行处理和联想记忆等特性。它使信息处理和信息存储合二为一，具有自组织、自学习和自适应的能力；能接收、处理不精确和随机的信息。利用神经网络的优点可以弥补定量建模的缺点，实现故障识别的目标。

反向传播(BP)网络是一种按误差利用逆传播算法训练的多层前馈网络，是目前应用最广泛的神经网络模型之一。BP 网络能学习和存储大量的输入-输出模式映射关系，而无需事前揭示描述这种映射关系的数学方程。它的学习规则是使用最速下降法，通过反向传播来不断调整网络的权值和阈值，使网络的误差平方和最小。BP 神经网络模型拓扑结构包括输入层、隐层和输出层，如图 8-5 所示。

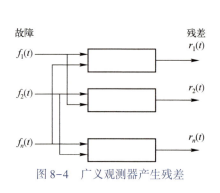

图 8-4　广义观测器产生残差

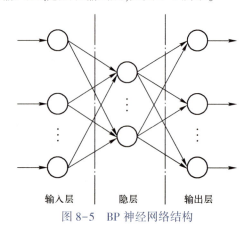

图 8-5　BP 神经网络结构

1）神经网络的传播算法

BP 神经网络的传播算法,即误差反向传播算法的学习过程,由信息的正向传播和误差的反向传播两个过程组成。输入层各神经元负责接收来自外界的输入信息,并传递给中间层各神经元;中间层是内部信息处理层,负责信息变换,根据信息变化能力的需求,中间层可以设计为单隐层或者多隐层结构;最后一个隐层传递到输出层各神经元的信息,经进一步处理后,完成一次学习的正向传播处理过程,由输出层向外界输出信息处理结果。当实际输出与期望输出不符时,进入误差的反向传播阶段。误差通过输出层,按误差梯度下降的方式修正各层权值,向隐层、输入层逐层反传。周而复始的信息正向传播和误差反向传播过程是各层权值不断调整的过程,也是神经网络学习训练的过程,此过程一直进行到网络输出的误差减少到可以接受的程度,或者达到预先设定的学习次数为止。BP 神经网络的具体学习步骤如下:

（1）从训练集中取出某一样本,把信息输入网络中。

（2）通过各节点间的连接情况正向逐层处理后,得到神经网络的实际输出。

（3）计算网络实际输出与期望输出的误差。

（4）将误差逐层反向回传至之前各层,并按一定原则将误差信号加载到连接权值上,使整个神经网络的连接权值向误差减小的方向转化。

（5）对训练集中每一个输入−输出样本对重复以上步骤,直到整个训练样本集的误差减小到符合要求为止。

2）BP 神经网络模型

BP 神经网络模型包括其输入/输出模型、作用函数模型、误差计算模型和自学习模型,各种模型的数学表达式如下:

隐节点输出模型的数学表达式为

$$O_j = f\left(\sum W_{ij} \times X_i - q_j\right)$$

输出节点输出模型的数学表达式为

$$Y_k = f\left(\sum T_{jk} \times O_j - q_k\right)$$

式中:f 为非线型作用函数;q 为神经单元阈值。

作用函数是反映下层输入对上层节点刺激脉冲强度的函数,又称为激励函数,一般取为(0,1)内连续取值 Sigmoid 函数,其数学表达式为

$$f(x) = 1/(1 + e^{-x})$$

误差计算模型是反映神经网络期望输出与计算输出之间误差大小的函数,其数学表达式为

$$E_p = 1/2 \times \sum (t_{pi} - O_{pi})^2$$

式中:t_{pi} 为 i 节点的期望输出值;O_{pi} 为 i 节点计算输出值。

神经网络的学习过程即为连接下层节点和上层节点之间的权重矩阵 W_{ij} 的设定和误差修正过程。BP 网络有监督学习方式和无监督学习方式之分。自学习模型的数学表达式为

$$W_{ij}(n+1) = h \times \Phi_i \times O_j + a \times \Delta W_{ij}(n)$$

式中: h 为学习因子; Φ_i 为输出节点 i 的计算误差; O_j 为输出节点 j 的计算输出; a 为动量因子。

8.3.2　技术方法

应用基于定量模型与神经网络结合的故障建模方法,主要是结合两种故障建模方法的优点。基于定量模型的方法利用了系统的深层次知识,可以获得系统有效的状态跟踪。基于神经网络的方法能够有效地处理不精确和随机的信息,弥补定量模型的缺点。在利用定量模型与神经网络结合的故障建模方法进行故障诊断的过程中,首先利用专用观测器或者奉献观测器策略产生残差,再通过神经网络的非线性映射,对故障进行建模。后者包括两个主要阶段:一是离线的神经网络训练,完成故障建模;二是在线的故障诊断。其中,关键的步骤为离线的故障建模。

基于残差的神经网络故障建模以定量模型产生的残差作为故障的征兆信息,同时是神经网络的输入,神经网络的输出为对应的故障模式。鉴于这种情况,对神经网络进行训练主要步骤如下:

(1) 选择定量模型产生的残差信号作为神经网络的输入。

(2) 确定神经网络的输出,并对系统的故障状态进行编码。

(3) 进行网络设计,确定网络层数和各层神经元数。输入层单元数由输入的残差决定,输出层单元数由编码状态决定。隐层一般为 1 层,问题复杂时可以取 2 层,隐层单元数的选择原则尚无理论依据,可根据问题的规模大小凭经验确定。

(4) 用各种状态样本组成训练样本,输入网络,对网络进行训练,确定各单元的连接权值。

(5) 由训练好的神经网络与定量模型共同组成完整的故障诊断模型,并实时地在线运行,根据神经网络的输出可以得到当前的系统健康和故障信息。

8.3.3　故障建模方法的示例

本部分以卫星姿态控制系统飞轮部件的典型故障为例,进行定量模型与神经网络结合的故障建模方法验证。首先利用定量模型获得仿真数据的残差集,之后利用神经网络对故障进行识别。

1. 基于定量模型的残差产生

首先利用奉献观测器的策略设计未知输入观测器组,产生结构化的残差集。针对各轴上飞轮发生故障的系统设立观测器,使其对特定轴飞轮的故障解耦。

执行机构发生故障时,姿态动力学方程可写为

$$\begin{cases} \dot{\boldsymbol{x}}(t) = \boldsymbol{\Phi}(\boldsymbol{x},t) + \boldsymbol{B}\boldsymbol{u}_f(t) + \boldsymbol{E}\boldsymbol{d} \\ \boldsymbol{y}(t) = \boldsymbol{C}\boldsymbol{x}(t) \end{cases} \tag{8-3}$$

式中:$\boldsymbol{u}_f(t)$ 为飞轮故障时的输出,$\boldsymbol{u}_f(t) = \boldsymbol{u}(t) + \boldsymbol{f}(t)$,其中 $\boldsymbol{f}(t)$ 为故障向量函数,$\boldsymbol{f}(t) = [f_1(t), f_2(t), f_3(t)]^{\mathrm{T}}$,$f_i(t)$ $(i = 1, 2, 3)$ 分别对应 X、Y、Z 轴飞轮发生故障时的故障函数;$\boldsymbol{x}(t)$ 为姿态动力学系统的状态变量,$\boldsymbol{x}(t) = [\omega_x, \omega_y, \omega_z]^{\mathrm{T}}$;$\boldsymbol{y}(t)$ 为姿态动力学系统的输出,$\boldsymbol{y}(t) = [\omega_x, \omega_y, \omega_z]^{\mathrm{T}}$;$\boldsymbol{d}$ 为姿态动力学系统的未知干扰向量,$\boldsymbol{d} = [T_{dx}, T_{dy}, T_{dz}]^{\mathrm{T}}$;$\boldsymbol{\Phi}(\boldsymbol{x}(t))$ 为姿态动力学系统的非线性函数项。

系统的输入、输出常系数矩阵以及干扰分布矩阵分别为

$$\boldsymbol{B} = \begin{bmatrix} 1/I_x & 0 & 0 \\ 0 & 1/I_y & 0 \\ 0 & 0 & 1/I_z \end{bmatrix}, \quad \boldsymbol{C} = \begin{bmatrix} 1 & 0 & 0 \\ 0 & 1 & 0 \\ 0 & 0 & 1 \end{bmatrix}, \quad \boldsymbol{E} = \begin{bmatrix} 1/I_x & 0 & 0 \\ 0 & 1/I_y & 0 \\ 0 & 0 & 1/I_z \end{bmatrix}$$

将 $\boldsymbol{u}_f(t) = \boldsymbol{u}(t) + \boldsymbol{f}(t)$ 代入系统姿态动力学方程可得

$$\begin{cases} \dot{\boldsymbol{x}}(t) = \boldsymbol{\Phi}(\boldsymbol{x},t) + \boldsymbol{B}\boldsymbol{u}(t) + \boldsymbol{B}_f\boldsymbol{f}(t) + \boldsymbol{E}\boldsymbol{d} \\ \boldsymbol{y}(t) = \boldsymbol{C}\boldsymbol{x}(t) \end{cases} \tag{8-4}$$

式中:$\boldsymbol{B}_f$ 为飞轮的故障分布矩阵,且有

$$\boldsymbol{B}_f = \boldsymbol{B} = \begin{bmatrix} 1/I_x & 0 & 0 \\ 0 & 1/I_y & 0 \\ 0 & 0 & 1/I_z \end{bmatrix}$$

可将故障分布矩阵划分为 $\boldsymbol{B}_f = [\boldsymbol{B}_{f1}, \boldsymbol{B}_{f2}, \boldsymbol{B}_{f3}]$。

对应于第 i 轴飞轮的故障,可设立未知输入观测器 i,使其对其他轴的飞轮故障鲁棒,而对第 i 轴飞轮故障敏感,即把其他轴飞轮故障视为干扰进行解耦处理。由此可知,总共需要设计 3 个观测器,产生 3 个残差。故障识别的判断逻辑为

$$\left. \begin{array}{l} \|\gamma_i\| > \overline{\varepsilon}_i \\ \|\gamma_j\| \leq \overline{\varepsilon}_j \ (\forall j \neq i) \end{array} \right\} \Rightarrow 第 i 轴的飞轮发生故障 \tag{8-5}$$

将上述非线性系统进一步表述为

$$\begin{cases} \dot{\boldsymbol{x}} = \boldsymbol{A}(\boldsymbol{x}, \boldsymbol{u}) + \boldsymbol{B}_f\boldsymbol{f}(t) \\ \boldsymbol{y} = \boldsymbol{c}(\boldsymbol{x}) \end{cases} \tag{8-6}$$

式中:$\boldsymbol{A}(\boldsymbol{x}, \boldsymbol{u})$ 为系统的非线性函数项,且有

$$A(\boldsymbol{x},\boldsymbol{u})=\boldsymbol{\Phi}(\boldsymbol{x},t)+\boldsymbol{B}\boldsymbol{u}(t)+\boldsymbol{E}\boldsymbol{d}$$

做如下状态变换:

$$z=T(\boldsymbol{x}) \tag{8-7}$$

变换后,原非线性系统变为

$$\dot{T}(\boldsymbol{x})=\frac{\partial T(\boldsymbol{x})}{\partial \boldsymbol{x}}(A(\boldsymbol{x},\boldsymbol{u})+\boldsymbol{B}_f\boldsymbol{f}(t)) \tag{8-8}$$

为使其不受干扰项的影响,只要

$$\frac{\partial T(\boldsymbol{x})}{\partial \boldsymbol{x}}\boldsymbol{B}_f=0 \tag{8-9}$$

这样,只要由式(8-9)确定出合适的变换 $T(\boldsymbol{x})$,就可变换得到干扰解耦后的系统,即

$$\dot{z}=\dot{T}(\boldsymbol{x})=\frac{\partial T(\boldsymbol{x})}{\partial \boldsymbol{x}}A(\boldsymbol{x},\boldsymbol{u}) \tag{8-10}$$

设 $\mathrm{rank}(\boldsymbol{B}_f)=p$,由 Probenius 定理可知,式(8-9)存在 $n-p$ 个独立解,即

$$z_i=T_i(\boldsymbol{x})\,(i=1,2,\cdots,p) \tag{8-11}$$

且独立解存在的充要条件为

$$\mathrm{rank}(\boldsymbol{B}_f[\,\boldsymbol{e}_i(\boldsymbol{x})\,,\boldsymbol{e}_j(\boldsymbol{x})\,])=p\,(i,j=1,2,\cdots,p) \tag{8-12}$$

式中: $\boldsymbol{e}_i(\boldsymbol{x})$ 为 $\boldsymbol{B}_f$ 的第 i 列,且有

$$[\,\boldsymbol{e}_i(\boldsymbol{x})\,,\boldsymbol{e}_j(\boldsymbol{x})\,]=\frac{\partial \boldsymbol{e}_j(\boldsymbol{x})}{\partial \boldsymbol{x}}\boldsymbol{e}_i(\boldsymbol{x})-\frac{\partial \boldsymbol{e}_i(\boldsymbol{x})}{\partial \boldsymbol{x}}\boldsymbol{e}_j(\boldsymbol{x}) \tag{8-13}$$

这样,完整的变换为

$$z=T(x)=\begin{bmatrix} T_1(x) \\ \vdots \\ T_{n-p}(x) \end{bmatrix} \tag{8-14}$$

基于变换后的干扰解耦系统(式(8-10)),可以设计鲁棒观测器,使得其对于原系统的未知输入 d 鲁棒。为了由降维的状态 z 还原出原系统的状态,必然要用到一部分输出信息,即

$$y^*=c^*(\boldsymbol{y}) \tag{8-15}$$

$y^*=c^*(\boldsymbol{y})$ 是 $y=c(\boldsymbol{x})$ 的某个变换,并要求 $c^*(\boldsymbol{y})$ 满足

$$\mathrm{rank}\begin{bmatrix} \dfrac{\partial T(x)}{\partial \boldsymbol{x}} \\ \dfrac{\partial \boldsymbol{c}^*(\boldsymbol{y})\,|_{v=c(\boldsymbol{x})}}{\partial \boldsymbol{x}} \end{bmatrix}=n \tag{8-16}$$

式中: n 为原非线性系统状态变量个数。

基于 z 和 y^*,可以求得逆函数 $\boldsymbol{\Psi}_0$ 满足

$$\boldsymbol{x} = \boldsymbol{\Psi}_0(\boldsymbol{z}, y^*) \qquad (8-17)$$

为了使所设计的观测器收敛,引入反馈量

$$\boldsymbol{R}(T(\boldsymbol{x}), c(\boldsymbol{x})) = 0 \qquad (8-18)$$

鲁棒观测器可设计如下:

$$\dot{\boldsymbol{z}} = \frac{\partial T(\hat{\boldsymbol{x}})}{\partial \boldsymbol{x}} \boldsymbol{A}(\hat{\boldsymbol{x}}, \boldsymbol{u}) + \boldsymbol{H}(\hat{\boldsymbol{x}}, \boldsymbol{u}) \boldsymbol{R}(\hat{\boldsymbol{z}}, \boldsymbol{y}) \Bigg|_{\hat{\boldsymbol{x}} = \boldsymbol{\Psi}_0(\hat{\boldsymbol{z}}, y^*)} \qquad (8-19)$$

观测器的状态估计误差定义为

$$\boldsymbol{e} = \hat{\boldsymbol{z}} - \boldsymbol{z} \qquad (8-20)$$

观测器的残差定义为

$$\boldsymbol{\gamma} = \boldsymbol{R}(\hat{\boldsymbol{z}}, \boldsymbol{y}) \qquad (8-21)$$

残差向量 $\boldsymbol{\gamma} = R(\hat{\boldsymbol{z}}, \boldsymbol{y})$ 可用于故障检测。

2. 仿真分析

以 X 轴飞轮的故障为例,对故障隔离观测器的工作情况进行仿真分析。分别在飞轮未发生故障、飞轮发生增益类型故障、飞轮发生卡死故障时,运行仿真模型。分别观察不同故障模式下 3 个观测器输出的残差。下面给出仿真结果,飞轮未发生故障时故障解耦观测器的输出残差 1、残差 2、残差 3 如图 8-6~图 8-8 所示;飞轮发生增益类型故障时故障解耦观测器的输出残差 1、残差 2、残差 3 如图 8-9~图 8-11 所示;飞轮发生卡死故障时故障解耦观测器的输出残差 1、残差 2、残差 3 如图 8-12~图 8-14 所示。

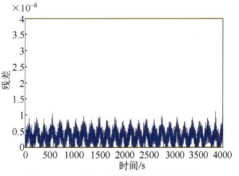

图 8-6　飞轮正常解耦观测器残差 1

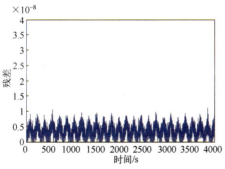

图 8-7　飞轮正常解耦观测器残差 2

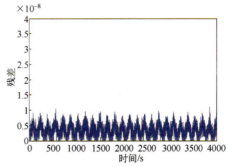

图 8-8　飞轮正常解耦观测器残差 3

On-Orbit Satellite Fault Diagnosis Technology and Application

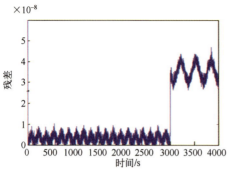

图 8-9　飞轮增益类型故障解耦
观测器残差 1

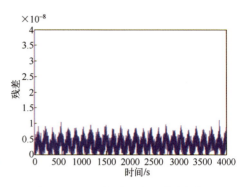

图 8-10　飞轮增益类型故障解耦
观测器残差 2

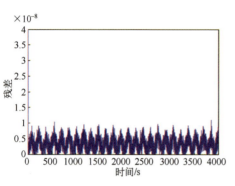

图 8-11　飞轮增益类型故障解耦
观测器残差 3

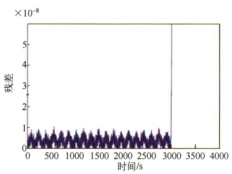

图 8-12　飞轮卡死故障解耦
观测器残差 1

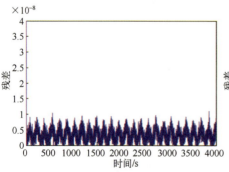

图 8-13　飞轮卡死故障解耦
观测器残差 2

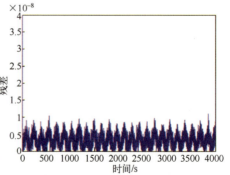

图 8-14　飞轮卡死故障解耦
观测器残差 3

3. 基于残差的神经网络分类

利用上面定量模型产生的残差作为输入,对 BP 神经网络进行训练。BP 神经网络包括三路输出,分别编码,对应正常、飞轮增益故障模式及飞轮卡死故障模式。神经网络包含三层结构,中间层的激励函数选取为 Sigmoid 函数 $f(u)=\dfrac{1}{1+e^{-u}}$;输出选取为线性函数。训练目标如表 8-1 所列。

表 8-1　故障编码输出

输 入 模 式	正　　　常	增 益 故 障	卡 死 故 障
目标输出	[1 0 0]	[0 1 0]	[0 0 1]

通过典型数据的训练,可以获得满足精度要求的神经网络,所获得的神经网络与定量模型一起,构成完整的故障建模分类模型。图 8-15 为无故障情况下神经网络的输出结果,3 路输出为[1 0 0]。

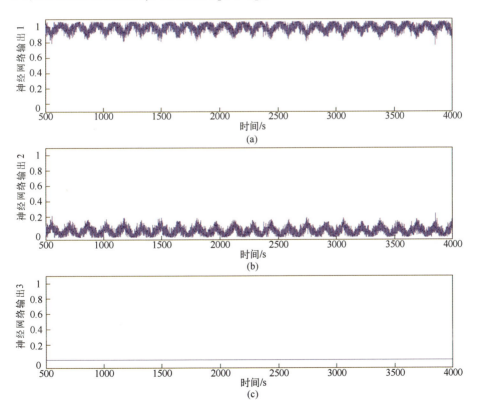

图 8-15　无故障情况下的神经网络输出

On-Orbit Satellite Fault Diagnosis Technology and Application

图 8-16 为卫星在 3000s 发生增益故障时神经网络三路输出结果,可见,3000s 时,输出由开始的无故障模式[1 0 0]变为[0 1 0],表明有飞轮的增益故障发生时,故障诊断结果准确。

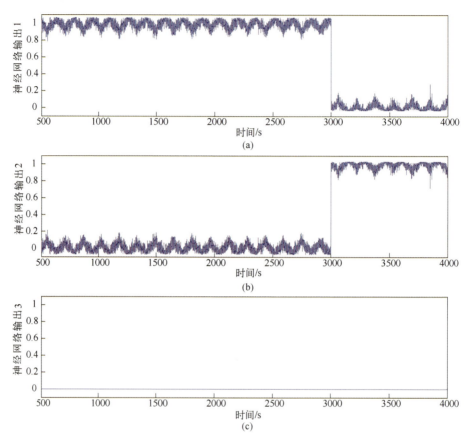

图 8-16　增益故障情况下的神经网络输出

图 8-17 为卫星在 3000s 发生卡死故障时神经网络三路输出结果,可见,3000s 时,输出由开始的无故障模式[1 0 0],开始发生变化,表明有故障发生。但三路结果并没有立刻稳定。经过一段时间后,三路输出稳定,变为[0 0 1],表明有飞轮发生了卡死的故障,故障诊断结果准确。

通过以上实例验证可以看到,单独利用基于定量模型的方法仅仅能够实现故障的检测和隔离,即给出系统发生了故障,以及哪一个飞轮发生了故障,但并不能判断飞轮发生了哪种故障。通过将其与神经网络结合,能够有效地对飞轮的具体故障类型进行识别。

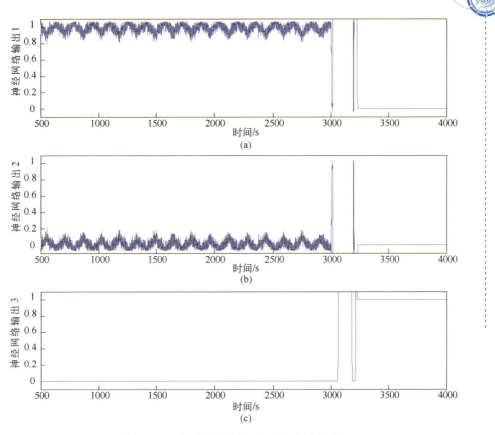

图 8-17　卡死故障情况下的神经网络输出

8.4　残差分析与规则推理融合诊断

采用定量模型方法产生的残差是定量诊断方法的检测量,理想情况下,残差仅反映了故障的影响,从幅值上考虑,故障的出现会引起残差超出阈值;而且不同的故障往往具有不同的故障表现,即它们所引起的残差的变化规律也不同。如果能够将残差的变化规律定性化特征提取,则有可能探索不同的故障类型与相应残差变化规律间的映射关系,从而为具体故障类型的辨识提供依据。

本节给出了基于残差分析的故障建模方法,通过分析和处理残差获得定性残差特征量,并利用粗糙集理论进行知识挖掘,提取诊断规则,这些离线得到的诊断规则就可以进行在线的故障辨识。最后,将残差分析的方法应用于卫星姿控系统,研究了执行器三类故障的诊断规则提取及诊断问题。

8.4.1 理论基础

1. 粗糙集理论的基本原理

1) 信息和决策系统

在粗糙集理论中,知识是以一张二维表格的形式表示的,称作信息表。在信息表中,对象的知识是通过对象的属性以及它们的属性值来描述的。信息表的每一行代表一个对象,每一列代表对象的一个属性,对象与属性的交汇点就是该对象在该属性上的属性值。通常,这样的信息系统可以记作 $S = <U, A>$。其中:U 是对象的有限非空集合,也称为论域;A 是属性的有限非空集合,也称为属性集合,且满足对于任意 $a \in A$,存在 $a : U \rightarrow V_a$,其中,V_a 是属性 a 可能取值的集合(a 的值域)。如果一个信息系统的属性 A 满足 $A = C \cup D$ 且 $C \cap D = \varnothing$,则该系统为决策系统(相应的信息表称为决策表),其中 C 为条件属性集合,D 为决策属性集合。

2) 不可分辨关系

对于每个属性子集 $P \subseteq A$,可以定义一个不可分辨二元关系 $\mathrm{IND}(P)$:

$$\mathrm{IND}(P) = \{(x,y) \in U^2 \mid \forall a \in P, a(x) = a(y)\} \tag{8-22}$$

不可分辨关系 $\mathrm{IND}(P)$ 是一个等价关系且 $\mathrm{IND}(P) = \bigcap_{a \in P} \mathrm{IND}(\{a\})$。两个对象是等价的,当且仅当对于集合 P 中的所有属性,它们都具有相同的属性值。因此,根据属性集 P 得到的等价关系表明,对象在这些属性上取值相同,不可分辨。一个信息表可以看作由属性集合所定义的等价关系族(知识库),属性所定义的等价关系可以体现论域中的逻辑关系或者规则知识。

根据不可分辨关系 $\mathrm{IND}(P)$ 可以确定一个对 U 的划分,记作 $U/\mathrm{IND}(P)$ 或者 U/P,它是由 $\mathrm{IND}(P)$ 产生的等价类的集合,也称为基本集:

$$U/P = \otimes\{U/\{a\} \mid a \in P\} \tag{8-23}$$

式中:$A \otimes B = \{X \cap Y \mid \forall X \in A, \forall Y \in B, X \cap Y \neq \varnothing\}$。如果 $(x,y) \in \mathrm{IND}(P)$,则 x 和 y 根据 P 中的属性是不可分辨的。对于 $x \in U$,称 $[x]_P$ 为包含对象 x 的 P 等价类:

$$[x]_P = \{y \in U \mid (x,y) \in \mathrm{IND}(p)\} \tag{8-24}$$

3) 粗糙集与近似集

设 $X \subseteq U$ 为一个对象集,当 X 为某个 P 基本集或可由某些 P 基本集的并构成时,称 X 是 R 可定义的,也称为 P 精确集;否则,称 X 是 R 不可定义的,也称为 P 粗糙集。对于粗糙集,可以使用两个精确集(上近似集和下近似集)来近似地描述。具体地说,根据属性集 P,X 可以通过构造关于 P 的下近似和上近似来描述,下近似 $\underline{P}X$ 和上近似 $\overline{P}X$ 定义如下:

$$PX = \{x \mid [x]_P \subseteq X\}$$
$$\overline{PX} = \{x \mid [x]_P \cap X \neq \varnothing\} \qquad (8-25)$$

设 $P, Q \subset A$，则 Q 的 P 正域定义为

$$\mathrm{POS}_P(Q) = \bigcup_{X \in U/Q} PX \qquad (8-26)$$

Q 和 P 所具有的依赖关系可以由依赖度 $k(0 \leqslant k \leqslant 1)$ 刻画，其定义为

$$k = \gamma_P(Q) = \frac{|\mathrm{POS}_P(Q)|}{|U|} \qquad (8-27)$$

式中：$|S|$ 代表集合 S 的基数。依赖度 k 反映了知识 P 和知识 Q 间的依赖程度，可以衡量 $U/\mathrm{IND}(P)$ 对 $U/\mathrm{IND}(Q)$ 的划分质量。

2. 残差分析方法

基于残差分析的故障建模方法是传统基于解析模型方法在残差评估阶段的扩展，它是一种对观测器残差进行深入分析处理，提取定性特征量，并应用粗糙集理论得到诊断规则的方法，进而实现故障检测后具体故障类型的辨识。该方法包括诊断规则的提取流程和故障辨识的流程两个主要流程。诊断规则的提取是离线进行的，目的是获得并存储辨识故障所需的诊断规则。故障辨识是在线进行的，目的是利用离线获得的诊断规则对当前系统所发生的具体故障类型进行判断。图 8-18 所示的残差分析方法框图给出了诊断规则提取和故障辨识的流程，其中残差产生和残差处理是这两个流程的共用部分。

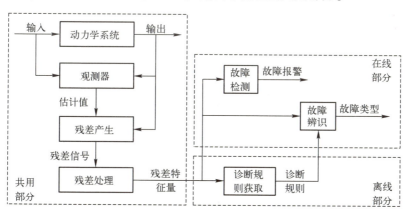

图 8-18　残差分析方法框图

残差的产生是通过基于定量模型的方法实现的，为了使残差对某一特定部件的故障敏感，采用奉献观测器的残差产生策略来设计一组观测器。这样，所得到的每一个残差仅对某一部件的故障敏感，该残差是该故障部件的故障征兆，故障的发生将引起残差的变化，并且不同的故障类型所引起的残差的变化

形态不同,所以根据残差的不同表现有可能对不同的故障类型进行区分,于是可以将残差作为后续分析和处理的基础。

理想情况下,残差仅表达了故障对系统的影响,然而,实际系统的扰动、不确定性、噪声等也会体现在残差中,从而使残差包含了各种成分,如由扰动所引起的趋势成分、白噪声等平稳成分等。这些成分代表了残差所具有的不同特性,为把这些特性表达出来,就需要进行残差处理。残差处理就是通过时间序列分析的方法从非平稳的残差信号中提取残差定性特征量,这些特征量分别表达了残差所具有的不同特性,而且不同类型的故障可能选择性地引起残差的某些特性发生显著变化,从而反映在相应的残差特征量中。因此,残差特征量的变化为诊断规则的提取提供了直接信息。

残差处理得到的残差特征量是不精确和不完全的,鉴于粗糙集理论是研究和利用不完备信息的有效工具,所以采用粗糙集理论对残差特征量中所蕴含的诊断知识进行挖掘,以提取有效的诊断规则。为了应用粗糙集理论提取诊断规则,首先将残差特征量以适当的表示形式进行表达,这里采用属性和属性值来对其进行表达;其次由于这些属性对于诊断规则的生成具有不同的重要性,真正体现故障属性的可能只有其中少数几个,对此可以通过约简算法过滤无关的属性;最后利用约简后的属性,生成诊断规则。这些诊断规则离线获取后,就可以用于在线的故障辨识。

故障检测和故障辨识均是在线进行的。故障检测是指利用残差特征量进行限值监测,任何一个特征量超出了其相应的阈值,都表明发生了故障,但具体的故障类型判断则由故障辨识完成。故障辨识是指根据离线得到的诊断规则,对当前残差特征量的处理结果进行匹配,从而确定具体的故障类型。

8.4.2 残差分析与规则推理融合诊断的技术方法

1. 残差产生及处理

基于残差分析的故障建模方法,在残差产生阶段设计一组故障隔离观测器来产生结构化的残差,使得残差对于当前的被诊断执行器故障敏感,为了实现这一目的,残差产生框图如图8-19所示。对于每个执行器的故障,需要设计一个故障隔离观测器,使得残差对于其他执行器的故障解耦,而只对当前的被诊断执行器故障敏感,即通过设计一组相应的故障隔离观测器实现所有故障执行器的隔离。

在产生残差的基础上,需要对残差进行处理(图8-20),具体过程如下:

(1)周期图分析:首先通过周期图的方法确定残差中隐含的主要周期成分,然后应用周期差分法消除周期成分,获得一个新的特征量。如果该特征量仍然包含明显的周期成分,则可以根据新识别的周期再次进行周期差分。

（2）差分处理:一阶差分能够有效地消除线性趋势或者常量。在判断周期成分和进行周期差分基础上,进行一次一阶差分,所获得的这个新的特征量对于噪声成分敏感,而且可揭示由不同故障所引起的残差演化的差异。

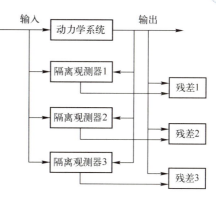

图8-19 残差产生框图

（3）移动平均处理:针对残差采用移动平均的处理方法,所获得的新特征量可以表达残差在每相同时间间隔内的均值变化。在判断残差的主要周期后,选择该周期点数作为计算移动平均的时间间隔,它消除了周期成分和噪声。如果所得的特征量不够平滑,则可以再次应用周期移动平均方法。

（4）移动均方处理:由移动均方处理方法获得表征残差能量的特征量,所得的该特征量表达了残差在相继的每段相同时间间隔内能量的变化。如果残差中有周期成分,则以该周期作为计算的时间间隔。

（5）周期图:用来揭示信号的周期行为,识别隐含在其中的潜在周期成分。给定时间序列 $\{z(t)\}$,$(t=1,2,\cdots,N)$,可以定义周期图为

$$I(\omega_j) = \frac{1}{N} \left| \sum_{t=1}^{N} z(t) \mathrm{e}^{-2\pi i\omega_j t} \right|^2 \quad j = 0,1,\cdots,N-1 \qquad (8-28)$$

式中:$\omega_j = j/N$ 为基本频率,相应的周期定义为 $1/\omega_j$。周期图表明了不同频率组成成分的强度,$I(\omega_j)$ 的值越大,该频率成分越主要。这样,可以由此确定残差序列的主要周期成分。

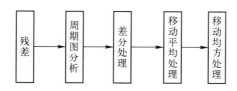

图8-20 残差处理过程

2. 残差特征量的定性化处理

残差特征量的定性化处理就是将残差特征量与相应的阈值进行比较,由阈值区分 0、1 两种离散的状态,来定性的表达特征量的变化情况,从而使粗糙集理论可以利用这些定性特征量来挖掘诊断规则。这一过程包括残差特征量的

阈值确定和残差特征量的预处理。

1）残差特征量的阈值确定

残差处理所获得的残差特征量一方面为故障的辨识提供了依据，另一方面可以作为故障的检测量。任意一个特征量所发生的有别于其在无故障状态下的变化都表明了故障的发生。因此，可以对每一个残差特征量分别设定阈值并进行限值监测，当特征量超过阈值时，有故障，反之，则无故障。

对于强噪声的环境（以高斯白噪声为例，设其均值为 μ，方差为 σ^2），一般采用统计相关理论设定阈值。根据 3σ 原则，此时阈值可以选取为 $\mu+\upsilon\sigma$，其中 $\upsilon \geq 3$。对于弱噪声环境，一般考虑范数相关理论选取阈值，如无故障状态下特征量的最大值为 ρ，则为了避免误报，可以采用 $(1+\alpha)\rho$ 作为阈值，其中裕度 $\alpha>0$。以上两种确定阈值的策略应根据相应的特征量类型进行合理的选择。

2）残差特征量的预处理

为了运用粗糙集理论获取诊断规则，知识准备是关键的步骤。知识准备就是构建故障案例和案例中可用于表示知识的属性，知识准备的结果就是创建用于后续诊断规则获取的决策表。

将残差处理阶段所得到的残差特征量作为提取诊断规则所需的原始知识。由于知识的表现形式依赖于算法的选择，为了应用粗糙集理论，首先需要对残差特征量进行预处理，以获得粗糙集算法可以利用的信息表。

各个残差特征量分别描述了残差所具有的不同特性，而不同类型的故障往往引起与之对应的某些特征量的变化。对于特征量变化的描述一般包括其是否超出阈值范围以及其变化规律如何，超出阈值可以表明特征量发生了变化，然而此种方法对于变化情况的揭示并不全面。为了在一定程度上揭示特征量的变化情况，选取两个特征来对每个特征量进行刻画：第一个属性是当故障发生时残差特征量的取值；第二个属性是当故障完全显现（故障的影响趋于平稳）后残差特征量的取值。由于残差特征量的提取过程中利用了周期差分的方法，这个周期时间间隔作为残差处理的过程，对应了一个调整期，那么从故障发生起再经过一个调整期后，完整的故障影响开始在残差特征中体现。所以第二个特征属性可以在故障发生的一个调整期后进行确定。

为了将残差预处理的结果应用于粗糙集理论，决策表中的属性要求表达为离散形式。为此，当残差特征量的取值超过阈值时，离散化的结果为 1；当特征量的取值小于阈值时，离散化的取值结果为 0。此外，还需要考虑知识与推理的分离，即诊断推理算法不应与具体知识挂钩，为此可以将特征属性按照字母的顺序进行编码。

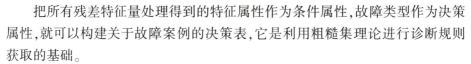

把所有残差特征量处理得到的特征属性作为条件属性,故障类型作为决策属性,就可以构建关于故障案例的决策表,它是利用粗糙集理论进行诊断规则获取的基础。

3. 诊断规则的获取

由残差处理阶段获得的残差特征量能够反映残差所具有的不同信息。然而,这些特征是不精确、不完全的。由于粗糙集理论是研究和利用不完备知识的有效工具,因此本部分研究如何利用粗糙集理论对残差特征量中所蕴含的诊断知识进行挖掘,并在此基础上进行有效诊断规则的提取。

为了应用粗糙集理论提取诊断规则,首先需要将残差特征量预处理的结果以适当的知识表示形式进行表达,这里知识是用属性和属性值来描述的;其次由于这些属性对于故障规则的形成具有不同的重要性,真正体现故障的属性可能只有其中的少数几个,为此需要通过约简算法过滤无关的属性;最后利用所获得的约简后的分类知识推导出诊断规则。以下在介绍粗糙集基本原理的基础上,对提取诊断规则涉及的主要内容进行说明。

1) 特征属性的约简

由于所构造的决策表中各种特征属性并非同等重要,因此其中往往存在冗余和无效的属性。将所有特征属性都认为有用,会增大处理量,并且影响人们做出正确而简洁的决策。对于特定故障的识别,可能只有某一特征属性子集是有用的,为此就需要对特征属性进行约简。特征属性约简是在保持决策表分类能力不变的条件下,去除其中冗余和不必要的特征属性。这一过程可以通过粗糙集的属性约简算法来实现。

将决策表的条件属性用集合 $C=\{a_i|i=1,\cdots,m\}$ 表示;决策属性用集合 $D=\{d\}$ 表示。约简被定义为条件属性集 C 的一个最小的子集 R,它满足对于任意给定的决策属性集 D,存在 $\gamma_R(D)=\gamma_C(D)$;同时,R 是最小子集,即 R 满足对于任意 $a\in R$,有 $\gamma_{R-\{a\}}(D)\neq\gamma_R(D)$ 成立。可见,在不影响决策表决策属性和条件属性之间依赖关系的前提下,已经没有可以被从 R 中移除的属性。这个最小的属性子集可能未必是全局最小的(具有最小的基数),而且对于给定的决策表约简也未必是唯一的。所有约简的集合定义为

$$R_{all}=\{Y|Y\subseteq C,\gamma_R(D)=\gamma_C(D),\gamma_{R-\{a\}}(D)\neq\gamma_R(D),\forall a\in R\} \quad (8-29)$$

通过决策表的属性约简可以获得对于故障决策起到重要作用的特征属性。目前已经提出了多种属性约简的算法,如快速约简算法、归纳约简算法等。在此简单介绍基于可辨识矩阵的约简方法。决策表 $<U,C\cup D>$ 的可辨识矩阵是一个对称的 $|U|\times|U|$ 矩阵,它的第 i 行第 j 列元素 C_{ij} 定义为

$$c_{ij} = \begin{cases} \{a \in C \,|\, a(x_i) \neq a(x_j)\}, & d(x_i) \neq d(x_j) \\ \varnothing, & d(x_i) = d(x_j) \end{cases}, \quad i,j = 1, \cdots, |U| \quad (8\text{-}30)$$

可见,可辨识矩阵是一个主对角线对称的矩阵,属性约简时,只考虑其上(下)三角即可。当故障类型 x_i 和 x_j 不同时,相应的元素 C_{ij} 包含了可以用于区分这两个故障类型的所有特征属性。当故障类型相同时,元素的取值为空集。

根据可辨识矩阵可以构造可辨识函数。函数 f_D 是一个布尔函数,它具有 m 个布尔变量 $a_1^*, a_2^*, \cdots, a_m^*$(相应于特征属性 $a_1, a_2, \cdots, a_m$),其定义为

$$f_D(a_1^*, a_2^*, \cdots, a_m^*) = \wedge \{\vee c_{ij}^* \,|\, 1 \leqslant j \leqslant i \leqslant |U|, c_{ij} \neq \varnothing\} \quad (8\text{-}31)$$

式中:$c_{ij}^* = \{a^* \in c_{ij}\}$,将可辨识函数从合取范式形式转换为析取范式形式,析取范式中的每个合取项就对应了一个属性约简的结果。利用可辨识函数可以确定所有的属性约简。

2) 诊断规则表达

经过属性约简后得到的规律性的决策分类知识,通常采用决策规则的形式记录。规则可以表示为 $A \Rightarrow B$ 的形式,即"IF A,THEN B",它表达了 A 到 B 的因果关系。其中 A 为规则前件,其所包含的原子公式中只有条件属性;B 为规则后件,其所包含的原子公式中只有决策属性。

3) 诊断规则的获取流程

根据残差特征量获取最终诊断规则的处理流程包含三个主要步骤:基于特征量的知识准备;决策表约简;诊断规则生成。知识准备的目的是根据残差特征量生成决策表,包括属性选择(残差特征量的特征属性作为条件属性,故障类型作为决策属性)、属性编码和属性值离散化(特征属性的取值超过阈值为1,否则为0)。

决策表约简则是对所获等的原始决策表采用属性约简算法去掉不必要的特征属性。

诊断规则生成即根据约简后的属性集合得到规律性分类知识,并表示为决策规则的形式。由于约简的结果可能不唯一,因此通常选取包含最小属性数目的约简。在此基础上,需要考虑进一步的属性值约简,具体为:首先构造精简的决策表以及相应的可辨识矩阵;根据该可辨识矩阵的每一列,求取一个属性值约简可辨识函数,并将其转换为析取范式的形式以得到属性值约简结果;由约简后的属性总结分类规则,即可获得形如 $A \Rightarrow B$ 的故障诊断规则,并可对诊断规则表达的意义做出解释说明。

诊断规则获取的简要流程如下:

(1) 建立原始故障诊断决策表 A。

（2）根据实际问题的特点，选择一种离散化的方法，进行连续属性离散化和定性属性的离散化，得到离散化的故障诊断决策表 B。

（3）计算条件属性集 C 对决策属性 D 的正域 $POS_C(D)$。

（4）计算表 B 中每个属性对决策属性 D 的正域，并按照正域的大小降序排序，形成属性集 C'，同时需要记下每个属性的正域的大小。

（5）设故障特征子集为 $F=\{\cdot\}$。

（6）从属性集 C' 中选择当前正域最大的属性 a，计算 $POS_{F \cup a}(D)$，在当 $POS_{F \cup a}(D) = POS_C(D)$ 时，$F = F \cup a$，$C' = C' - a$ 转入（8），如果不相等，则转入（7）。

（7）判断属性集 C' 中是否有和选取的属性 a 的正域一样大的属性 a_i，如有一个或多个，则依次计算 $POS_{F \cup a_i}(D)$，并选择 $POS_{F \cup a_i}(D)$ 最大的那个属性 a_i，$F = F \cup a_i$，$C' = C' - a_i$，然后转入（6）；如果没有，则 $F = F \cup a$，$C' = C' - a_i$，则转入（6）。

（8）输出故障特征子集 F。

8.4.3 残差分析与规则推理融合诊断示例

本节以卫星姿控系统为研究对象，将所提出的方法应用于执行器故障诊断规则的提取及诊断。主要涉及执行器的突变、缓变、噪声增大三种典型故障。表 8-2 为针对这三种执行器故障所设置的 6 组故障案例，以及相应的故障参数。故障案例 1、2 为突变性故障，一般是由摩擦力矩增大所造成的；故障案例 3、4 为缓变性故障，一般可归结为由老化或磨损等原因所引起；故障案例 5、6 为振动噪声增大故障，由于动量轮是由电机进行驱动的旋转部件，电磁干扰、保持架不稳定等因素可能会引起动量轮运行中的振动噪声增大故障。

表 8-2 执行器故障案例说明

执行器故障	故障函数 $f(t)$	$f(t)$ 的描述	量值
案例 1	$f_1(t) = -\Delta_1$	突变性故障，Δ_1 为某常量	$\Delta_1 = 3 \times 10^{-5}$
案例 2	$f_2(t) = -\Delta_2$	突变性故障，Δ_2 为某常量	$\Delta_2 = 6 \times 10^{-5}$
案例 3	$f_3(t) = -k_{1r}(t-t_f)$	缓变性故障，k_{1r} 为缓变的斜率	$k_{1r} = 1 \times 10^{-7}$
案例 4	$f_4(t) = -k_{2r}(t-t_f)$	缓变性故障，k_{2r} 为缓变的斜率	$k_{2r} = 5 \times 10^{-7}$
案例 5	$f_5(t) = \varepsilon_1(t)$	噪声增大故障，$\varepsilon_1(t)$ 均值为 0，方差为 σ_1^2	$\sigma_1^2 = 3 \times 10^{-10}$
案例 6	$f_6(t) = \varepsilon_2(t)$	噪声增大故障，$\varepsilon_2(t)$ 均值为 0，方差为 σ_2^2	$\sigma_2^2 = 6 \times 10^{-10}$
注：故障时间 $t_f = 3000s$			

1. 残差产生结果

根据所提方法,在残差产生阶段设计三个隔离观测器,并行运行。这三个隔离观测器分别对 X 轴、Y 轴和 Z 轴的执行器故障敏感,观测器的具体设计方法参见 8.3.2 节。以 X 轴执行器为例进行研究,当 X 轴执行器无故障时,隔离观测器 1 产生的残差如图 8-21 所示。

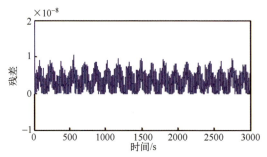

图 8-21   无故障状态下的观测器残差

由图 8-21 可见,由于系统中未建模扰动、噪声等不确定性的影响,即使在无故障情况下,残差仍然是不为零的。以无故障情况下残差的最大值作为阈值,当 X 轴执行器发生表 8-2 所列的 6 个故障时,相应的残差如图 8-22 所示。可见,在各种故障情况下,残差的表现是不同的。

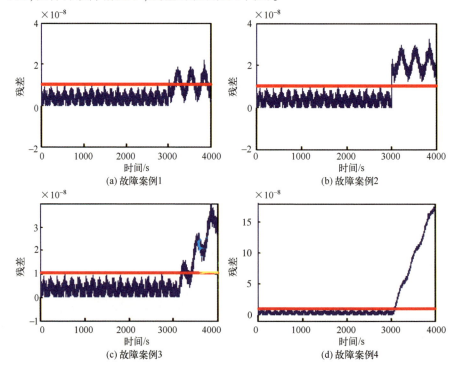

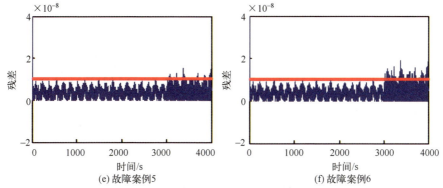

图 8-22　发生故障情况下的观测器残差

2. 残差处理结果

为了对无故障的残差进行分析,提取残差中的特征量,首先根据周期图分析的方法判断残差中所隐含的周期成分。由于仿真计算时步长已知,根据式(8-28)计算可得周期,周期/步长可得隐含周期点数,隐含周期点数 $T=3165$ 可以计算四个残差特征量。表 8-3 列出残差处理得到的四个特征量及其所采取的处理方法。特征量 1 为针对原始残差序列计算周期 $T=3165$ 的周期差分;特征量 2 为针对特征量 1 的序列进行的一阶差分;特征量 3 为原始残差序列计算周期 $T=3165$ 的移动平均;特征量 4 为原始残差序列计算周期 $T=3165$ 的移动均方。

表 8-3　残差处理得到的四个特征量

残差特征量	处理方法	描述
特征量 1	周期差分	计算周期为 T 的周期差分
特征量 2	一阶差分	周期差分基础上计算一阶差分
特征量 3	移动平均	以周期点数 T 计算移动平均
特征量 4	移动均方	以周期点数 T 计算移动均方

图 8-23 给出了无故障残差信号经过处理所得到的四个特征量。

对于每个特征量分别设定一个阈值,则可根据相应特征量对故障进行检测。这些阈值是根据无故障情况下的残差特征量计算得到的。其中,由于特征量 1 和特征量 2 加强了噪声的影响,所以采用 3σ 监测方法,依据无故障情况下的特征量 1 和特征量 2,求取其均值 μ 和方差 σ^2,并设定阈值为 $\mu+\upsilon\sigma$。对特征量 3 和特征量 4 采用最大值的监测方法,即求取无故障情况下特征量 3 和特征量 4 的最大值 ρ,并设定阈值为 $(1+\alpha)\rho$。表 8-4 列出了计算得到的四个特征量的阈值。

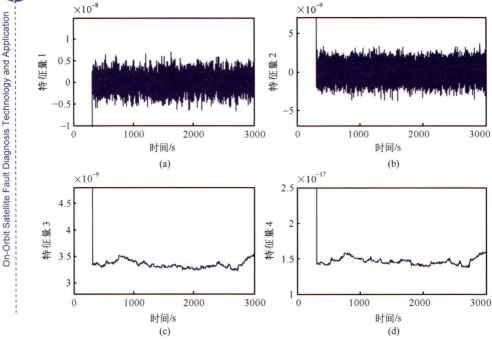

图 8-23 无故障状态下的残差特征量

表 8-4 四个特征量的阈值

特征量	特征参数(均值 μ ,方差 σ^2 ,最大值 ρ)	阈值($\nu = 3$, $\alpha = 5$)
1	$u_1 = 2.052 \times 10^{-11}$, $\sigma_1 = 1.743 \times 10^{-9}$	$th_1 = 5.251 \times 10^{-9}$
2	$u_2 = 1.789 \times 10^{-13}$, $\sigma_2 = 9.213 \times 10^{-10}$	$th_2 = 2.764 \times 10^{-9}$
3	$\rho_3 = 3.536 \times 10^{-9}$	$th_3 = 3.713 \times 10^{-9}$
4	$\rho_4 = 1.589 \times 10^{-17}$	$th_4 = 1.668 \times 10^{-17}$

　　针对故障案例1~6,采用上述处理方法,分别获得相应的四个特征量,处理结果如图8-24~图8-29所示。将每个特征量与相应阈值比较,可以分别获得故障的检测结果,将最早检测到故障的时间作为最终的故障检测时间。例如,故障案例1中,特征量1、特征量3、特征量4均能检测到故障,相应的故障检测时间分别为3006s、3018s、3010s,所以最终的故障检测时间为3006s。相比于观测器残差的限值监测方法在3011s检测到故障,采用特征量的检测方法有利于更早发现故障。表8-5列出了各个特征量检测得到的检测结果。

表 8-5 各特征量检测得到的检测结果

故障案例	各个特征量的故障检测时间/s				故障检测时间/s
	特征量 1	特征量 2	特征量 3	特征量 4	
1	3006	—	3018	3010	3006
2	3001	—	3005	3002	3001
3	3139	—	3192	3180	3139
4	3074	—	3099	3089	3074
5	3013	3005	—	3089	3005
6	3009	3002	3130	3038	3002

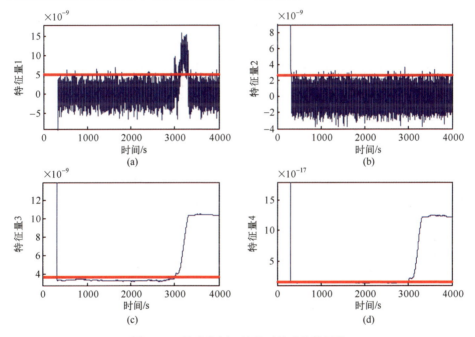

图 8-24 故障案例 1 情况下的残差特征量

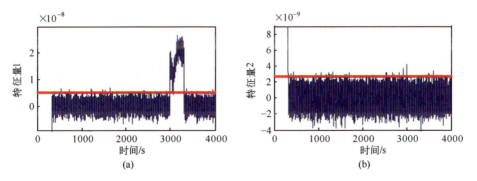

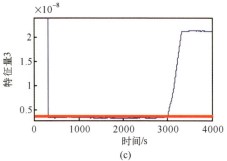
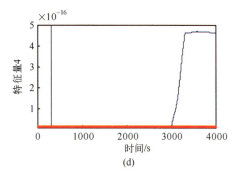

图 8-25　故障案例 2 情况下的残差特征量

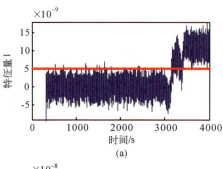
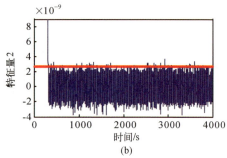

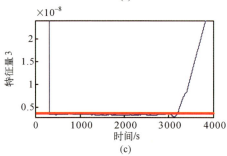
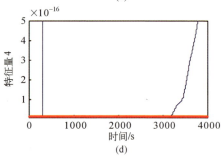

图 8-26　故障案例 3 情况下的残差特征量

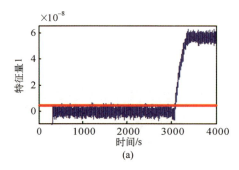
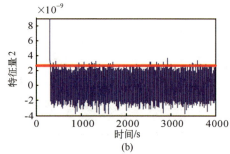

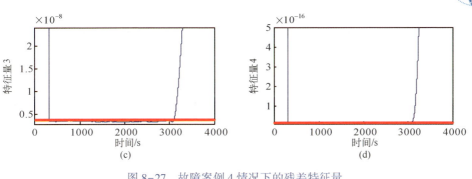

图 8-27　故障案例 4 情况下的残差特征量

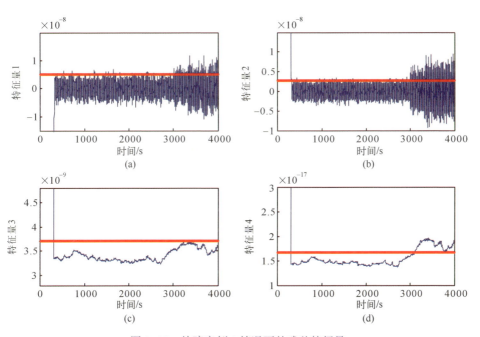

图 8-28　故障案例 5 情况下的残差特征量

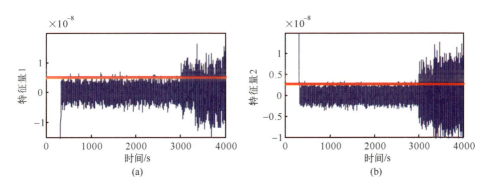

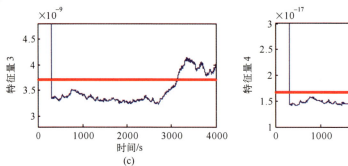
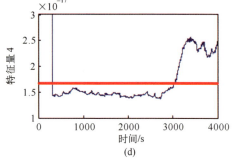

图 8-29　故障案例 6 情况下的残差特征量

3. 诊断规则获取结果

对于每个特征量计算两个特征属性,以表达该特征量受故障影响所产生的变化:第一个属性选为故障发生初期特征量的取值,记其为 VD 属性;第二个属性为故障完全显现后特征量的取值,记其为 VT 属性。具体规定:从检测到故障时刻起的一个处理周期内,若特征量超出过阈值则 VD = 1,否则 VD = 0;从检测到故障时刻起的一个处理周期后,若特征量超出阈值则 VT = 1;否则 VT = 0。由此,4 个特征量可以获得 8 个特征属性,对它们进行编码,如表 8-6 所列。

表 8-6　特征属性编码

编　码	a	b	c	d
特征属性	特征量 1 的 VD	特征量 1 的 VT	特征量 2 的 VD	特征量 2 的 VT
编　码	e	f	g	h
特征属性	特征量 3 的 VD	特征量 3 的 VT	特征量 4 的 VD	特征量 4 的 VT

将故障类型作为决策属性 D,并编码三种故障类型分别为 1、2、3:突变类型故障,则 $D = 1$;缓变类型故障,则 $D = 2$;噪声增大类型故障,则 $D = 3$。以 6 个故障案例的仿真数据作为研究对象,将 8 个残差特征属性作为条件属性,则可构造关于故障类型 D 的决策表见表 8-7,其中重复记录信息已删除。

表 8-7　故障决策表

故障案例	a	b	c	d	e	f	g	h	故障类型 D
1	1	0	0	0	1	1	1	1	1
3	1	1	0	0	1	1	1	1	2
5	1	1	1	1	0	0	1	1	3
6	1	1	1	1	1	1	1	1	3

通过基于可辨识矩阵的属性约简算法对决策表进行属性约简。首先计算原始决策表的可辨识矩阵,由于属性约简的可辨识函数是对所有非空元素进行合取运算,而可辨识矩阵是一个以主对角线对称的矩阵。所以,只计算下三角阵的元素即可,计算结果如表8-8所列。

表8-8 属性约简的可辨识矩阵

	1	3	5	6
1	$\varnothing$			
3	b	$\varnothing$		
5	c,d,e,f	c,d,e,f	$\varnothing$	
6	b,c,d	c,d	$\varnothing$	$\varnothing$

根据可辨识矩阵,可以得到如下用于属性约简的可辨识函数:

$$f_D(a^*,b^*,c^*,d^*,e^*,f^*,g^*)$$
$$= b^* \wedge (c^* \vee d^* \vee e^* \vee f^*) \wedge (b^* \vee c^* \vee d^*) \wedge (c^* \vee d^* \vee e^* \vee f^*) \wedge (c^* \vee d^*)$$
$$= b^* \wedge (b^* \vee c^* \vee d^*) \wedge (c^* \vee d^*) \qquad (8\text{-}32)$$
$$= b^* \wedge (c^* \vee d^*)$$
$$= (b^* \wedge c^*) \vee (b^* \wedge d^*)$$

因此,得到的属性约简为$\{b,c\}$和$\{b,d\}$。可见属性约简的结果并不唯一,$\{b,c\}$和$\{b,d\}$均为挖掘诊断规则所需的最小属性集合。在此,可以根据特征属性的获取难易程度选择合适的约简结果。以属性集$\{b,d\}$为例,进一步考虑值约简以删除对于提取规则无关的属性值。根据约简属性得到的精简决策表见表8-9,相应的可辨识矩阵见表8-10。

表8-9 精简故障决策表

故障案例	b	d	故障类型 D
1	0	0	1
3	1	0	2
5	1	1	3
6	1	1	3

表8-10 值约简的可辨识矩阵

	$\varnothing$	3	5	6
1	$\varnothing$	b	b,d	b,d
3	b	$\varnothing$	d	d
5	b,d	d	$\varnothing$	$\varnothing$
6	b,d	d	$\varnothing$	$\varnothing$

为了应用基于可辨识矩阵的属性值约简算法,需要根据可辨识矩阵构造 4 个可辨识函数,分别利用可辨识矩阵的每一列元素求合取,结果如下:

$$f_{D1}(b^*,d^*)=b^* \wedge (b^* \vee d^*) \wedge (b^* \vee d^*)=b^* \qquad (8-33)$$

$$f_{D3}(b^*,d^*)=b^* \wedge d^* \wedge d^*=b^* \wedge d^* \qquad (8-34)$$

$$f_{D5}(b^*,d^*)=(b^* \vee d^*) \wedge d^*=d^* \qquad (8-35)$$

$$f_{D6}(b^*,d^*)=(b^* \vee d^*) \wedge d^*=d^* \qquad (8-36)$$

综上所述,获得的诊断规则如下:

(1) $(b=0) \Rightarrow (D=1)$;

(2) $(b=1) \cap (d=0) \Rightarrow (D=2)$;

(3) $(d=1) \Rightarrow (D=3)$。

以上诊断规则的意义如下:

(1) 若特征量 1 在故障完全显现后小于阈值,则执行器发生突变故障;

(2) 若特征量 1 在故障完全显现后大于阈值且特征量 2 在故障完全显现后小于阈值,则执行器发生缓变故障;

(3) 若特征量 2 在故障完全显现后大于阈值,则执行器发生噪声增大故障。

诊断规则离线获取后,就可以利用它对执行器进行在线的故障辨识,为此,以执行器发生突变故障和缓变故障为例进行验证。假设 a 故障为突变故障,b 故障为缓变故障,它们的故障参数分别为 $\Delta=9\times10^{-5}$ 和 $k_r=8\times10^{-7}$,并假定两故障均发生在 $t_f=3300\text{s}$。两个故障情况下产生的残差曲线如图 8-30 所示,残差处理得到的特征量曲线分别如图 8-31 和图 8-32 所示。

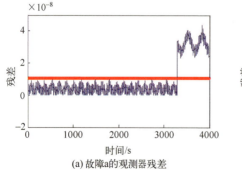
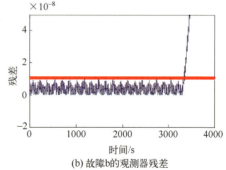

(a) 故障a的观测器残差　　　　　　(b) 故障b的观测器残差

图 8-30　故障 a 和故障 b 情况下的观测器残差

根据图 8-31 和图 8-32 中的特征量 1 可以分别在 3301s 和 3337s 检测到故障,在此基础上采用离线确定的诊断规则进行故障辨识。由于 a 故障的特征量 1 在故障完全显现后小于阈值,所以其为突变故障;b 故障的特征量 1 在故障完全显现后大于阈值,且特征量 2 在故障完全显现后小于阈值,所以其为缓变故障。可见,根据所提取的诊断规则可以正确的辨识这两种故障。

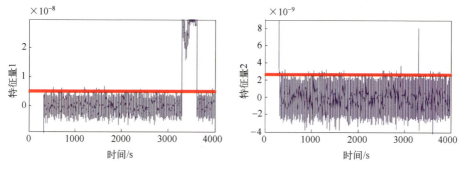

图 8-31　故障 a 情况下的残差特征量

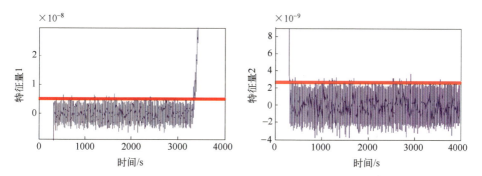

图 8-32　故障 b 情况下的残差特征量

8.5　定量模型与历史数据融合诊断方法

　　本节介绍模型驱动和数据驱动相结合的故障检测方法,它扩展了传统的基于解析模型的故障诊断方法,将智能技术与传统的基于解析模型的故障诊断方法加以结合。所提出的混合诊断模型由名义模型和补偿模型两部分组成。名义模型是一组观测器,它们被设计用来产生残差,并同时考虑故障隔离以及可能的扰动解耦。这些观测器产生的残差仍然会受到剩余不确定性和扰动的影响,难以通过基于解析模型方法有效处理。智能方法可以从另外的角度描述模型的不匹配而不受实际系统模型的限制。在补偿模型的设计中,采用神经网络构造非零的残差。通过对观测器残差的精确估计,实现对于执行器微小故障的检测。

8.5.1 理论基础

实际系统不可避免地受到各种扰动和未建模系统不确定性的影响,本节所提出的方法可以实现这类系统的微小故障的检测。该方法通过设计一个名义模型和一个补偿模型来完成检测任务。其中名义模型采用诊断观测器来进行设计,并同时考虑扰动解耦和故障隔离问题。补偿模型采用神经网络来进行设计,网络的训练使用系统正常运行过程中所获得的大量历史数据。混合诊断模型的框图如图 8-33 所示。

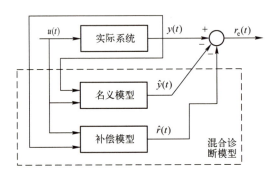

图 8-33　混合诊断模型的框图

故障检测包含观测器设计、神经网络建模以及故障决策三个阶段。在第一阶段,设计一组隔离观测器作为名义模型,并使观测器产生的残差对扰动解耦且对特定故障敏感。因为无法实现对实际系统的所有扰动和不确定性完全解耦,所以观测器残差即使在无故障情况下也不为零。这些非零的残差表达了剩余扰动和不确定性的影响。在第二阶段,基于神经网络构建补偿模型以进一步减少剩余扰动和不确定性的影响。为实现这一目的,需要利用神经网络对由观测器产生的名义残差进行建模。该建模过程离线进行,并采用系统无故障状态下的历史运行数据作为训练样本。当神经网络训练完毕,就获得了特定的补偿模型。这样,在线运行名义模型和补偿模型组成的混合诊断模型,就可以得到实时的检测残差。检测残差的偏差则表明了故障的发生。虽然通过上述过程能够建立实际系统更为精确的诊断模型,但检测残差仍然不为零,这是因为神经网络的构建中会存在建模误差。因此,需要对补偿模型的精确性进行分析。在此基础上,第三阶段讨论了最终的决策制定问题,涉及观测器残差的评估和检测残差的评估。

8.5.2　定量模型与历史数据融合诊断的技术方法

1. 名义模型

诊断观测器是使用最为广泛的基于解析模型的故障检测和隔离方法。本部分讨论了如何设计作为名义模型的观测器以尽可能减少扰动和模型不确定性的影响。此外,对于非结构化的模型不确定性以及扰动分布在测量空间的所有维度时(实际情况通常如此),解耦所有扰动的同时可能会引起故障解耦问题。因此,本部分对合理的解耦策略也进行了研究。

1) 观测器设计

考虑如下非线性动态系统:

$$\begin{cases} \dot{x}(t) = Ax(t) + \boldsymbol{\Phi}(x) + Bu(t) + Ed(t) + Lf(t) + \boldsymbol{\eta}(x,u,t) \\ y(t) = Cx(t) + Du(t) + b(t) \end{cases} \tag{8-37}$$

式中:$\boldsymbol{x}(t) \in R^n$、$\boldsymbol{u}(x) \in R^p$、$\boldsymbol{y}(t) \in R^m$、$\boldsymbol{d}(t) \in R^q$ 和 $\boldsymbol{f}(t) \in R^s$ 分别为系统的状态向量、输入向量、输出向量、扰动向量、执行器故障向量;$\boldsymbol{\eta}(x,u,t) \in R^n$、$\boldsymbol{b}(t) \in R^m$ 分别为模型和测量不确定性;$\boldsymbol{A}$、$\boldsymbol{B}$、$\boldsymbol{C}$、$\boldsymbol{D}$、$\boldsymbol{E}$、$\boldsymbol{L}$ 为具有适当维数的已知矩阵。

不失一般性,假定扰动和不确定性 $\boldsymbol{d}(t)$、$\boldsymbol{b}(t)$、$\dot{\boldsymbol{b}}(t)$ 是 l_2 范数有界的,且 $\| \boldsymbol{\eta}(x,u,t) \| \leqslant \overline{\boldsymbol{\eta}}(x,u,t) < \infty$。

非线性项 $\boldsymbol{\Phi}(x)$ 是满足 Lipschitz 条件的非线性函数,且 Lipschitz 常数为 γ,即 $\| \boldsymbol{\Phi}(x) - \boldsymbol{\Phi}(\hat{x}) \| \leqslant \gamma \| x - \hat{x} \|$。

根据上式的非线性系统,可以设计如下形式的诊断观测器:

$$\begin{cases} \dot{z}(t) = F\hat{x}(t) + Mu(t) + T\boldsymbol{\Phi}(\hat{x}) + Gy(t) \\ \hat{x}(t) = z(t) + Ny(t) - NDu(t) \\ \hat{y}(t) = C\hat{x}(t) + Du(t) \end{cases} \tag{8-38}$$

状态估计误差和输出估计误差可以分别定义为 $\boldsymbol{e}(t) = \boldsymbol{x}(t) - \hat{\boldsymbol{x}}(t)$ 和 $\boldsymbol{\varepsilon}(t) = \boldsymbol{y}(t) - \hat{\boldsymbol{y}}(t)$。

状态估计误差的动态方程推导如下:

$$\dot{\boldsymbol{e}}(t) = \dot{\boldsymbol{x}}(t) - \dot{\hat{\boldsymbol{x}}}(t)$$

$$= \boldsymbol{T}\dot{\boldsymbol{x}}(t) - \dot{\boldsymbol{z}}(t) - \boldsymbol{N}\dot{\boldsymbol{b}}(t)$$

$$= \boldsymbol{F}\boldsymbol{e}(t) + \boldsymbol{T}(\boldsymbol{\Phi}(x) - \boldsymbol{\Phi}(\hat{x})) + \boldsymbol{T}\boldsymbol{L}f(t) + \boldsymbol{T}\boldsymbol{E}d(t) + \boldsymbol{T}\boldsymbol{\eta}(x,u,t) - \boldsymbol{G}b(t) - \boldsymbol{N}\dot{\boldsymbol{b}}(t)$$

$$\boldsymbol{\varepsilon}(t) = \boldsymbol{y}(t) - \hat{\boldsymbol{y}}(t)$$

$$= \boldsymbol{c}\boldsymbol{e}(t) + \boldsymbol{b}(t)$$

$\boldsymbol{F}$、$\boldsymbol{M}$、$\boldsymbol{T}$、$\boldsymbol{G}$ 和 $\boldsymbol{N}$ 是观测器的设计矩阵,它们应满足以下条件:

$$\begin{cases} \boldsymbol{T} = \boldsymbol{I} - \boldsymbol{NC} \\ \boldsymbol{F} = \boldsymbol{TA} - \boldsymbol{GC} \\ \boldsymbol{M} = \boldsymbol{TB} - \boldsymbol{GD} \end{cases} \qquad (8-39)$$

另一方面，如果未知扰动 $\boldsymbol{d}(t)$ 可以被解耦，则应满足 $\boldsymbol{TE} = \boldsymbol{0}$。因此，在条件 $\text{rank}(\boldsymbol{CE}) = \text{rank}(\boldsymbol{E}) = q$ 的情况下，可求得矩阵 $\boldsymbol{N} = \boldsymbol{E}[(\boldsymbol{CE})^{\text{T}} \boldsymbol{CE}]^{-1} (\boldsymbol{CE})^{\text{T}}$。此外，注意到一旦矩阵 $\boldsymbol{F}$ 确定，其他设计矩阵可以容易的计算得到。

2）合理的解耦分析

在观测器设计的过程中需要确保的一个基本前提是扰动解耦的同时不能使得残差对于故障解耦；否则，诊断系统将对故障不敏感而导致检测失效。以下定理给出了观测器设计过程中，避免故障解耦的原则。当满足条件 $\text{rank}(\boldsymbol{CE}) = \text{rank}(\boldsymbol{E}) = q$ 和 $\text{rank}(\boldsymbol{CL}) = \text{rank}(\boldsymbol{L}) = s$ 的情况下，可得定理 8-1。

定理 8-1 当且仅当条件 $\text{rank}([\boldsymbol{CE}\ \boldsymbol{CL}_i]) > \text{rank}(\boldsymbol{CE})$ 成立时，故障 $f_i(i = 1, \cdots, s)$ 不会从残差中解耦，其中 f_i 是故障向量 $\boldsymbol{f} \in R^s$ 的第 i 个非零元素；$\boldsymbol{L}_i(i = 1, 2, \cdots, s)$ 是故障分布矩阵 $\boldsymbol{L}$ 的第 i 列。

证明： 故障的影响项在观测器的残差中体现为 $\bar{f} = \boldsymbol{CTLf}$，它表达了故障 $\boldsymbol{f}$ 和故障影响 $\bar{f}$ 之间的对应关系。如果故障影响项 $\bar{f} = \boldsymbol{0}$ 成立，则所有可能的故障将从观测器残差中解耦，即故障将无法被检测到。

对于故障 f_i，如果向量 $\boldsymbol{CL}_i f_i \in \text{col}(\boldsymbol{CE})$，那么存在非零向量 $\tilde{f}_i$ 使得 $\boldsymbol{CL}_i \tilde{f}_i = \boldsymbol{CE} \tilde{f}_i$ 成立。其中 $\text{col}(\boldsymbol{CE})$ 为 $\boldsymbol{CE}$ 的列空间，即 $\text{col}(\boldsymbol{CE}) = \{a \in R^m : \alpha = \boldsymbol{CE}\beta\}$，其中 $\beta \in R^q$。

进一步可得

$$\begin{aligned} \bar{f}_i &= \boldsymbol{C}(\boldsymbol{I} - \boldsymbol{NC}) \boldsymbol{L}_i f_i \\ &= \boldsymbol{CL}_i f_i - \boldsymbol{CE}[(\boldsymbol{CE})^{\text{T}} \boldsymbol{CE}]^{-1} (\boldsymbol{CE})^{\text{T}} \boldsymbol{CL}_i f_i \qquad (8-40) \\ &= \boldsymbol{CL} f_i - \boldsymbol{CE} \tilde{f}_i = 0 \end{aligned}$$

因此，可以从中推得故障 f_i 不会从残差中解耦当且仅当 $\boldsymbol{CL} f_i \notin \text{col}(\boldsymbol{CE})$ 成立，即等价于 $\text{rank}([\boldsymbol{CE}\ \boldsymbol{CL}_i]) > \text{rank}(\boldsymbol{CE})$。

证毕。

由于 $\text{rank}([\boldsymbol{CE}\ \boldsymbol{CL}]) \geqslant \text{rank}([\boldsymbol{CE}\ \boldsymbol{CL}_i])$，如果 $\text{rank}([\boldsymbol{CE}\ \boldsymbol{CL}]) = \text{rank}(\boldsymbol{CE})$，那么可推知当扰动 $\boldsymbol{d}(t)$ 完全解耦情况下，诊断系统将无法检测到故障。

3）故障隔离策略

根据以上讨论，提供了一个简单的规则用以检测扰动解耦的过程中是否会引起故障被解耦。事实上，许多实际系统中的故障和扰动都具有不可分辨性，如执行器故障和输入扰动通常具有相同的分布矩阵。此外，系统中还存在许多非结构性的模型不确定性，如参数不确定性和噪声等。这些情况使得产生理想的鲁棒性残差存在困难,因此观测器残差不可避免地受到剩余模型不确定性的影响。这样,必须谋求其他的新方法来进一步处理这些问题,将在下面补偿模型部分进行研究。但是,解耦策略对于故障隔离仍然具有重要意义,以下给出其在观测器设计中的具体运用。

以最坏的情况为例进行讨论,即故障和扰动具有完全相同的分布矩阵,也就是 $E=L$。如果所有扰动被解耦,则诊断观测器将无法检测到任何故障。因此,为了检测和隔离不同的故障并考虑扰动解耦问题,可以设计一组并行的诊断观测器。对于每一个故障都构造一个诊断观测器以解耦其他故障和扰动。这个观测器将只对感兴趣的故障和相应的剩余扰动敏感。具体地说,对于第 i 个故障,所设计的第 i 个诊断观测器应满足约束 $TL_i \neq 0$ 和 $TL_j = 0(j \neq i)$。因此,观测器残差可以定义为 $r(t) = Q\varepsilon(t)$,其中 Q 代表后滤波矩阵,它可以选取为 $Q = TL_i$。图 8-34 给出了名义模型产生的设计策略。

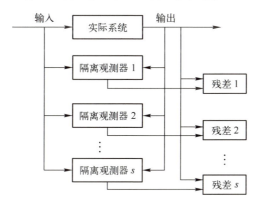

图 8-34　名义模型残差产生的设计策略

2. 补偿模型

如上一部分所述,仅通过基于解析模型的方法不能获得满意的残差,故障通常会被不确定性的影响所掩盖,对于微小故障将更难进行检测。为了解决这个挑战性的问题,采用智能方法构造一个补偿模型,用于估计由剩余不确定性所引起的观测器残差。此处将具体分析基于神经网络构建补偿模型的方法,并对其检测能力与精确性进行评估。

1)基于神经网络的补偿模型构建

神经网络具有出色的非线性近似和建模的能力,利用它去建模由剩余不确定性所引起的非线性观测器的残差动态。

对于如下正常状态下的系统:

$$\begin{cases} \dot{x}(t) = Ax(t) + \Phi(x) + Bu(t) + Ed(t) + \eta(x,u,t) \\ y(t) = Cx(t) + Du(t) + b(t) \end{cases} \tag{8-41}$$

求解系统的状态方程,可得

$$x(t) = \exp(At)x(0) + \int_0^t \exp(A(t-\tau))\Phi(x(\tau))\mathrm{d}\tau$$

$$+ \int_0^t \exp(A(t-\tau))(Bu(\tau) + Ed(\tau) + \eta(x,u,\tau))\mathrm{d}\tau \tag{8-42}$$

容易从输出方程推得

$$x(t) = C^{-1}y(t) - C^{-1}Du(t) + C^{-1}b(t) \tag{8-43}$$

通过式(8-41)和式(8-42)消去 $x(t)$,可以确定一个关于系统输入、输出和不确定性的新等式。但是,无法从中获得不确定性的解析解。即便如此,也可以发现,不确定性确实是系统的一部分,它由系统的输入和输出隐性地表达。因此,可以采用系统的输入和输出作为可能的因素去设计补偿模型。

对于每一个由相应的诊断观测器所产生的残差,应构造具体的补偿模型,以增强诊断系统对于该故障的检测能力。虽然补偿模型可以采用相同类型的神经网络进行设计,但是对于不同的残差应分别进行训练。一旦确定补偿模型的结构,主要任务即为训练补偿模型以获得对于残差动态的理想估计。为了建立由模型不确定性所引起的影响,训练神经网络所采用的数据应该来自无故障运行状态下的系统。因此,对于第 i 个补偿模型,期望的目标输出为第 i 个名义观测器的残差,即由第 i 个诊断观测在系统无故障的状态下所产生的残差。根据我们的设计,补偿模型的输入为系统正常操作状态下的输入 $\bar{u}$ 和输出 y。其中,$\bar{u}$ 为除第 i 个输入以外的所有系统输入,y 为所有系统输出。因为系统的输入 u 和输出 y 之间存在某确定响应关系,所以实际系统的行为可以通过 $\bar{u}_i$ 和 y 来表征,替代采用 u 和 y。另外,采用 $\bar{u}_i$ 和 y 构建补偿模型可以确保对于不确定性影响的估计即使在第 i 个执行器发生故障的情况下仍然适用。事实上,对于一般的闭环控制系统,如果执行器发生某些微小故障,与该执行器对应的控制输入会自动的调整以抵偿故障,从而保持系统的基本运行状态不变。在这种情况下,系统的输出和其他的控制输入与系统无故障的运行状态相似。因此,由 $\bar{u}_i$ 和 y 在正常状态下训练得到的补偿模型也适用于在第 i 执行器故障的情况下继续采用。

图8-35给出了构建补偿模型的框架。其中,$g(\bar{x},\theta)$ 为基于神经网络设计的补偿模型;$\bar{x} = [\bar{u}_i^{\mathrm{T}} \ y^{\mathrm{T}}]^{\mathrm{T}}$ 为神经网络的输入向量;θ 为神经网络的设计参数,包括权值矩阵和阈值向量;$\hat{r}$ 为名义观测器残差的估计值。

2)补偿模型的精确性

神经网络的训练过程是离线的,其最优的权值矩阵和阈值向量可以通过相

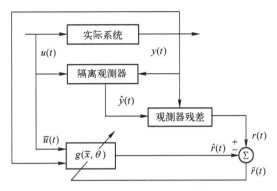

图 8-35　观测器残差动态的建模过程

应的训练算法确定。当神经网络训练完成后,它表达了由不确定性引起的观测器残差动态和系统行为之间的非线性映射关系。联合补偿模型和名义模型后,混合诊断模型可以在线实时产生一个新的残差 $r_e = r - \hat{r}$。r_e 称为检测残差,并用于最终的故障决策。

相比于名义模型,补偿模型确实可以实现对于系统更为准确的估计,即 $r_e < r$,且诊断系统的检测能力得到了增强。实际上,以上设计的目的是最大化故障敏感性(故障对于残差的影响)与鲁棒性(不确定性对于残差的影响)的比率。根据以上所提出的方法,可以注意到,在相同的故障检测设计下,补偿模型进一步减少了不确定性的影响,因而,由比率定义的检测性能指标提高了,即诊断能力增强了。同时,补偿模型对于观测器残差估计的越准确,诊断系统对于微小故障的检测越有效。然而,实际中补偿模型不可能实现对于不确定性的完全补偿,虽然目前已经提出许多有效方法用于设计神经网络以尽可能地减少估计输出和实际输出的偏差,但是仍然无法实现估计误差为零。所以,由于不可避免的补偿模型的建模误差的影响,检测残差即使在无故障状态下仍然是非零的。在这种情况下,对于一个已设计好的补偿模型,需要推导出一个估计值以表征所建模型的精确性。为实现这一目的,需要借助于预测区间的概念,它是对模型输出的范围的预测,保证真实值存在于预测范围中。

目前已经提出了一些方法用于计算神经网络的预测区间,如 delta 方法、均方估计及贝叶斯或 bootstrap 方法等。此处采用 delta 方法。它是基于一直渐近理论的,并假设误差具有正态分布的形式,记作 $N(0, \sigma^2)$。给出以下结论。

对于补偿模型 $g(\bar{x}, \theta^*)$,其中 θ^* 代表参数 θ 的真实值,则其 $1-\alpha$ 预测区间可以计算如下:

$$\hat{r}_0 \pm t_{\tilde{n}-\tilde{p}}^{1-\alpha/2} \bar{s} \left(1 + \nabla^T g \left[G(\hat{\theta})^T G(\hat{\theta}) \right]^{-1} \nabla g \right)^{1/2} \qquad (8-44)$$

其中:$\hat{r}_0$ 为观测器残差的预测值,其下角标"0"代表其他没有用于估计 θ^* 的数据;

$\hat{\theta}$ 为 θ^* 的最小二乘估计,可以通过神经网络的反向传播算法计算得到;$t_{\bar{n}-\bar{p}}^{1-\alpha/2}$ 为自由度 $\bar{n}-\bar{p}$ 的 t 分布的 $\alpha/2$ 分位点,其中 $\bar{p}$ 是参数 θ 的数目,$\bar{n}$ 是训练采样数据的数目;$\bar{s}^2$ 为由采用数据计算得到的方差 σ^2 的无偏估计;$\nabla^{\mathrm{T}}g$ 为神经网络输出的关于 θ^* 的梯度函数;$G(\hat{\theta})$ 为由训练数据计算得到的神经网络模型的雅可比矩阵。

数学上,这些量计算如下:

$$\bar{s}^2 = \frac{\parallel r - g(\bar{x}, \hat{\theta}) \parallel}{\bar{n} - \bar{p}} \tag{8-45}$$

$$\nabla^{\mathrm{T}}g = \left(\frac{\partial g(\bar{x}_0, \theta^*)}{\partial \theta_1^*}, \frac{\partial g(\bar{x}_0, \theta^*)}{\partial \theta_2^*}, \cdots, \frac{\partial g(\bar{x}_0, \theta^*)}{\partial \theta_{\bar{p}}^*} \right) \tag{8-46}$$

$$G(\hat{\theta}) = \begin{bmatrix} \dfrac{\partial g(\bar{x}_1, \hat{\theta})}{\partial \hat{\theta}_1} & \dfrac{\partial g(\bar{x}_1, \hat{\theta})}{\partial \hat{\theta}_2} & \cdots & \dfrac{\partial g(\bar{x}_1, \hat{\theta})}{\partial \hat{\theta}_{\bar{p}}} \\[2ex] \dfrac{\partial g(\bar{x}_2, \hat{\theta})}{\partial \hat{\theta}_1} & \dfrac{\partial g(\bar{x}_2, \hat{\theta})}{\partial \hat{\theta}_1} & \cdots & \dfrac{\partial g(\bar{x}_2, \hat{\theta})}{\partial \hat{\theta}_{\bar{p}}} \\[2ex] \vdots & \vdots & & \vdots \\[2ex] \dfrac{\partial g(\bar{x}_{\bar{n}}, \hat{\theta})}{\partial \hat{\theta}_1} & \dfrac{\partial g(\bar{x}_{\bar{n}}, \hat{\theta})}{\partial \hat{\theta}_2} & \cdots & \dfrac{\partial g(\bar{x}_{\bar{n}}, \hat{\theta})}{\partial \hat{\theta}_{\bar{p}}} \end{bmatrix} \tag{8-47}$$

神经网络可以提供预测的输出,但不能指明预测的精确性。预测区间描述了由神经网络产生的预测输出与真实输出的匹配程度。这些信息对于最终的故障决策至关重要。

3) 故障决策

在设计了完整的混合诊断模型的基础上,另一个重要的任务是采用残差合理的特征表明故障的出现。它涉及残差评估和阈值计算两个方面。当评估函数生成了这样一个特征,故障决策就可以通过把该特征和可靠的阈值进行简单的比较而获得。广泛采用的实现这一目的的两种方法是基于范数的估计和统计测试。前者使用鲁棒控制理论中的相关思想,后者则建立在数理统计的框架下。本部分设计了一个两层的故障决策逻辑,包括观测器残差评估和检测残差评估。

(1) 基于观测器残差的决策制定。观测器残差通常会受到不确定性和扰动的影响致使残差对于微小故障的检测敏感性下降。然而,对于严重的故障,观测器残差可以可靠地进行检测。在这种情况下,观测器残差的评估函数可以选择为均方根函数,其表达形式如下:

$$\parallel r(t) \parallel_{\mathrm{RMS}} = \left(\frac{1}{T_0} \int_{t_1}^{t_2} r^{\mathrm{T}}(t) r(t) \mathrm{d}t \right)^{1/2}, T_0 = t_2 - t_1 \tag{8-48}$$

式中：(t_1, t_2) 为评估的时间窗，为尽早地检测故障，要求其为有限值。根据定理 8-1 和后滤波矩阵 $\boldsymbol{Q}$，阈值可以确定为 $J'_{th} = \sup\limits_{v \in L_2} \delta' \parallel v(t) \parallel_{RMS}$，其中 $\delta' = \delta \sqrt{\lambda_{max}(\boldsymbol{Q}^T \boldsymbol{Q})}$。

因此，基于观测器残差的故障决策逻辑如下：

$$\begin{cases} \parallel r(t) \parallel_{RMS} > J'_{th} \Rightarrow 有故障 \\ \parallel r(t) \parallel_{RMS} \leqslant J'_{th} \Rightarrow 无故障 \end{cases} \tag{8-49}$$

（2）基于检测残差的决策制定。根据上一小节，对于给定的置信度等级，预测区间表达了一个范围，观测器残差的真实值应该存在于该范围内。因此，可以得到以下等式：

$$\text{prob}\{-l \leqslant r_e \leqslant l \mid f = 0\} = 1 - \alpha \tag{8-50}$$

式中：l 为预测边界，且有

$$l = t_{n-\bar{p}}^{1-\alpha/2} \bar{s}(1 + \nabla^T g[\boldsymbol{G}(\hat{\theta})^T \boldsymbol{G}(\hat{\theta})]^{-1} \nabla g)^{1/2}$$

无故障情况下检测残差应该在边界以内。也就是说，在系统正常运行的状态下，检测残差穿越边界 $\pm l$ 的概率是 α。因此，故障的误报警率为 α。设置计数器是避免误报警的有效方法，将 $S\{\mid r_e^k \mid > l\}$ 作为指示器，代表检测残差在第 k 采样点穿过预测边界，即

$$S\{\mid r_e^k \mid \, > l\} = \begin{cases} 1, & \mid r_e^k \mid > l \\ 0, & \mid r_e^k \mid < l \end{cases} \tag{8-51}$$

则评估函数可以选为

$$R = \sum_{j=0}^{m} S\{\mid r_e^{k-j} \mid \, > l\}$$

式中：m 为固定的采样大小。

因此，基于检测残差的故障决策逻辑如下：

$$\begin{cases} R > J_{th} \Rightarrow 有故障 \\ R \leqslant J_{th} \Rightarrow 无故障 \end{cases} \tag{8-52}$$

式中：J_{th} 是阈值，表示检测残差穿越预测边界 $\pm l$ 的次数。

需要指出：检测残差可以用于故障诊断的前提是补偿模型确实反映了剩余扰动和不确定性的影响；否则，采用检测残差完成故障诊断是可疑的，此时，只能依赖于观测器残差来进行故障检测。

事实上，预测区间自身反映了补偿模型的精确性。众所周知，神经网络具有良好的记忆能力，但是泛化能力较弱。如果神经网络当前输入的数据超出了它训练时所采用的数据的范围，模型就会外延，此时预测输出不再可靠。这可以通过预测区间进行辨别，预测区间能够表明模型不匹配的范围。如果根据测

试数据所获得的预测区间明显大于根据训练数据所得的预测区间,当前对于不确定性影响的估计就不再可靠和准确。因此,当前的补偿模型不可用,检测残差也无法用于故障检测。这种情况下,基于观测器残差的决策逻辑仍然有效;否则,优先采用基于检测残差的决策逻辑。

8.5.3 定量模型与历史数据融合诊断示例

本节将所提方法应用于卫星姿态控制系统,对其执行器所发生的微小故障进行检测。

1. 构建名义模型

考虑执行器故障的卫星姿态动力学系统可以描述为如下状态空间形式:

$$\begin{cases} \dot{\boldsymbol{x}}(t) = \boldsymbol{\Phi}(x) + \boldsymbol{B}u(t) + \boldsymbol{E}d(t) + \boldsymbol{L}f(t) + \boldsymbol{\eta}(x,u,t) \\ \boldsymbol{y}(t) = \boldsymbol{C}x(t) + \boldsymbol{b}(t) \end{cases} \tag{8-53}$$

式中:$x(t) = \boldsymbol{\omega}$ 为状态向量;$u(t) = \boldsymbol{T}_u$ 为输入向量;$d(t) = \boldsymbol{T}_d$ 为扰动向量;$f(t) = [f_1(t), f_2(t), f_3(t)]^T$ 为故障向量,$f_i(t)$ $(i=1,2,3)$ 为相应的第 i 轴执行器故障;$\eta(x,u,t)$ 为动力学系统的模型不确定性如参数不精确等的影响;$y(t)$ 为陀螺测量输出;$b(t)$ 为陀螺漂移等系统误差。

根据前面所给出的名义模型构造方法,需要设计三个隔离观测器,它们分别对三个不同轴的执行器故障敏感。这三个观测器并行运行,它们中的每一个都产生一个相应的观测器残差,用以检测特定轴的执行器故障且对可能的扰动解耦。这里以检测 X 轴执行器的故障为例,设计相应的诊断观测器,其他轴的故障检测与此类似。为此,设计故障隔离观测器 1,其相应的设计约束为 $\mathbf{TL}_1 \neq 0$ 且 $\mathbf{TL}_{2,3} = 0$。根据定理 8-1 可计算其他矩阵。

2. 补偿模型构建

采用 Elman 神经网络来设计补偿模型,其结构如图 8-36 所示。Elman 神经网络是一类动态神经网络,它除了具有输入层、输出层和隐层外,还有一个结构单元用于记忆隐层过去的状态。因此,Elman 神经网络也可以看作具有隐层神经元一步时延信息作为额外输入的前馈网络。输出层神经元采用线性激活函数;隐层神经元采用 Sigmoid 函数。隔离观测器 1 的名义残差 $\{r(k), k=1,2 \cdots\}$ 作为 Elman 神经网络的目标输出;向量 $\overline{\boldsymbol{x}}(k) = [u_2(k), u_3(k), y_1(k), y_2(k), y_3(k)]^T$ 作为 Elman 神经网络的外部输入;将向量 $\overline{\boldsymbol{x}}(k)$ 的第 i 个元素记作 $\overline{x}^i(k)$,则补偿模型 $g(\overline{x}, \theta)$ 的数学表达式为

$$o_j(k) = \boldsymbol{\Gamma}\left[\sum_{i=1}^{n_x} w_{ij}^x \overline{\boldsymbol{x}}^i(k) + \sum_{l=1}^{n_o} w_{lj}^o o_l(k-1) + b_j^x\right] \tag{8-54}$$

$$r(k) = \sum_{j=1}^{n_o} w_j^y o_j(k) + \boldsymbol{b}^y \tag{8-55}$$

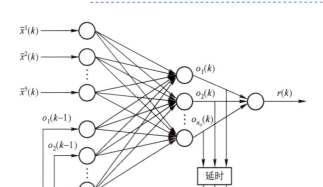

图 8-36 补偿模型的结构

式中:$\Gamma(\kappa)$ 为 Sigmoid 函数,$\Gamma(\kappa)=1/[1+\exp(-\kappa)]$;$o_j(k)$ 为第 j 个隐层神经元的输出,相应的一步时延 $o_j(k-1)$ 是经过结构单元后的输出,定义其初值 $o_j(0)=0$;n_x 为输入层节点的数目;n_o 为隐层节点的数目;w^x 为输入层到隐层的权值矩阵;w^y 为隐层到输出层的权值矩阵;w^o 为隐层到结构单元的权值矩阵;b^x、b^y 分别为隐层和输出层的阈值向量。

通过反向传播算法可以对 Elman 神经网络进行离线训练。训练完成后可以获得所有的神经网络参数 $\hat{\boldsymbol{\theta}}=[w^x,w^o,w^y,b^x,b^y]$。补偿模型在线运行,能够得到实时的检测残差 $r_e=r-g(\bar{x},\hat{\theta})$。

为了分析补偿模型的精确性,并获得预测边界,所需的相应数学导出项如下:

$$
\begin{cases}
\dfrac{\partial g}{\partial b^y} = 1 \\[2mm]
\dfrac{\partial g}{\partial w_j^y} = o_j(k) \\[2mm]
\dfrac{\partial g}{\partial b^x} = w_j^y o_j(k)\left[1-o_j(k)\right] \\[2mm]
\dfrac{\partial g}{\partial w_{ij}^x} = w_j^y o_j(k)\left[1-o_j(k)\right]\bar{x}^i(k) \\[2mm]
\dfrac{\partial g}{\partial w_{lj}^o} = w_j^y \dfrac{\partial o_j(k)}{\partial w_{lj}^o} \\[2mm]
\dfrac{\partial o_j(k)}{\partial w_{lj}^o} = o_j(k)\left[1-o_j(k)\right]\left[o_l(k-1)+\displaystyle\sum_{i=1}^{n_o} w_{lj}^o \dfrac{\partial o_i(k-1)}{\partial w_{lj}^o}\right] \\[4mm]
\dfrac{\partial o_i(0)}{\partial w_{lj}^o} = 0
\end{cases}
\tag{8-56}
$$

8.5.4 结果分析

1. 仿真参数和故障设置

本部分将本节所提的故障融合诊断方法应用于卫星姿态控制系统,根据设计的名义模型与补偿模型仿真验证所提策略的有效性。相应的仿真参数如下:

卫星惯量矩阵:$I_b = \begin{bmatrix} 930 & 0 & 0 \\ 0 & 800 & 0 \\ 0 & 0 & 1070 \end{bmatrix} \text{kg} \cdot \text{m}^2$

飞轮最大驱动力矩:$0.1\text{N} \cdot \text{m}$

飞轮最大角动量:$H_{\max} = 3.9898\text{N} \cdot \text{m} \cdot \text{s}$

飞轮惯量矩阵:$J = 1.27 \times 10^{-2} I_{3\times 3}\text{kg} \cdot \text{m}$

初始姿态:$Q(0) = [0.504, -0.504, -0.496, 0.496]^T$

初始姿态角速度:$\omega(0) = [0, 0, 7.3]^T \times 10^{-5}\text{rad/s}$

控制器参数:$K_p = [40, 40, 40]$,$K_d = [1000, 1000, 1000]$

设扰动力矩:$d(t) = [1.4 \times 10^{-5}, 1.5 \times 10^{-5}, 1.6 \times 10^{-5}]^T \times \sin\omega_0 t\text{N} \cdot \text{m}$

模型不确定性:$\eta(x, u, t) = [2\times 10^{-6}\sin(0.1t), 3\times 10^{-6}\cos(0.5t), 5\times 10^{-6}\cos(0.3t)]^T$,
  并且叠加高斯白噪声 $N(0, 10^{-10})$

陀螺漂移:$b(t) = [1, -1, 1]^T \times 6/3600 \times \pi/180$

卫星执行器的故障建模为控制输入与实际的执行器输出间存在差异。本节中,考虑执行器发生微小故障,以 X 轴执行器为例。

案例 1 研究 X 轴执行器发生阶跃类型的故障 $f_1(t) = -\Delta_s$,其中 $\Delta_s = 0.8 \times 10^{-5}$。

案例 2 研究 X 轴执行器发生斜坡类型的故障 $f_1(t) = -k_r(t - t_f)$,其中 $k_r = 1 \times 10^{-7}$。

案例 3 研究 X 轴执行器发生乘性故障 $f_1(t) = -k_m u_1(t)$,其中 $k_m = 0.7$。这些故障均假设在 $t_f = 3000\text{s}$ 时发生。

2. 仿真结果

在卫星姿态控制系统正常运行状态下,隔离观测器 1 产生的残差如图 8-37 所示。从图中可见,由于无法解耦处理剩余扰动和不确定性的影响,观测器残差是非零的。这些在残差中体现出的影响不是由于故障所引起的,但会降低诊断系统对于故障的敏感性,尤其是微小故障的情况。

图 8-38~图 8-40 为根据观测器残差所获得的检测结果,其中阈值定义为 $J_{th}^r = 1.047 \times 10^{-8}$。从图中可以看出,除了故障案例 2 的故障随着时间的发展而增大到一定程度后可以被检测到外,其他两类微小故障均无法被检测到。

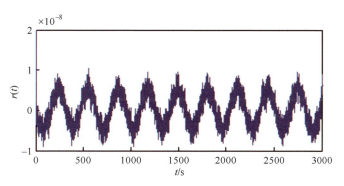

图 8-37　无故障状态下的观测器残差

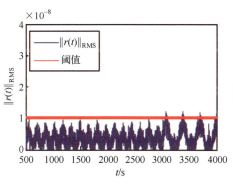

图 8-38　案例 1 情况下的观测器
残差评估曲线

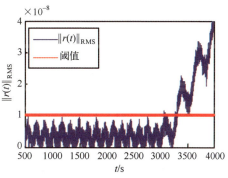

图 8-39　案例 2 情况下的观测器
残差评估曲线

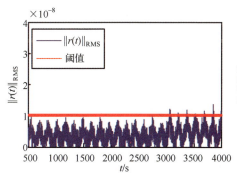

图 8-40　案例 3 情况下的观测器
残差评估曲线

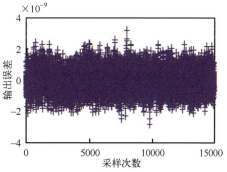

图 8-41　补偿模型的输出误差

　　事实上,在故障情况下的残差评估函数相比于无故障情况下的残差评估函数并没有明显增大,这是由于故障对残差的影响没有明显超过剩余扰动和不确定性对于残差的影响。所以,传统的基于解析模型的方法不能有效地检测这些微小故障。以采样时间 0.1s 对 500～2000s 的数据进行采样,并建立数据集($\bar{x}$, r)。离线对 Elman 神经网络进行训练。这里用于建立补偿模型的 Elman 神经网络采用隐层 5 个神经元节点的结构。相应训练完成后的输出误差如图 8-41 所示,可见,它能够实现对于剩余模型不确定性影响的精确补偿,即有 $r_e<r$。

建立的基于解析模型和神经网络的混合诊断模型可以用于进行实时的故障检测。图 8-42～图 8-44 分别给出了对应 3 个案例故障的检测残差,计算得到预测边界 l 根据置信度 $\alpha=0.01$。从这三个图中可以看出,预测边界关于训练部分(500～2000s),测试部分(2000～3000s)以及故障部分(3000～4000s)均没有明显的不同。也就是说,补偿模型能够合理地反映剩余不确定性的影响,并且可以用于最终的故障检测。

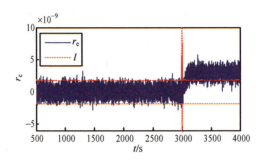

图 8-42　案例 1 情况下的检测残差

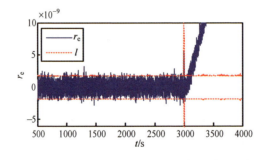

图 8-43　案例 2 情况下的检测残差

从以上仿真结果可以看出,Elman 神经网络建立补偿模型后,系统的不确定影响明显减小,诊断模型对于故障的敏感性得到了增强。与观测器残差的结果相比,有更好的效果。对于案例 1,该阶跃故障在 3000s 后明显显现出来。对于案例 2,该斜坡故障发生后立刻在检测残差中表现出来;对于案例 3,检测残差穿越预测边界的概率和幅值均增加。

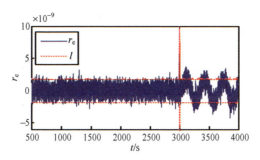

图 8-44 案例 3 情况下的检测残差

通过设置计数器可以对检测残差进行有效评估,根据最终的决策逻辑,选取 $m=7$, $J_{th}=5$ 设置评估函数。也就是说,相继的 7 个检测残差采样值中有 5 个检测残差值超越预测边界则表明有故障发生。检测结果(检测到故障标记为 1)如图 8-45~图 8-47 所示。可见,这三个故障都可以被成功地检测。以案例 2 为例进行说明,该故障在它发生后的 75s 可以被检测到,而根据观测器残差进行检测需要 295s 才能发现该故障。

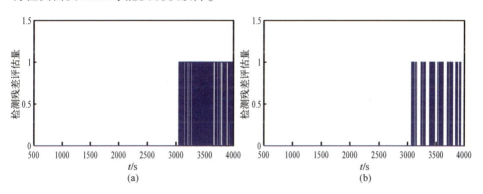

图 8-45 案例 1 情况下的检测残差评估曲线

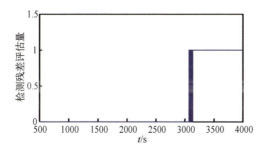

图 8-46 案例 2 情况下的检测残差评估曲线

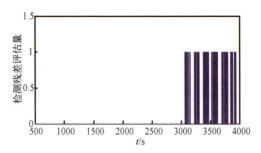

图 8-47　案例 3 情况下的检测残差评估曲线

从上述示例中可以发现,定量模型与历史数据融合诊断的诊断结果可以说明,该方法与传统的基于解析模型的故障识别方法相比具有明显的优势,能够有效地对微小故障进行识别。

参 考 文 献

[1]　Park H, Mackey R, James M, et al. BEAM: technology for autonomous vehicle health monitoring[C]// 2nd JANN AF Modeling and Simulation Subcommittee Meeting,2002.

[2]　Mackey R, James M, Park H, et al. BEAM: technology for autonomous self-analysis[C]. Aerospace Conference, 2001, 6: 2989-3001.

[3]　James M L, Dubon L P. An autonomous diagnostic and prognostic monitoring system for NASA's deep space network[C]//Aerospace Conference Proceedings, 2000 IEEE. IEEE, 2000, 2: 403-414.

[4]　Hayden S, Oza N, Mah R, et al. Diagnostic technology evaluation report for on-board crew launch vehicle[J]. NASA, Tech. Rep, 2006.

[5]　Shen Q, Jensen R. Rough sets, their extensions and applications[J]. International Journal of Automation and Computing, 2007, 4(3): 217-228.

[6]　Peng J T, Chien C F, Tseng T L B. Rough set theory for data mining for fault diagnosis on distribution feeder[C]. Generation, Transmission and Distribution, IEEE Proceedings. IET, 2004, 151(6): 689-697.

[7]　Yang X B, Song X N, Chen Z H, et al. Incomplete information system and rough set theory[M]. Berlin, Germany: Springer, 2012.

[8]　Mondal S, Chakraborty G, Bhattacharyy K. LMI approach to robust unknown input observer design for continuous systems with noise and uncertainties[J]. International Journal of Control, Automation and Systems, 2010, 8(2): 210-219.

[9]　Zhong M, Ding S X, Lam J, et al. An LMI approach to design robust fault detection filter for uncertain LTI systems[J]. Automatica, 2003, 39(3): 543-550.

[10]　Wang D, Wang W, Shi P. Robust fault detection for switched linear systems with state delays[J]. Systems, Man, and Cybernetics, Part B: Cybernetics, IEEE Transactions on, 2009, 39(3): 800-805.

[11]　Zhong M, Ding S X, Ding E L. Optimal fault detection for linear discrete time-varying systems[J]. Au-

tomatica, 2010, 46(8): 1395−1400.

[12] Mrugalski M, Witczak M, Korbicz J. Confidence estimation of the multi−layer perceptron and its application in fault detection systems[J]. Engineering Applications of Artificial Intelligence, 2008, 21(6): 895−906.

[13] Patan K, Witczak M, Korbicz J Z. Towards robustness in neural network based fault diagnosis[J]. International Journal of Applied Mathematics and Computer Science, 2008, 18(4): 443−454.

[14] Khosravi A, Nahavandi S, Creighton D, et al. Comprehensive review of neural network−based prediction intervals and new advances[J]. Neural Networks, IEEE Transactions on, 2011, 22(9): 1341−1356.

[15] Chryssolouris G, Lee M, Ramsey A. Confidence interval prediction for neural network models[J]. Neural Networks, IEEE Transactions on, 1996, 7(1): 229−232.

[16] De Jesús O, Hagan M T. Backpropagation algorithms for a broad class of dynamic networks[J]. Neural Networks, IEEE Transactions on, 2007, 18(1): 14−27.

[17] Song Q, Soh Y C, Zhao L. A robust extended Elman backpropagation algorithm[C]// International Joint Conference on Neural Networks. IEEE, 2009: 2971−2978.

[18] Wu W, Xu D, Li Z. Convergence of gradient method for Elman networks[J]. Applied Mathematics and Mechanics, 2008, 29: 1231−1238.

第9章 卫星在轨故障诊断系统

9.1 概　　述

随着航天技术的高速发展,各类航天器变得越来越先进,同时变得越来越复杂,系统结构庞大,功能复杂繁多,分系统、子系统纵横交错,相互耦合,特别是某些航天器造价昂贵,任务使命特殊,大部分具有唯一性,因此对各系统以及各子系统的可靠性要求极高,原则上不允许航天器系统在飞行过程中出现任何故障。正是由于航天器的高可靠性要求,使得其故障诊断成为一个非常重要的问题。

为了提高飞行器的运行可靠性,减少故障发生,国外已经开发了一些较为成熟的故障建模分析工具和平台,并将它们应用于实际的飞行器中。本章对国内外主要的故障诊断系统进行简要介绍。

9.2 国外情况

9.2.1 G2实时专家系统开发平台

1. 简介

Gensym公司的G2是较为知名的商业化专家系统平台,具有独特的知识表示方式和推理引擎,利用实时推理引擎来最优化操作、检测、诊断并解决重大的问题。G2被广泛应用于实时性与可靠性要求高的领域,如工业控制、制造业、航空航天、军政系统、交通通信等行业。

G2是一个面向对象的、图形化的软件平台,用于快速构建专家系统的应用。这些应用实时获取生产层、控制层和管理层的大量数据,并按照专家的方式进行实时处理,提供决策建议或直接采取相应的行动,使过去需要人类专家直接参与的过程实现了自动化。G2可用于决策支持、智能监控、过程控制、故障诊断等领域。图 9-1 为 G2 图形化人机界面。

图 9-1　G2 图形化人机界面

2. 系统总体结构

G2 的最大特点是集成了专家系统技术、软件技术、网络技术以及其他多种智能技术,形成了功能多样的实时智能应用系统的开发和运行平台。G2 具有良好的开放连接性和集成性,基于 G2 的智能应用系统可以与各种外部软、硬件系统数据库进行数据通信,用户也可以自己开发数据接口程序,完成 G2 同其他软件之间的数据通信。

G2 也提供了用于实现神经网络、模糊推理等智能技术的工具组件,并基于其实时推理引擎结合了多种智能技术。知识库由用于描述知识的规则、过程和方法等组成,能够与实时推理引擎进行实时数据交互,实现辅助决策与智能控制。G2 系统总体结构如图 9-2 所示。

1) 知识库

G2 知识库中的规则、过程和方法等都是用结构化的自然语言来编写,G2 同时提供了多样的图形化知识表示和建模技术,结构化自然语言和图形化模型使得编写的知识易于理解。

G2 中的知识有多种形式:

(1) 过程:由一系列顺序执行的语句构成,类似于 C 语言中的函数。在 G2 中,多个过程可以并行执行,过程用于描述顺序操作或数值算法等知识。

(2) 属性和方法:G2 将知识表示为对象,对象包含所有定义对象的数据和所有对象运行的操作。

对象的数据称为它的属性,对象的属性使得对象具有唯一性,属性用于记

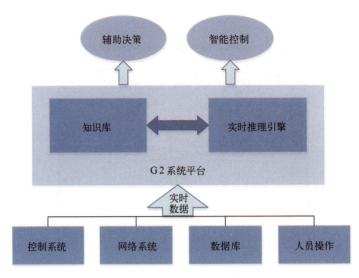

图 9-2　G2 系统总体结构

录与对象相关的数据。

对于对象的操作称为它的方法,方法是一种特殊的过程,是专门应用于某一类对象的过程,方法描述了对象所特有的行为。

(3)规则:任何专家系统的核心是它的推理知识的能力。G2 用规则来推理应用程序中的知识,一条规则就是先检验某些条件然后得出某个结论的陈述。

规则有两个部分:第一部分称为前件,用来检测条件;第二部分称为后件,推出结论。当一个规则被调用,G2 通过测试前件中的条件来判断是否为真。如果条件为真,则 G2 执行后件中的动作。

规则由实时数据或事件触发,一条规则的执行又能导致另一条规则触发,此过程可不断进行直到得出最终结论。

2)实时推理引擎

G2 的实时推理引擎根据知识库中的专家知识,对历史或实时数据进行实时处理,通过对模糊逻辑、神经网络、故障因果有向图或信号分析流程图等模型的推理分析,得到最终的决策结论或自动处理命令,如图 9-3 所示。

实时性是 G2 的一大特点,实时推理引擎的实时性体现在许多方面:

(1)规则、过程、显示和其他任务都是并发执行的;

(2)在毫秒级时间水平上进行任务调度管理;

(3)在规定时限内得到最优结论等。

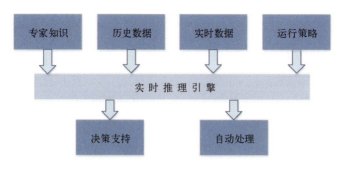

图 9-3　实时推理引擎功能

3. 核心技术

G2 采取了多项技术来保证开发能力,方便用户构建相关领域的专家系统,包括以下核心技术:

1)并行实时计算

在 G2 的实时专家系统内核中,带优先级的进程调度方法用于多任务多线程并行计算。G2 每秒能够处理数千个规则和过程,确保实时性关键任务的完成。在 G2 的推理引擎内核中,带优先级的进程调度方法用于多任务多线程的并行计算,不同优先级的任务线程占有系统资源的份额不同,确保关键性的任务被优先执行。实时推理引擎是 G2 基础平台及上层应用工具的核心要素,开发人员利用这种结构可以快速地创建实时推理方案。

2)面向对象的设计

G2 运用面向对象的原则来建立现实世界的模型和相关知识,与人类的知识组织方式和思维习惯相吻合。

在 G2 中,几乎所有知识都表示为一个对象,包括:

(1)物理系统;

(2)系统间的连接;

(3)描述系统行为的规则和过程;

(4)图形用户界面元素;

(5)工作区。

大多数 G2 的对象都放在工作区。工作区是包含其他对象的知识库的区域。工作区本身就是对象,即可以像推理其他对象一样推理工作区,工作区表示了知识库中存储和演示信息的一种方便方式。应用程序经常演示和动画工作区以实现与终端用户交互信息。

任何对象的图标标示必须依存于一个工作区。但是,对象不必一直存在于一个知识库中的工作区或一定被推理出。

3）交互式图形技术

G2 中的对象都具有自己的图形,并且可以与其他对象连接,用户可以实时创建图形化的模型、顺序或并行的业务流程执行模型。图形化的用户接口为快速原型化、开发和部署提供了便利。

图形化表示形式相对于传统的编程工具更加直观,不管是物理对象(如泵)还是抽象概念(如关系、任务等)在 G2 中均可以图形化的表示成 G2 对象。在 G2 中,还可以用动画显示系统的状态变化,数据的分析处理也是可视化的。

4）自然语言式的规则定义

G2 规则采用"if …then"的组织模式,实时从在线数据或历史趋势得出结论,对相关存在的问题进行预测,并提供决策,以减少损失或提高性能。G2 规则采用结构化自然语言的方式,使得领域专家可以直接参与规则的创建和管理。

在 G2 中,规则及其逻辑关系可以采用多种方式进行管理,如表、树形图、层次关系的 workspace(G2 特有的结构)。此外,G2 还将规则与过程模型进行集成,用户通过配置图形之间的顺序、连接关系等操作即可完成规则的创建。

5）支持实时在线开发模式

G2 支持在应用运行时在线修改业务逻辑或规则代码,开发人员无需停止运行重新编译代码或重新加载代码。在线开发模式也为程序的开发和维护增加了巨大的价值,一旦一个应用被部署之后,开发商和企业用户可以立即看到逻辑变化带来的影响,此时,通过在线维护,逻辑也可以立即修改以适应新的操作。这种即改即用的方式,对于 24h 连续运作的企业来说,可以提高企业的灵活性和敏捷性,同时有利于对软件应用的维护。

4. 应用案例

1）空间站

Boeing 公司开发了运行在 6 台服务器上的基于 G2 的软件来对国际空间站(ISS)进行实时监控。对国际空间站进行实时监控的基于 G2 的软件包括以下三个部分:

(1) Decision Support System (DESSY):航天飞机机械臂的操作监控。

(2) Propulsion Advisory Tool:在发射准备阶段监控航天飞机的推进动力系统运转状态。

(3) Operations Execution Assistant:为太空任务提供决策支持的专家系统。

该软件对空间站传回的其机械、电力及计算机等子系统的各项数据进行智能监控,确保空间站正常运行和完成特定任务。

基于 G2 的软件能够检测出异常,分析原因,显示重要的警告,并且提供相

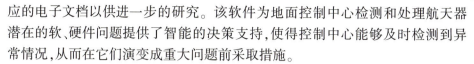

应的电子文档以供进一步的研究。该软件为地面控制中心检测和处理航天器潜在的软、硬件问题提供了智能的决策支持,使得控制中心能够及时检测到异常情况,从而在它们演变成重大问题前采取措施。

2) 美国军方战场指挥系统

除了用于复杂系统监控及诊断推理,G2 在其他领域也有应用。为了应对现代战场环境的高度复杂性对指挥系统的挑战,迅速和正确地制定出应对高度动态、复杂战场环境的决策,美国国家模拟中心(National Simulation Center,NSC)使用 G2 开发了 JMACE 系统作为模拟工具,提供关键任务的精确模拟,为各级指挥人员提供决策支持。

在战场指挥与控制中,G2 的规则引擎平台用于建立和部署规则驱动的实时性应用系统。此类系统从数据库、传感器、仿真器、网络系统、指挥员和其他各种数据源获取实时数据,根据战场模型和作战策略知识库为指挥员提供实时智能决策支持。G2 模拟了整个战场的运作架构,执行实时仿真模拟并产生指挥命令。在模拟作战时各种交战规则在合适条件下被自动触发。指挥员可以同时模拟多个策略以选取最优的执行方案。

9.2.2　Livingstone 卫星诊断推理系统

1. 简介

Livingstone 是由基于模型诊断修复小组和 MIT 的布莱恩威廉姆斯在 NASA 艾姆斯研究中心开发的诊断引擎。它是一个定性的、离散的和基于一致性诊断的推理系统,作为基于模型的工具,它也可以应用到仿真和修复中。Livingstone 使用一组多层次的定性逻辑模型来描述系统的行为,能够在最小人工干预的情况下高效、稳定地完成航天装备、生命保证系统、石油化工生产线或者其他复杂系统的故障检测和诊断任务。具备检测出系统故障、将之从特定的组件中隔离(诊断定位)、给出可采用的恢复措施(如列出转换到备用系统的指令)、具有诊断并发多项故障等能力。

Livingstone 的前身是 Sherlock and General Diagnostic Engine (GDE),最原始的版本是基于 Lisp 的,其后续版本 L2 是基于 C++的,可以同时跟踪多个系统轨迹(追踪系统运行轨迹的多个历史状态)。

2. Livingstone 系统结构

如图 9-4 所示,一个基于 Livingstone 故障诊断系统,通常由四个部分组成:

(1) 航天器和航天器分系统:被诊断的对象。

(2) 航天器模型或航天器分系统:利用 Livingstone 建立的被诊断对象的定性模型。

On-Orbit Satellite Fault Diagnosis Technology and Application

（3）配置管理器：Livingstone 的推理引擎，也是 Livingstone 的核心。

（4）任务规划系统：负责监控和调度航天器的运行，通常位于地面执行控制与指挥中心。

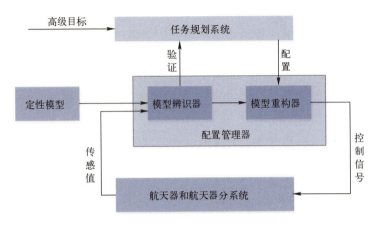

图 9-4　Livingstone 系统结构

配置管理器包括模型辨识器（Mode Identification，MI）和模型重构器（Mode Reconfiguration，MR）两部分，它可以确定航天器的当前状态，同时可以使航天器进入下一个预定状态。

MI 负责模式确定，根据将要执行的命令和元件的故障状况跟踪航天器状态的变化。MI 根据航天器模型和执行命令来预测下一个结构状态，然后通过与传感器观测结果的对比来了解航天器的结构状态，从而达到监控的目的。预测和实际观测值之间的差异就表征了一个故障。如航天器运行正常，则系统仅保持实时观测而不做干预。

当出现故障，航天器的结构状态不能满足当前的预期目标时，Livingstone 启用 MR 来确定一系列控制过程，使航天器达到一个新的状态结构以满足预期目标。MR 根据规划系统的目标配置要求，将航天器配置到一个最低代价的硬件结构以达到目标，或者将航天器从一个故障状态转移到一个有复原功能的状态。如果无法完全恢复，MR 就将航天器恢复到一个安全状态，等待地面运行团队的援助。

3. Livingstone 建模方法及主要概念

Livingstone 模型描述组件的正常模式和故障模式，由于其使用定性表示和命题逻辑建立目标系统，故 Livingstone 模型是定性的。目标系统可能是物理的（如飞行器硬件），也可能是逻辑的（如飞行器软件）。组件模式的转换由阈值

状态如命令来触发,任一实值传感器数据必须转换成定性数据才可应用于 Livingstone。

模型用来估计系统组件的状态,对于组件需要给定初始状态、影响系统的指令和可能的模式转换。如果观测的行为和预测的行为有差异,则在 Livingstone 内部的信任状态产生冲突。这些冲突用于集中寻找组件模式(包括故障模式),这些组件模式符合模型的观测状态和可能的模式转换。

可通过以下步骤建立一个 Livingstone 模型:

(1)知识获取:搜集关于被建模航天器或部件的信息,确定一个航天器的组件以及在正常和故障模式下它们的行为。另外,若一个系统还处于设计阶段,故障模型所应包含的信息可能是目前未有的。通常利用几个信息源如设计说明书、图表、故障模式影响危害分析等来获取知识,如果可能,还包括设计者自己。

(2)范围界定:确定 Livingstone 模型的范围,即模型中应包含飞行器的哪些组件与组件故障,以及对它们进行建模的详细程度。

(3)模型创建:大多数实际系统显示出连续特性,但 Livingstone 模型是离散的,因此创建模型的主要挑战是创建一个有利于诊断的系统离散表达式。

(4)模型测试:模型可以在模型开发环境下直接进行测试。

对建模过程中涉及的主要概念说明如下:

(1)组件:Livingstone 模型以基于组件的方式被创建,一个模型可以包含一个或多个组件,首先定义组件,然后进行组件连接来创建整个系统模型。在模型中,一个组件可以包含在其他的组件中。Livingstone 组件包括一组变量,同时包括一套模式。Livingstone 模型是离散的,系统变量可取有限数目的值,如"高""中""低",组件可以包含有限数目的模式,如"开""关""故障""故障修复"。每个组件模式用来指定内部变量和遥测量之间的定性约束。

(2)模式:对于组件来说,模式是可能的状态列表。当系统在一个模式中时,每一个模式包括的约束将被激活。因此,这些约束是模式内涉及变量定义的合乎逻辑的声明。被允许的约束类型包括使用编程语言的常用类型。一般来说,组件涉及基于它当前状态的输入和输出,当阀门的模式打开时,它的输出压力和输入压力是相等的。

模式有名义模式(正常模式)和故障模式两种。在现有的 Livingstone 版本中,当给定指令时建模系统仅能在名义模式间转换。同样的系统指令可以引起多组件改变模式。

故障模式与名义模式有两处不同:一是只要故障模式的约束符合当前观测值,组件就可以从一个模式过渡到其他任何故障模式;二是故障模式有一个与此相关的概率,这个概率表明特定故障模式发生的可能性(一般为常数)。Livingstone 将这个概率数转换成庞大的比较序列,称为秩。秩定义为概率的负对数,小数四舍五入为最接近的整数。因此,秩是从零开始的正整数,秩很高表明不太可能出现故障。

4. Livingstone 模型的特点

(1) 同时具备监视和诊断能力。Livingstone 的一个基本能力是监视系统状态。在 Livingstone 中,系统的实时指令和观测值均存储在一个历史存储区内。同时,Livingstone 可以基于模型、指令序列和观测值推理出状态和变量值。这种机制使得 Livingstone 能够监视一个系统的状态,简单地说,若推理值与观测值不一致,则说明系统运行状态异常。Livingstone 作为一个监视系统非常有效,并且当故障发生时,它可以诊断出哪种故障发生。

(2) 定性模型。应用 Livingstone 建立的系统模型属于定性模型,其中所有的变量均由系统状态离散化得到的定性值表示。定性模型是指相对精确模型而言在更高层次上对实际系统的模型抽象。尽管定性模型诊断是以牺牲精度为代价,但它可带来诸多好处,尤其是当定性的精度对诊断结果影响较小或无影响的情况下。定性模型不要求以严密的定量方程描述系统,模型的描述形式灵活,适用于表示和融合各种类型和结构的诊断知识。另外,在很多情况下,实际系统的精确模型难以获得,或者准确获取系统参数的代价太大,此时引入定性模型可在一定程度上弥补精确模型缺失的不足。

Livingstone 采用命题逻辑语言来描述模型,把组件描述为有限状态机而扩展了基于模型诊断的思想。

(3) 多故障状态。许多故障诊断系统采用单故障假定来减少诊断所需的计算量,也就是说对于这类故障诊断系统,不论能返回一种还是多种假设来解释当前的观测结果,其中每种假设都只能包含单个故障。通常这是合理的假设,但是 Livingstone 不需要这种假设,Livingstone 不但可以返回多种假设,而且能够在每种假定中包含多个故障,诊断结果能涵盖更多的故障情况。

(4) 快速性。Livingstone 可以快速地应用在现实系统中,当在飞行器处理器上运行 MPS 模型(一个包含 59 个组件的 Livingstone 模型)时,Livingstone 每秒返回一个故障诊断结果。当处理器被设置成仅留出 5% 供 Livingstone 使用时,绝大多数的故障诊断可以在不超过 10s 给出结果。

候选产生和候选测试两个因素影响基于模型诊断系统速度。候选产生是指产生系统可能状态的方法。候选测试是指如何评价这些可能状态与系统当前观测值的一致性。

关于候选产生,Livingstone 中的算法吸收了一种新颖的启发搜索,称为冲突

指向搜索。这个搜索启发利用期望值与观测值之间的冲突来指导搜索到可能故障。

由于 Livingstone 模型是离散的,其状态值一般为数量有限的定性值集合,因此为候选测试的快速计算创造了有利条件。当然,候选测试的速度很大程度上取决于模型的大小和复杂程度。当一个 Livingstone 模型较为复杂时,候选测试所需时间也随之增加。

5. 应用案例

Livingstone 软件已经在美国航天领域的故障诊断中获得了成功应用,如混合动力燃烧火箭发动机试验台、遥感卫星和低轨卫星等。其中,最著名的应用是在 1999 年, Livingstone 被用于构建一个"深空-1 号"航天器的故障诊断的远程试验代理。Livingstone 还在 2004 年被应用在"地球观测-1 号"(EO-1)航天器上,其自主任务规划系统为 EO-1 节省了数百万美元。

Livingstone 还在美国其他几个航天项目中得到了应用,如 X-34 发射火箭的液体推进系统、X-37 的电子机械执行机构子系统的故障诊断。2004 年发射的三角卫星星载自主运行软件集成了多模型自主故障检测模块。在"原位资源利用"(In-situ Resource Utilization)计划中,肯尼迪空间中心尝试使用 Livingstone 确认指令的执行情况并进行诊断故障。约翰逊航天中心已经针对使用生命支持工程的控制系统整合 Livingstone 做了一些工作。Livingstone 也被用于对国际空间站子系统的硬件和软件元素进行建模的研究,如指令和数据的处理以及应用模型辅助地面执行机构进行故障分析。

9.3　国内卫星故障诊断系统

9.3.1　测控单位故障诊断系统

1. 概述

航天器故障诊断系统的任务是保证我国在轨航天器运行的安全可靠性,及时发现和处理航天器故障。故障诊断系统通过接收航天器下行数据,利用基于规则、阈值检测的诊断推理方法,根据故障诊断知识库的知识对在轨运行的航天器运行状况进行状态异常检测和实时或事后的故障诊断分析,并给出故障诊断结果。实时诊断主要通过接收航天器实时数据进行故障诊断,事后分析主要通过记录入库的航天器数据进行故障诊断分析,即工作人员根据需要利用分布式数据库进行遥测参数提取、参数阈值内异常检测等工作。

故障诊断系统同时对所有在轨卫星进行诊断,使卫星管理人员及时了解掌握卫星运行状况,目前对在轨卫星长期管理任务提供了有力支持,对我国在轨卫星的运行状态监测、异常发现、故障处置和健康管理发挥了重要作用。

2. 系统组成

故障诊断系统主要由数据交换处理、故障诊断、信息管理等子系统组成,如图9-5所示。

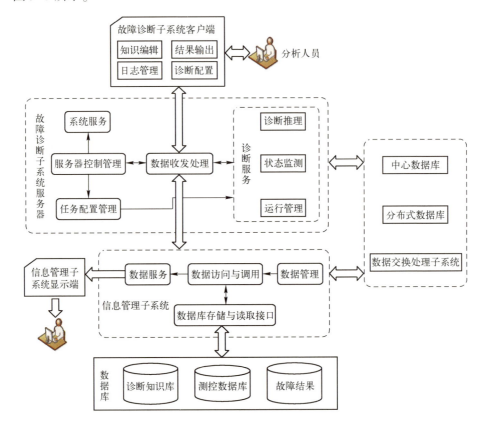

图9-5 故障诊断系统组成

(1)数据交换处理子系统接收航天器测控管理中心发来的遥测数据处理结果、遥控指令执行情况、非指令状态改变信息、姿态数据、轨道数据及异常情况报告等数据,并向故障诊断子系统发送,同时存入信息管理子系统中,供其他软件、子系统进行分析处理。

(2)故障诊断子系统采用服务器/客户端模式,由服务器端软件和客户端软件两部分组成。

① 服务器端软件:运行于诊断服务器,进行所有航天器的故障推理诊断和

处理,以及各种安全性要求高的操作,包括实现与其他子系统信息交互的接口,读取存储运行配置信息、诊断知识加载等,同时服务器端软件提供远程调用接口或网络接收服务,用于与客户端进行交互,并向客户端软件返回服务器工作状态。

② 客户端软件:运行于诊断客户端,以友好的操作界面、简明的显示方式实现人机交互功能,用户使用该软件可监控服务器端软件的运行状态,客户端数量可根据需要随时扩充。客户端软件包括诊断结果显示、诊断知识编辑两部分。

诊断结果显示利用声音、显示(不同颜色)方式提供给用户卫星在轨故障诊断情况,并可提供卫星故障诊断结果的查询、浏览功能,以及故障诊断推理过程的显示功能,可人工干预响应诊断结果、生成诊断结果报表。

诊断知识编辑可提供各卫星诊断知识的各种编辑功能,便于诊断知识的查看、修改、维护,同时对诊断知识进行正确性检查,具有较高的知识检索效率。

(3) 信息管理等子系统包括数据库、数据库管理,实时或准实时接收并长期保存各类航天器测控相关信息数据、各种配置信息、故障诊断结果等,并通过调用、检索、查询等服务为各类用户提供相关数据。

3. 系统功能

故障诊断系统对在轨卫星进行异常诊断分析,可将故障定位到分系统级或部件级。

1) 故障诊断功能

(1) 具备阈值报警能力,同时具备对阈值内异常变化的报警能力;

(2) 基于规则方法对在轨航天器故障进行监测和诊断;

(3) 具备满足航天器实时性、可靠性要求的推理机制;

(4) 实现从状态检测、异变报警、故障诊断、故障定位、维修方案选择(对有维修预案的故障)全过程的自动化;

(5) 提供对在轨航天器进行实时和事后诊断过程中需要的各种数据的显示、存储与检索。

2) 故障诊断知识库

(1) 具备独立的、较为完备的诊断知识库,能够表达形式自由的多级逻辑层次专家知识;

(2) 根据诊断的新故障并经过仿真验证及维修后的成功案例形成新的诊断规则,完成对故障诊断知识库的补充、修改等维护工作;

(3) 通过不断增加各平台、各航天器的故障诊断知识库,故障诊断系统具备不断扩充的能力,能够适应在轨航天器故障诊断的知识需求。

3）实时诊断与事后分析功能

（1）实时诊断，即对在轨航天器实时运行过程中的故障诊断。诊断系统与在轨卫星实时管理同步运行，通过接收所有在轨航天器的实时下行数据以及加载的相关知识库信息，对航天器实时进行故障诊断。

（2）事后分析，可根据需要，人机交互进行某型号、某时段和某种诊断方法的选择，利用分布式数据库记录的航天器数据，完成对指定航天器的故障诊断和分析，包括遥测参数提取、参数阈值内异常检测等。

4）人机交互功能

（1）提供航天器故障诊断系统用户管理界面；

（2）提供航天器故障诊断任务实时或事后诊断分析选择功能界面；

（3）提供某航天器故障诊断知识库的浏览、添加、删除、修改等编辑功能；

（4）提供故障诊断人工条件交互界面，可人工干预诊断过程；

（5）利用声音报警、颜色显示等方式提供给用户航天器在轨故障诊断情况；

（6）提供故障诊断结果和推理过程的显示功能，使监视人员能够直观地监视卫星在轨故障诊断的过程；

（7）提供航天器历史故障诊断结果的查询、浏览功能，也可将诊断结果生成报表文件输出。

4. 系统特点

（1）故障诊断系统利用基于规则的推理方法，采用数据驱动控制策略，规则匹配算法为 Rate 方法，执行搜索速度较高。推理工作流程：首先根据诊断知识库的当前状态查找可用的规则；其次在可用规则集中选择一条当前应用的规则；然后执行选出的规则；最后得到诊断结果。

（2）故障诊断系统具有良好扩展性，可根据已定义的信息接口格式、数据结构规范方便地进行其他诊断方法或模块（案例、模型、神经网络等）的加入扩充。诊断系统可以同时和多个推理方法模块进行耦合，进行耦合扩充后的诊断系统仍作为一个整体系统进行诊断推理，并对诊断结果进行融合处理。

（3）建立了航天器故障诊断知识描述语言（基于规则的适用于航天器故障诊断推理的通用规范化知识表示语言）。提供适用于不同平台卫星的诊断知识编写规范，达到简单方便描述所有航天器的故障类型，快速实现所有故障诊断事实的表示、易于实现故障诊断推理的目的。

（4）航天器故障诊断知识比较繁杂，其建立形式需要根据知识的具体情况采用不同的方法。根据故障诊断任务的需要，以利于管理、易于使用、便于扩充的原则，故障诊断系统采用表格化、产生式规则库设计。根据卫星任务

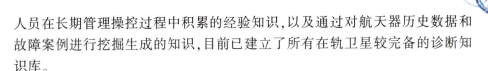

人员在长期管理操控过程中积累的经验知识,以及通过对航天器历史数据和故障案例进行挖掘生成的知识,目前已建立了所有在轨卫星较完备的诊断知识库。

(5) 根据各用户的访问权限提供数据浏览、索取、下载服务等工具,提供数据访问功能,同时提供软件调用接口,实现对大数据量提取的索求。普通用户通过 Web 页面访问数据库系统,提供本地或远程查询、浏览数据库中存储的各类数据;对于特权用户,提供数据存取工具,能够通过程序调用接口直接访问数据库,具备上载、检索及下载各种数据的功能。

9.3.2　运管单位故障诊断系统

我国卫星的运管单位有多个,典型的运管单位故障诊断系统就是航天科技集团第五研究院、第八研究院等研制单位的系统。这里主要介绍航天科技集团第五研究院、第八研究院运管中心的故障诊断系统。

1. 航天科技集团第五研究院故障诊断系统简介

1) 系统组成

多星智能诊断系统是建立在专家知识基础上的推理系统,旨在提高在轨航天器精细化监视水平。多星智能诊断系统以平台化架构设计,采用基于模糊产生式规则知识的故障诊断技术,模拟在轨管理专家分析卫星在轨状态的思路,设计了故障诊断专家知识的描述方法和知识图形化编辑工具软件,实现了知识的快速编辑、传递和共享;并建立基于专家知识规则的推理机,以接收到的航天器测控数据为激励,以森林遍历方式对专家知识进行搜索和匹配,通过实时推理运算得出航天器状态信息和异常信息,并给出推理过程和异常辅助处理决策信息,以统一监视界面和"文本+语音"方式对外实时输出,进一步提升了在轨监视能力和异常处置效率,实现精细化监视,全面提高航天器在轨运行管理的自动化水平。系统组成如图 9-6 所示。

2) 主要功能

(1) 知识录入:

① 录入方法简单:图形化录入方式;脚本录入方式;表格导入方式。

② 知识继承性好:结构化的知识组织方式;可建立公用部件知识类。

③ 知识描述覆盖全面:条件关联报警知识;正反向诊断及故障处理知识;过程监视知识。

(2) 故障推理:

① 基于不确定性推理的推理方法;

② 基于规则的专家系统;

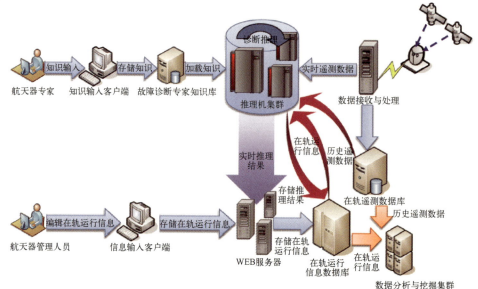

图 9-6　系统组成

③ 基于知识的航天器故障诊断。

（3）报警输出：以语音+颜色方式分级给出报警结果。

3）特点

（1）实现平台化、通用化设计：

① 设计了一种符合航天领域特点的专家语言，作为整个系统的技术支撑。

② 专用知识录入客户端支持目前所有在轨航天器的异常诊断知识的描述，简捷，形象。

③ 推理机通用化，不同卫星通过实例化实现，维护便捷。

④ 报警信息统一输出，并可以根据需要定制分类。

（2）实现同一个参数不同条件下的不同阈值自动报警：

① 卫星工作模式：正常、位保和天线方向图等多种工作模式。

② 设备开关状态：主备机、A/B 总线、开关机、加热器开关等状态。

③ 工况：全日照、地影和月影。

（3）实现基于复杂知识的监视诊断。系统内置 30 余个常用函数，并可以实现历史比对、变化率、统计、数值计算等复杂条件的判读，并支持二次开发外挂函数的方式进行扩展，从而支持推力器点火异常、地敏探头噪声变大、电池组单体性能下降、SADA 短路、太阳电池阵输出功率下降等较为复杂状况监视诊断，如表 9-1 所列。

表9-1 复杂知识诊断

分　系　统	关键单机	主要事件	外挂函数
电源	太阳电池阵	位置保持	计算太阳角（Theta_ES）
控制/推进	蓄电池组	偏置飞行	字符转换函数（string ToString）
数管/星务	陀螺	地影管理	取均值函数（GetMean Value）
热控	推力器	……	……
测控	……		
……			

（4）实现多参数异常情况下的故障定位。一个异常可能引起一个参数报警，也可能引发多个参数成片报警，没有经验的人员很难第一时间故障定位，如果通过系统建立故障判断树，系统就可以准确定位，报警信息仅为一条。对于值班监测人员，可以减少在大量报警信息中进行人工甄别的情况，提高实时监测的效率和质量。

（5）实现故障处理预案自动提示(图9-7)。在显示报警信息的同时，可以关联显示预设好的故障处理预案供辅助决策，提高应急处置效率。

图9-7 故障预案提示

（6）实现报警信息的完整展现：

① 异常报警信息分级显示；

② 正常状态变化信息提示；

③ 推理过程解释信息提示；

④ 诊断涉及的相关参数显示。

4）案例

地影对电源系统影响比较大,高轨卫星每年两个地影季,每个地影季一个月左右,每天一次,最长 70min,以前是在整个影季(每天 24h)都用放宽的阈值监测以减少误报,但在地影季每天有约 22.5h 的影季光照,过宽的阈值存在异常漏报风险。

基于该系统,对同步轨道卫星的电源系统监视分为全日照期、地影期、影季光照期三个阶段(图 9-8)进行监视,通过高度角 x、y、z 三个方向的值联合判读,识别卫星所处阶段,根据阶段不同进行精细化监视。

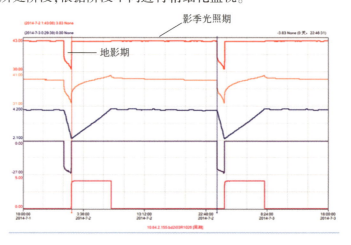

图 9-8　三阶段监视

2. 航天科技集团第八研究院故障诊断系统简介

1）系统组成

航天科技集团第八研究院在轨航天器故障诊断系统由数据接收与处理系统、在轨航天器大数据中心、在轨航天器健康评估系统、专家知识诊断系统、三级阈值及变化率报警系统、自动报警系统和报警信息自动推送系统组成(图 9-9),整个系统实现了从数据接收、处理、存储、诊断、报警以及推送全过程自动运行。

2）主要功能

（1）数据接收与处理系统(图 9-10)。获取在轨遥测原码、数传遥测等航天器全轨数据,对接收到的数据进行格式效验、格式转化、处理形成高级物理数据并向各系统进行组播;实时存储接收的源码数据,并可多星历史遥测数据并行回放;具备多星遥测数据并行接收、处理和回放的能力。

（2）在轨航天器大数据中心(图 9-11)。基于大型分布式并行列向数据库对航天器全生命周期数据进行管理,实现在轨航天器数据的快速存储、快速提取、快速呈现和数据分析、在轨数据下载等功能,并通过 Web 方式面向航天科技

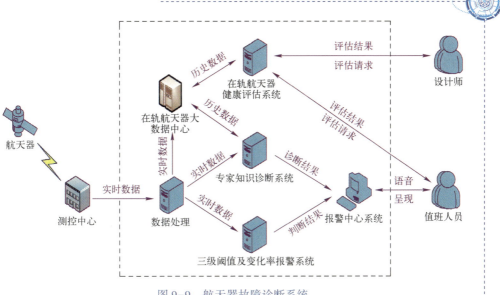

图9-9　航天器故障诊断系统

图9-10　转发软件

集团第八研究院各场所设计师提供在轨服务。

图9-11　航天器大数据中心

311

（3）专家知识诊断系统（图9-12～图9-15）。专家知识诊断系统是以专业领域专家知识为基础，模仿人类专家的逻辑推理过程，基于在轨航天器历史数据和实时数据及时完整地检测和诊断故障，确定故障部位、原因、程度及影响，并提供消除故障的措施。

图9-12　专家知识诊断系统——主界面

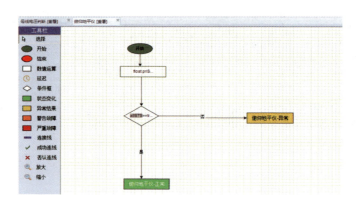

图9-13　专家知识诊断系统——以图形化方式录入专家知识

（4）三级阈值及变化率报警系统（图9-16）。三级阈值及变化率报警系统完成对卫星在轨遥测数据信息的三级阈值及变化率的报警。系统提供友好的人机接口供型号设计师预先输入或修改查询条件、概率等信息，方便快捷地建立和修改阈值；可根据用户设置的概论计算出遥测变化率的阈值，结合阈值给出不同程度的报警知识；可实时计算遥测变化率，并可根据阈值进行判断报警，管理维护阈值知识、变化率等数据库。

（5）在轨航天器健康评估系统（图9-17）。卫星健康状态评估系统实现记录分析卫星的健康数据，像管理人体健康一样，对整个系统进行健康管理。涵盖预计分析、检测和预测三大主要能力；需具备二次开发接口，开放其内部预计

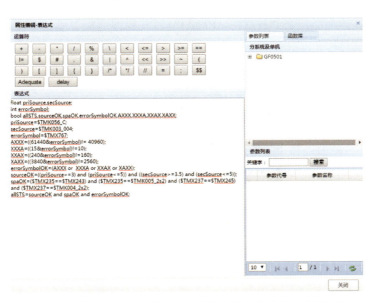

图 9-14　专家知识诊断系统——以脚本语言方式录入专家知识

启动　停止　切换通道号　切换数据类型　知识更新

		推理机代号	卫星编号	通道号	数据类型	知识版本号	状态
1	☐	FY2D	FY2D	14	实时数据	2.4	工作中
2	☐	FY2E	FY2E	14	实时数据	1.7	工作中
3	☐	FY2F	FY2F	14	实时数据	1.5	工作中
4	☐	FY2G	FY2G	14	实时数据	1.1	工作中
5	☐	FY3A	FY3A	14	实时数据	1.1	异常
6	☐	FY3B	FY3B	14	实时数据	1.0	异常
7	☐	FY3C	FY3C	14	实时数据	4.4	异常
8	☐	FY3D	FY3D	14	实时数据	1.0	异常
9	☐	FY4A	FY4A	14	实时数据	1.0	工作中

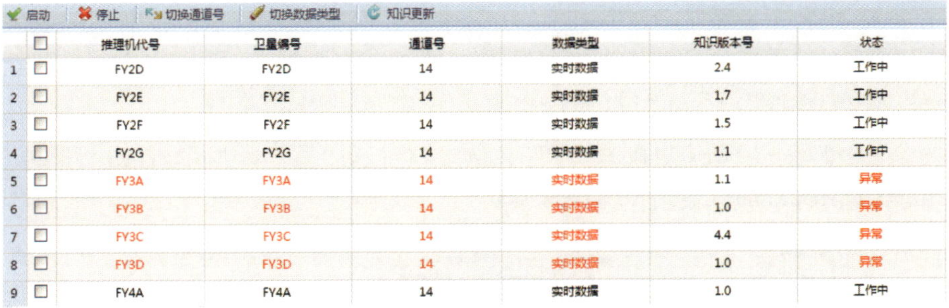

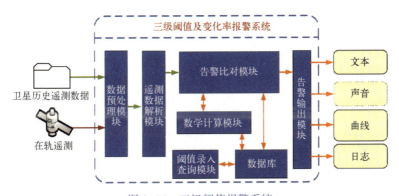

图 9-15　专家知识诊断系统——推理机运行

图 9-16　三级阈值报警系统

分析、检测、诊断和预测全过程的 API 编程接口,能够适应卫星在轨监测长时间大数据量的运行。

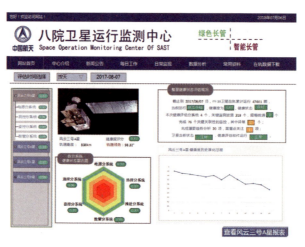

图 9-17　健康评估

（6）报警中心系统(图 9-18)。报警中心系统接收专家知识诊断系统和阈值及变化率报警系统诊断结果进行界面报警和语音报警,并将报警信息存入在轨航天器大数据中心,同时可对历史异常报警信息提供查询、导出、清除的功能。对于每颗卫星提供可配置的短信模板,结合实时数据形成报警短信并通过信息发布系统自动推送给型号设计师。

图 9-18　报警中心

（7）信息发布系统(图 9-19)。接收报警中心系统的报警信息,按照预先配置的信息发送名单自动推送报警信息。

图 9-19　信息发送

[1]　马磊. 国外先进的飞行器故障诊断工具[J]. 质量与可靠性,2009(5):50-51.

[2]　G2 Information：Gensym Corporation[EB/OL]. http://www. gensym. com.

[3]　Sweet A. Bajwa A. Lessons learned from using a Livingstone Model to diagnose a main propulsion system [C]. Jannaf 3rd Modeling and Simulation Subcommittee Meeting, Colorado Springs, CO. 2003.

[4]　Gensym Corporation. Getting started with G2 tutorials [M]. Version5. 0. Cambridge：Gensym Corporation, 2005.

[5]　Gao X, Zhang J, Ning N, et al. The Livingstone Model of a spacecraft power system[C]. International Conference on Measuring Technology and Mechatronics Automation. IEEE Computer Society, 2010:896 -899.

[6]　陈治佐. 复杂系统的故障检测和诊断研究[D]. 上海:上海交通大学,2013.

[7]　Williams B C, Nayak P P. A model-based approach to reactive self-configuring systems[C]. Proceedings of AAAI-96. Oregon: AAAI Press, 1996: 971-978.

[8]　陈治佐,刘兴钊,吕高焕. Livingstone 用于航天器推进系统故障诊断[J]. 太赫兹科学与电子信息学报,2013,11(5):770-774.

[9]　Bajwa A, Sweet A. The Livingstone Model of a Main Propulsion System[C]. Proceedings of the IEEE Aerospace Conference. IEEE, 2003. 2: 869-876.

[10]　金洋. 基于传递系统模型的在轨卫星故障诊断方法研究[D]. 哈尔滨:哈尔滨工业大学,2013.

[11]　崔子谦. 基于定性模型的卫星电源系统故障诊断方法的研究[D]. 哈尔滨:哈尔滨工业大学,2007.

[12]　邵继业. 基于模型的故障诊断方法研究及在航天中的应用[D]. 哈尔滨:哈尔滨工业大学,2009.

[13]　Meyer C, Cannon H, et al, Propulsion IVHM technology experiment overview[C]. IEEE Aerospace

Conference, Big Sky, MT (2003).

[14] Schwabacher M, Samuels J, Brownston L. The NASA Integrated Vehicle Health Management technology experiment for X-37[J]. Proceedings of SPIE - The International Society for Optical Engineering, 2002, 4733:49-60.

[15] Sandra C H, Adam J S, Scott E C. Livingstone model -based diagnosis of earth observing one[C]. AIAA 1st Intelligent Systems Technical Conference, Chicago, Illinois, 2004.

[16] Chien S, Sherwood R, Tran D, et al. Autonomous science on the EO-1 mission[C]. Proceedings of the Seventh International Symposium on Artificial Intelligence, Robotics and Automation in Space, Nara, Japan, 2003.

[17] 常亮,张宇宁,姜连祥,等. 微小卫星自主故障诊断技术研究进展[C]. 第一届中国卫星导航学术年会论文集(下),北京,2010:1333-1334.

On-Orbit Satellite Fault Diagnosis Technology and Application